不同主动性个体
安全生产行为演化机理研究

BUTONG ZHUDONGXING GETI

ANQUAN SHENGCHAN XINGWEI YANHUA JILI YANJIU

李静媛 著

中国财经出版传媒集团

经济科学出版社

Economic Science Press

图书在版编目（CIP）数据

不同主动性个体安全生产行为演化机理研究 / 李静媛著.
—北京：经济科学出版社，2021.2
ISBN 978 -7 -5218 -2406 -3

Ⅰ.①不…　Ⅱ.①李…　Ⅲ.①个体 - 关系 - 安全生产
- 研究　Ⅳ.①B021②TB496

中国版本图书馆 CIP 数据核字（2021）第 035925 号

责任编辑：凌　健　杜　鹏
责任校对：靳玉环
责任印制：王世伟

不同主动性个体安全生产行为演化机理研究
李静媛　著
经济科学出版社出版、发行　新华书店经销
社址：北京市海淀区阜成路甲 28 号　邮编：100142
总编部电话：010 - 88191217　发行部电话：010 - 88191522
网址：www. esp. com. cn
电子邮箱：esp@ esp. com. cn
天猫网店：经济科学出版社旗舰店
网址：http：//jjkxcbs. tmall. com
固安华明印业有限公司印装
710 × 1000　16 开　16. 75 印张　230000 字
2021 年 6 月第 1 版　2021 年 6 月第 1 次印刷
ISBN 978 - 7 - 5218 - 2406 - 3　定价：79. 00 元
（图书出现印装问题，本社负责调换。电话：010 - 88191510）

前　言

事故的发生源于物的不安全状态和人的不安全行为，其中，人的行为是最主要的因素。近年来，许多学者从个体心理特征角度出发对个体行为进行理论与实践研究，探求个体安全生产行为水平提高的前因后果。其中，个体主动性这一重要个体心理特征越来越多地被纳入安全行为领域的研究范畴。社会认知理论认为，人的行为、认知因素和环境三者彼此联系、相互决定，“个体—行为—环境”呈一个互为联系的闭环态势，有必要基于主动性差异来划分安全生产行为，揭示不同主动性个体安全生产行为演化的影响机理，分析不同主动性个体安全生产行为演化的动态机理，探索不同主动性个体安全生产行为演化的认知机理，为组织实施差异化、多元化管理和提升不同主动性个体安全生产行为的主动性水平提供理论及应用依据。本书的主要研究内容包括以下七个方面。

第一，建立不同主动性个体安全生产行为演化机理研究理论框架。从个体主动性的内涵与不同主动性个体类别划分、安全生产行为内涵与结构划分、安全生产行为演化机理内涵及阶段划分出发，通过对不同主动性个体安全生产行为演化机理经典理论的分析与比较，遴选社会心理学派的计划行为理论、组织行为学派的人—组织匹配理论、进化心理学派的理性行为演化理论以及认知心理学派的信息加工理论作为不同主动性个体安全生产行为演化机理适用理论，构建不同主动性个体安全生产行为演化机理研究理论框架。

第二，构建不同主动性个体安全生产行为演化影响机理概念模型。将个体主动性作为不同主动性个体安全生产行为演化的内因，将群体、组织、环境因素作为不同主动性个体安全生产行为演化的关键外因。遵循理论分析与假设提出的研究逻辑，运用文献分析、扎根理论等研究方法来识别关键外部环境影响因素，基于此提出不同主动性个体安全生产行为演化机理理论假设，并建立不同主动性个体安全生产行为演化影响机理概念模型。

第三，分析和验证不同主动性个体安全生产行为演化影响机理。遵循假设提出和假设验证的研究逻辑，运用结构方程模型来验证不同主动性个体安全生产行为演化内部影响因素（个体主动性）和关键外部影响因素（群体、组织、环境）对不同演化阶段的影响程度。验证内外影响因素分别对演化第一阶段（安全被动行为向安全服从行为演化）和演化第二阶段（安全服从行为向安全主动行为演化）影响的显著性程度。为后面提出提升不同主动性个体安全生产行为主动性水平的管理建议提供理论基础。

第四，分析和验证不同主动性个体安全生产行为演化动态机理。遵循假设提出和假设验证的逻辑研究，运用演化博弈来验证不同主动性个体安全生产行为演化不同阶段的演化路径。按照安全生产行为演化阶段，分析安全生产行为演化路径，基于理性行为演化理论分析个体行为与组织管理各自损益，运用仿真模型来揭示个体与组织相互博弈促使安全生产行为演化的动态机理，探究个体安全行为主动性水平转化与组织安全生产管理模式变革对演化结果的影响。

第五，分析和验证不同主动性个体安全生产行为演化认知机理。遵循理论分析—理论假设提出—实验假设提出—实验假设验证—理论假设验证的研究逻辑，运用事件相关电位技术及行为实验来分析、验证不同主动性个体安全生产行为演化脑认知机理。运用事件相关电位技术来揭示不同主动性个体安全生产行为演化的认知机理。模仿实际工业自动化控制背景，将视觉失匹配（vMMN）作为衡量指标，探究不同主动性个体面对实际操作场景下的安全报警信号时大脑的反应状态及波幅，对颜色、形状和朝向三项指标进行对比分析，揭示不同主动性个体安全生产行为演化的认知机理。

第六，基于ERPs实验的不同主动性个体安全生产行为风险差异的识别和分析。将爱德华赌博实验应用于安全生产情境下，借助ERPs实验并根据前人在神经认知实验领域的研究成果确立了与风险决策相关的脑电成分——FRN和P300，由研究假设抽象出实验的假设，通过对ERPs实验脑电数据的分析，以下实验假设被证实：不同主动性个体在风险情境下面对反馈激励时FRN波形、P300波形有差异，高主动性个体P300波形更显著；不同主动性个体在风险情境下对损失的负反馈激励激发的FRN波形有差异，低主动性个体FRN波形波幅最显著，在高风险时表现更为突出。实验数据的处理结果都通过了显著性检验，由此确立了不同主动性个体在安全生产行为风险方面的认知差异。

第七，提出提升个体安全生产行为主动性水平的管理建议。综合不同主动性个体安全生产行为演化影响机理、不同主动性个体安全生产行为演化动态机理以及不同主动性个体安全生产行为演化认知机理的分析及验证结果，依据“个体—行为—环境”关系和不同主动性个体安全生产行为演化的阶段（安全被动行为向安全服从行为演化，安全服从行为向安全主动行为演化），提出提升不同主动性个体安全生产行为主动性水平的导向建议、激励建议和应急建议。

李静媛
2021年1月

目　录

第1章　绪　　论

1.1　研究背景、研究目的与意义

1.1.1　研究背景

安全是人类最基本和最重要的需求。近年来，由人因导致的安全生产事故仍然屡见不鲜。2021 年 1 月 27 日，应急管理部在最高人民检察院举行的“筑牢生产安全底线，守护生命财产平安”的新闻发布会上介绍：2020 年全国生产安全事故 3.8 万余起，死亡人数 2.74 万余人，重特大事故 16 起，死亡人数 262 人。煤矿事故 123 起，死亡 228 人。尽管当前安全形势总体稳定，但仍然复杂严峻。当前安全生产仍处于爬坡过坎期，高危行业领域风险点多、面广，城市安全风险大，农村安全隐患突出，新行业新业态安全风险凸显，安全生产工作艰巨繁重，容不得丝毫松懈和半点马虎。安全生产事故发生原因一般包括环境因素、物的因素和人为因素，其中，人因已经成为生产中最主要的事故源。仅 2017 年发生的人因造成的重大事故就占到 80% 以上，包括煤矿、建筑工地、烟花厂、金属制品厂等在内的多家企业死亡人数共 400 多人。有证据显示，安全生产事故与个人特征相关联，个体特征既是某些行为倾向和不正确态度的基础，也是决定个体安全行为的重要因素。因此，为了减少甚至避免由人因引起的安全生产事故的发生，应当更好地管理个体行为，遵从动机决定行为的逻辑，从人的根本——个体特征入手，探求其与行为的关系，分析其间的原因和影响因素，寻求人的行为来作为事故致因的根源所在。

从安全生产事故的反思中，人们开始寻求对不同主动性个体实行差异化管理。研究发现，具有不同心理特征的个体会作出完全不同的行为。高主动性个体倾向于作出高主动行为，善于主动采取行动改变环境，勇于创新和承担风险，不仅能够积极地完成工作目标，还能进行自我管控并追求自我价值，有效的安全管理方式是对其予以适当奖赏并引导其作出安全行为。一般主动性个体倾向于作出一般性行为，具有规行矩步、顺服、严慎和沉着等特征，可以完成已经确定的成系统的和有层次的任务，但不会涉猎过多与本职工作无关的事项，有效的安全管理方式是规制其作出安全行为。低主动性个体倾向于作出低主动行为，经常消极适应和被动接受，需要一定的外部推动力来促使其工作，并且不能保证既定工作能够有效率地完成，有效的安全管理方式是对其予以适当惩罚并约束其作出安全行为。因此，不同类型个体要求进行有区别的安全生产管理，从根本上做到“了解人、管对人、管好人”。

人类自身和历史发展实践表明，个体行为始终处于不间断的演化过程中。依据进化理论中的遗传、变异和选择三大演化基本要素，可知人类行为从远古时代到现今当下发生了巨大转变。促使人的行为发生转变的因素复杂而多样，人的行为演化过程本身就是一个具有动力学特征的复杂系统。机理性研究用于解释一种现象客观存在的原因和关系。在安全生产领域，安全生产行为演化机理是指在安全生产作业中为了实现安全生产行为演化的目的，从安全生产行为演化结构中各要素在演化的不同状态（阶段）中的相互联系、相互作用来描述演化过程的理由和道理。因此，对安全生产行为演化机理进行研究，寻求促使安全生产行为演化的影响因素，窥探安全行为演化过程的内部构造，揭示演化不同阶段的静态结构、动态流程和生理机制，针对不同主动性个体安全行为本质特性和机理来设计适合的安全管理体系，引导个体安全生产行为向良好方向和预期目标演进成为社会各界共同关注的焦点问题和亟待解决的重要议题。

尽管大规模和现代化的人机交互越来越可靠和自动化，但是安全事故依然不可避免。人作为人机系统的主体，人机交互综合监测和控制功能要求人们快速、准确地感知和辨别视觉信号、听觉信号和触觉信号。这可以增加人的认知负荷。国际标准化组织在人机交互领域发表了许多国际标准，包括 ISO10075 关于人机工程学和心理负荷的术语，以及 ISO13407 关于以人为中心的交互系统设计过程。目前，人机交互技术已经应用于许多领域，如视觉、触觉和生物特征等，它可以帮助安全人员获得多通道交互技术。如果设备爆炸或危险物品泄露造成人员伤亡、财产损失和环境破坏，那么，一定是某个人员在中间某个环节发生了错误，这个人可能是设备的研究者、检验者、放置者、操作者或管理者，因此，安全事故真正的根源是人的因素。国际工效协会定义“人的因素”为：研究人在某种工作环境中大的心理学、生理学和解剖学等方面的因素，研究任何机器及环境的相互作用，研究在工作中、生活中和休息时怎样统一考虑工作效率、人的健康、安全和舒适等问题。神经工效学和人机交互为人对报警信号的认知过程提供了崭新的视角。安全技术教育应用于安全技术、技能、安全系统控制和实践，可以帮助生产人员提高自身的安全行为水平，促进安全生产行为主动性水平不断向更高层次演化，满足安全生产的需要。

1.1.2　研究目的与意义

事故致因理论将安全生产事故的诱因划分为由人的不安全生产行为和物的不安全状态，但科技的高速发展使安全生产中物的状态越来越稳定，人的管理成为安全生产管理中更重要的内容。安全管理方式随着“以人为本”理念的逐步深化而面临着组织变革与管理模式的调整。

在技术高度集成的现代化生产过程中，人的因素成了生产事故的主要致因。在对个体行为进行研究的过程中，人们发现了个体主动性这一因素对个体行为的重要影响，并成为安全生产管理模式跃迁的重要影响因素。例如，积极、主动的个体在组织中通常被认为是安全生产管理的“优秀人群”而被加以重点关注并成为管理的标杆，一些懒散、被动的个体在严苛的管理制度监督下依然我行我素导致错误百出。因此，如何有效驱动不同主动性个体采取安全生产行为成为安全生产管理中亟待解决的问题。

为了深入了解基于主动性差异的个体、行为、环境的关系问题，认识个体的行为演化机理，预测和控制人的安全行为，对不同主动性个体做到差异化管理，搞清楚个体安全生产行为从初级向高级阶段的演化过程，提升个体安全生产行为主动性水平的方法，就有必要了解该个体所受到的来自其自身的和外界环境等现实状况的影响机理、个体与组织环境交互作用的动态机理和实际工作场所中个体、行为与环境变化产生的认知机理，也有必要将约束条件（即差异化的个体心理特征）纳入考虑范围。为了解决以上问题，通过明确相关概念和理论基础，建立不同主动性个体安全生产行为演化机理研究理论框架；通过理论分析和关键影响因素识别，建立不同主动性个体安全生产行为演化影响机理概念模型；通过实证分析验证不同主动性个体安全生产行为演化影响机理、动态机理、认知机理；通过理论与实证分析，提出提升不同主动性个体安全生产行为主动性水平的管理建议，为安全生产管理理论和安全生产管理实践提供参考与借鉴。

本书的研究意义在于以下两方面。

（1）对安全生产管理具有重要理论意义。本书阐释了不同主动性个体安全生产行为演化机理，通过质化研究方法对安全生产行为演化的影响因素进行了识别和汇总，通过实证和实验分析方法分别对不同阶段演化机理进行了分析，验证了演化的影响机理、动态机理和认知机理，拓展和丰富了个体特征与安全行为的关系，填补了针对不同主动性个体安全生产行为演化的研究空白，拓展了安全管理路径，丰富了安全生产行为的管理理论，为相关安全管理方案的出台提供理论依据。

（2）对提升个体安全生产行为主动性水平具有重要现实意义。本书提炼出主动性个体安全生产行为演化机理的影响因素，明确不同演化阶段的演化机理，实现安全管理由低级向中级、由中级向高级的逐层转变，为管理者不断追求更为先进和丰富的安全管理实践提供支持，为持续调动企业安全管理的积极性、区分性和主动性提供合理的建议和措施，对国家安全工作、企业安全利益和个人安全生活提供具有保障性、借鉴性和参考性的实践应用意义。

1.2 国内外研究现状及评述

1.2.1 国外研究现状

1.2.1.1 不同主动性个体的相关研究

对个体主动性的研究。弗里斯（Frese，1999）认为，个体主动性（personal initiative）是指个体自发、主动、积极的进行工作，超额完成工作任务并达成工作目标的行为方式[1]。弗里斯和贝尔（Frese & Baer，2003）等进一步归纳了个体主动性的三个层面，即强调行动的自发性、积极性、坚毅性。还有学者从积极心理学层面对个体主动性进行研究，认为应充分挖掘人身上存在的潜在积极力量，并以此寻找能够使人积极和幸福生活的动力[2]。汤普森（Thompson，2005）指出，具有较高主动性的员工能够很好地执行并完成工作目标，他们较会制订工作计划并获得良好成效[3]。赛博特（Seibert，2006）认为，可将个体主动性当作日常工作场所中工人行为形式的先决条件，同时个体主动性是个体在面临艰难险阻时激发出的积极主动战胜困难、勇于前行的意愿及产生行为的方式，个体主动性包括前瞻性、坚韧性和自发性三个维度，同时对影响个体主动性的关键因素加以识别，结果表明人格、知识、技能、能力等均对其具有影响作用[4]。弗里茨等（Fritz et al.，2017）研究发现，注意和情绪会影响个体主动性[5]。其他研究还发现，组织氛围、组织规章制度、管理者行为也与个体主动性密切相关[6]。近年来，人本管理逐渐受到企业的提倡，众多研究人员认为作为个体工作行为的个体主动性能够影响个体工作特征。格哈特等（Gerhardt et al.，2009）定义主动性行为的概念为：个体可以预见的带有自发性的改变环境或本身的行为[7]。在日益激烈的组织竞争中，组织中的个体主动性随着未知因素和创新氛围增加而越来越得到企业的重视，尽管个体主动性的积极作用越来越显著，但在一定条件下，也会到来诸如“好心办坏事”的消极后果。

对主动性个体的研究。高主动性个体不仅能够积极的完成工作目标，表现出较多的主动行为，还能对自我进行管理和控制，合理计划自己的生活并追求自我价值。具有主动性特征的个体会作出主动性行为（proactive personality），即个体为了改变现有环境或者创造新的环境而主动作出的行为，是一种自发的带有预见性的行为。敏感强化理论中还提出了内外倾的人格特质，外倾者则更多地显示出其主动性特质，有较强的社会能力和较强的预测力，有时会容易分心[8,9]。事实上，许多学者都将个体主动性视为个体行为上的主动性，其潜力对个体和组织都有积极影响，如建言献策和反馈寻求行为[2,9,10]。高主动性个体相较于低主动性个体在工作中的行为表现为：他们勇于创新并愿意承担相应风险[10]；主动维护和保持相对稳定的环境变化趋势[11]；善于预期环境变化，利用机会改善自己的现状[12]。布朗（Brown，2011）通过对团队的主动性水平的研究，发现团队主动性对包括团队行为在内的众多因素具有正向影响作用[7,13]。

对非主动性个体的研究。与主动性特征个体相对的个体在工作中并没有表现出主动性特征或其主动性特征表现不明显，被划分为非主动性个体或称低主动性个体[14]。低主动性个体行为则表现为：有较高的离职意向[15]；强调工作稳定性，工作效能低[16]；机会识别能力弱；等等。盖里等（Gary et al.，2012）在敏感强化理论中提出的内外倾的人格特质：内倾者的个体特征显现出较为被动的因素。根据霍兰德人格类型理论，存在一种一般主动性个体，介于高主动性个体和低主动性个体之间，是具有规行矩步、顺服、严慎和沉着等特征，可以完成已经确定的、成系统的和有层次的任务，但不会涉猎过多与本职工作无关的事项的一类个体。一般主动性个体在某种条件下的行为倾向性可体现为主动或非主动，是日常生活中大多数且最常见的个体，他们在工作场所中表现出遵章守规的行为[17]。与此同时，学者发现主动性个体相较于非主动性个体具有有趣的复杂性：他既可以产生积极的成果又能够演化出消极的行为，如无意义批评、无效抗议、不公正抱怨等，这时主动性个体并不能改善环境，只能使情况越来越糟[18-20]。

1.2.1.2 安全生产行为的相关研究

对安全生产行为的内涵及分类的研究。安全行为科学是由基于行为的安全（BBS）发展而来的。安全行为分为广义安全行为和狭义安全行为。安全生产行为即为广义上的安全行为，本书中研究的安全行为指生产中的安全行为即安全生产行为。从安全层面定义，尼尔和格里芬（Neal & Griffin，2006）认为，安全生产行为是指人在生产作业的过程中能够遵章守规，并在危机和事故中极力护佑人身及物质财产安全的一切行为[21]。从不安全层面定义，安全生产行为是员工不作出包括不遵守操作规程和不参与提升安全生产水平相关活动在内的一切行为[22-26]。有学者更是将不安全行为和安全行为直接归类为事故倾向行为和非事故倾向行为。切恩等（Cheyne A et al.，1998）把结构安全行为和交互安全行为作为安全生产行为的两个维度，结构安全行为指员工在组织安全管理中参与的行为的程度，交互安全行为是个体与他人之间交流和互动的行为的程度[27,28]。尼尔（2000）将安全行为划分为安全遵守（服从）行为和安全参与行为，这种划分为学者普遍接受和借鉴。安全遵守行为是指个体必须遵守安全制度和规范，按部就班进行安全生产的行为，主要强调了行为的被动性倾向；安全参与行为是指个体积极作出安全行为，参与同事、领导间的互动，主要强调了行为的主动性[25]。同样从行为的主被动角度出发定义安全行为的还有摩托·韦德罗和斯考特（Motowidlo & Scotter，2015）划分的任务行为和情境行为[26]。安全生产行为的分类见表1.1。

表1.1 安全生产行为的分类

序号	分类	特征	来源
1	任务行为	个体在工作中必须遵从的行为，体现行为的被动性	摩托·韦德罗和斯考特等[26]
	情境行为	个体在工作中自觉参与的行为，体现行为的主动性	

续表

序号	分类	特征	来源
2	结构性安全行为	个体在组织安全管理中参与的行为的程度	切恩等[22-24]
	交互性安全行为	个体参与他人之间交流和互动的行为的程度	
3	安全遵守行为	个体依据安全生产操作过程，遵循工作场所安全规制实施的行为，体现行为的被动性	尼尔和格里芬[21]
	安全参与行为	个体主动参与工作场所安全建设及一切有利于安全生产活动的行为，体现行为的主动性	
4	组织安全生产行为	企业经营管理者（管理层）在生产过程中发生的与安全生产相关的一切活动的行为	尼尔、弗里斯等[21-24]
	员工安全生产行为	在企业生产过程中各员工遵守工作场所安全规程和主动参与有利于安全生产效率提升的各项活动的行为	

对安全生产行为的影响因素的研究。通过对文献的梳理发现，国外学者对安全生产行为影响因素研究主要是以个体、群体和环境三个层面为切入点，通过理论与实证来探讨安全生产行为的前因后果变量和中介调节变量的作用机制。安全生产行为的影响因素在个体层面上主要包括：个体特质（如生理、人格等）；工作压力（如挑战性压力、阻碍性压力）；计划行为（如知觉行为控制、主观规范、行为态度、行为意向）；角色压力（如角色模糊、角色冲突、角色超载）；安全知识、动机与能力；工作不安全感；其他心理因素（如侥幸心理、麻痹心理、偷懒心理、逞能心理、从众心理、急躁心理、逆反心理、挫折心理等）；等等。安全生产行为的影响因素在外部环境层面上主要包括：群体安全规范；群体安全目标；群体压力；群体凝聚力；群体冲突；反馈行为；安全领导行为；组织氛围；安全管理行为；组织关怀与怜悯；生产环境（安全装备与物态环境、政治环境、政府管制环境、经济环境、社会环境）；安全文化（安全目标、安全承诺、安全规程、安全激励、安全培训、安全沟通等）；安全氛围（管理者允诺、监管者行为、安全政策、安全意识、风险准备等）；家庭因素；等等[27-37]。

对个体主动性与安全生产行为关系的研究。麦考马克和约瑟夫（Mc-

Cormick & Joseph，2012）提出了安全事故与个人特征关联模型，指出个人特征（个性、动机等）是某些行为倾向和某些不正确态度的基础[38]。近年来，对个体主动性与安全生产行为关系的相关研究主要集中于个体对工作场所安全信号的认知过程，通过对安全信号的决策将其转换为实际工作中的行动[39]。低主动性个体对惩罚比较敏感、消极搜索奖励线索、有较弱的寻求奖励的动机、经常处于被动注意状态等特征，是对外界事物变化反应比较慢的个体。涉及低主动性个体安全认知和行为处理的研究主要集中在注意、反应选择和反应执行等领域，常与疲劳、注意力不集中等因素相关联，从而产生不安全生产行为，增加安全风险和安全事故[40,41]。一般主动性个体在工作场所的安全活动中往往采取遵章守规，按照安全流程完成安全任务和目标的行为方式。高主动性个体对奖励比较敏感、积极搜索奖励线索、寻求最优最快的反应方式、经常处于主动注意状态的特征，是对外界事物变化反应时间较快的个体。高主动性个体是最为积极的一类个体，其在安全生产活动中往往表现得十分活跃，乐于参与到安全管理中，与同事和领导之间保持密切联系，经常作出建言献策和反馈寻求等行为，对促进积极安全生产行为作出贡献[42]。

1.2.1.3 安全生产行为演化机理相关研究

对行为演化机理内涵的研究。演化一词来源于生物发展进化思想，它既包含了进化思想中生物由简单到复杂、由低级到高级逐步向好的方向发展演变，又囊括了与其相反的倒退、蜕变等意义。当一个名词被应用于完全不同的学科中，就会出现两个学科体系理论与实践的部分重叠，这表明这个名词被跨学科应用且赋予了在传统概念上新的意义，同时方法论在知识的交叉中得以更新换代，令研究产生跃迁性飞跃。演化理论在20世纪60年代于《经济过程的演化理论》一书中被系统整理[43]。目前，比较成熟的演化理论除了演化生物学外还包括演化经济学、演化证券学、演化金融学，演化心理学等，这证明了演化理论的相关思想正在逐步渗入不同学科之中[44-46]。机理性研究与描述性研究的差别在于：机理性研究一般指一种现象客观存在的原因、内在联系。

对行为改变的研究。人的行为为什么会发生变化，有学者在行为改变的研究中发现其大致经历了三个层面的变迁：解禁—改变—趋稳[47]。行为解禁是打破了人的现有思维定式，人们紧张当前的现状并不能满足安全生产和自身发展的需要，如果不去主动地改变固有行为以及禁锢行为的习惯，就会面临更多不可预知的错误和压力；行为改变是一个十分复杂的过程，人的心理特征虽受先天因素影响且相对稳定，但在后天的实践中当人和自身、群体、环境积极的相互作用时，它又是可以改变的，因此人的安全生产行为体现出可塑性的特点，个体因素、团队因素和组织因素在人的安全生产行为演化过程中存在不同的交互作用[48]；行为稳定是在行为改变后新行为阶段性保持的状态。相较于消极被动的行为，人们更乐于提倡积极主动的行为，因为其对个体和组织更能够产生积极的影响[49]。具体参考《行为矫正——原理与方法》一书，并结合相关文献，发现能够促使行为发生改变的手段有：行为强化、行为消失、惩罚、刺激控制等[50]。行为矫正是指开展和实施某些程序和方法，来帮助人们来改变他们的行为，其最初是心理治疗中的一个方法[50]。在安全生产领域，有学者提出了对不安全行为矫正和加强安全行为的方法，促使不安全生产行为向安全生产行为演化，安全遵守行为向安全参与行为演化[51-54]。换言之，对不安全行为的矫正可以看作不安全行为过渡到安全行为的一个演化过程，对安全行为的加强可以看作安全遵守行为向安全参与行为演化的过程。通过以上研究可以发现，行为矫正的部分原理和手段与在研究个体主动性与安全信号关系的 ERP 试验中产生的某些结果相对应。低主动性特征个体呈现被动的认知倾向，其对安全信号的反应选择主要与惩罚性信号相关联。桑基等（Sanfey et al.，2003）在实验中揭示了个体在接受不公平惩罚信号时的状态[55]。学者在实验中还发现，对有被动倾向的个体惩罚力度越大，惩罚者越能够从惩罚过程中获得预期的满足，其惩罚作用下会停止或减慢自己的消极或不安全行为[56,57]。一般主动性个体属于常规型的个体，在 ERP 实验中通常围绕标准刺激和偏差刺激进行失匹配研究[58-62]。当我们将正常的安全的生产状态看作标准刺激，将不安全的生产状态看作偏差刺激时，就可以研究一般主动性个体在不同信号刺激的失匹配状态下的安全生产行为。高主动性个体在认知神经试验中普遍被发现与奖赏信号有关，其对奖励的预期大于低主动性个体[63]。对高主动性个体施与强化措施能够迎合其需要、激发其潜能、促使其提高安全行为水平并采取积极的安全行为，有利于安全生产的顺利进行。

对安全生产行为演化机理的相关研究。现代安全管理学科的发展趋势体现出多学科交互作用的重要特征，研究涉及管理学、心理学、物理学、生物学等学科。安全生产行为的演化参考了生物学中的演化思想，逐渐形成自己独特的发展路径。与生物学演化思想中“适者生存”的自然选择理论类似，安全生产行为的演化也应遵循这一原则。随着时代的不断变迁，人类在不断发生的安全事故中吸取教训，想要将安全生产管理方式从低级到高级、从简单到复杂、从传统到现代提升的愿望不断加强，人的行为也要从不主动作出安全行为向主动参与的安全行为不断转化，在千变万化和不断进步的世界中，在安全生产领域刻录“适者生存”的时代发展印记。演化是我们所考察的系统沿时间轨迹的一个自我变化过程，这个过程是一个渐进的变化和发展的过程[64,65]。演化理论必须包含行为人行为和行为原因[65,66]。有学者对旷工违章行为的演化进行了研究[66]。在对内外控特征个体的研究中发现，外控型个体更加倾向于被动，会将成功归因于外部因素，易产生侥幸心理进而作出不安全行为[67]。违章行为是一种不安全行为，其演化过程可以看作个体依据当前行为所获得的心理效应及安全程度来不断调整自己的未来行为取向，其实质是一定环境条件下，促使个体违章行为形成的各影响因素状态的不断变化。

1.2.2 国内研究现状

1.2.2.1 不同主动性个体的相关研究

对个体主动性的研究。叶新凤等（2014）认为，人的行为、认知因素和环境三者彼此相互联系，个体行为受其心理状况的影响，心理资本有助于提升员工主动性[64]。苏文平等（2014）发现，大学生个体主动性总体处于中等水平，影响大学生主动性的三个主要原因是学习主动性、人际沟通和困难应对，高效应采取积极措施提升大学生主动性[65]。梁果等（2014）研究发现，个体主动性受领导交换的影响[66]。孙灯勇等（2014）研究表明，个体主动性受心理特征和职业认同影响，同时个体主动性是一种个体积极提高自我行为的倾向[67]。刘小禹等（2015）从被排斥个体的角度出发，以自我验证理论视角研究了职场排斥对员工主动性的影响机制[68]。国内研究人员在对个体主动性的测量上也取得了一些进展，对国外成熟系统量表进行了考察和修缮，尽管不同的量表评价不尽相同，但都能体现出良好的拟合度[69]。员工的主动性是自发的，就整体而言，是有益于组织运行效能的行为，同时组织中高主动个体会积极尝试影响及改变压力环境，而主动性较低的个体不能很好地缓冲压力源的负面影响[70-72]。

对主动性个体的研究。贾亚男（2016）证明，高主动性个体与工作绩效正相关[73]。温瑶和甘怡群（2008）认为，高主动性人格的个体能够识别机遇、采取行动，并能持之以恒直到实现目标，而缺乏主动性的人则是消极和被动的，他们习惯于被迫适应环境[74]。赵小兵（2010）指出，具有前瞻性人格的个体与主动性个体有相似之处，其行为有时受“人—职务”匹配的调节[75]。刘万利等（2011）研究发现，高主动性个体更具有创业意愿，他们市场嗅觉灵敏，能够快速识别创业机会并能感知创业风险，激发出更多灵感与意愿[76]。高主动性个体能够缓解工作中产生的具有正面和负面作用的工作压力，他们对日常工作和生活具有明确的目标并愿意坚持不懈地付诸实施；而主动性较低的个体恰恰相反，他们对待工作有被动怠工的意愿，长期工作任务会更加消耗主动性较低员工的耐心，他们往往选择得过且过或消极放弃[77]。

对非主动性个体的研究。一般主动性个体介于主动性个体和被动个体之间，具有普遍又独特的心理特点[78]。一般主动性特征个体在安全生产活动中的安全生产行为不经常接收奖励、表扬等积极因素的引导，也不经常接受惩罚、批评等消极因素的约束，而是经常展现循规蹈矩、独善其身、审慎等倾向，他们通过自保、自律、自尊、自荣等行为方式来对待组织安全生产活动[78]。白学军等（2009）阐明了心理特征内倾者和外倾者之间的联系与区别，以及在动机较强的情境下两者在不同的奖励和惩罚条件下会产生生理唤醒特点和反应调节能力上的差异[79]。周济全等（2018）研究指出，大学生主动性人格与社会支持和自我同一性之间密切相关，通过惩罚的方式会影响主动性水平及人际信任水平[80]。刘效广等（2012）认为，个体认知表征偏差会影响安全生产决策有效性[81]。赵红丹和江苇（2018）在文章中提及了依附、僵化、消极的低主动性人格员工，不同人格特质的员工往往有着不同的认知与反应，主动性越低的个体使双元领导对领导认同影响越强[82]。牛雪筠等（1999）认为，以往组织管理中的激励与否、主动与否、控制与否会影响员工形成与企业相近的价值观和利益倾向[83]。刘全龙（2016）研究表明，在安全生产管理中惩罚手段有时能够促进安全生产的顺利进行，但要注重惩罚合理性和员工心理特征差异[84]。低主动性个体体现了其个体特征的被动性，在安全管理中需要一定的手段来推动其注意到安全行为的重要性，组织致力于消减其在安全生产过程中所表现出的消极性[85]。

1.2.2.2 安全生产行为的相关研究

对安全生产行为的概念及特征的研究。安全生产行为隶属安全行为科学研究范畴，其是在安全生产领域中与安全生产有关的广义的安全行为[86]。叶龙和李森（2005）将安全行为定义为：人对影响安全性的外界刺激经过肌体作出的理性的、符合安全作业规程的行为反应，最终是经过人的动作以达到预定的安全目标[87]。曹庆仁和李凯（2015）认为，不安全行为是一种行为倾向，其特征是违章和造成安全事故，安全行为则与之相反[88]。罗云（2016）认为，每个个体都具有社会属性，人的行为通常具有一定的规律性：个体产生安全需要，因需要产生安全动机，因动机产生安全目标，因目标而付诸行动而成安全行为，因行为完成而产生满足感，特定条件下安全需要重新萌生，如此循环[89]。其中，环境即安全生产外在客观条件存在及影响的总和；需要即个体在建立安全目标中表现出的渴望；动机（意向）即决定行为实施与否的前提条件；行为即实际所为的一切动作；目标即个体制定的想要达成的某种状态和准则[89]。

对个体类型与安全生产行为关系的研究。人的行为是生产中最主要的事故源[90]。人的行为本身具有自觉性和主动性的特征，外部环境影响个体的行为意向，但无法发起行为，如同强权不能控制和迫使个体作出真正的效忠行为。外因须通过内因起作用，只有提升个体主动性和自觉性，才能产生积极主动的行为[90]，因此，个体特征能够决定人的安全行为水平[89,90]。一般主动性个体相较低主动性个体具有实际、稳重、有效率等特点，既不消极也不积极，是十分中性化的一类个体，其在安全信号的认知中表现为对突发事件的自动反应程度[87]。但有时主动性特征个体在受到不公平待遇时也会表现出消极行为[73]。我们研究个体特征和个体行为的基本目的就是寻求激励人、调动人来从事安全生产活动的积极性和创造性，使个体安全生产行为按一定的规章和目标去进行，最终使安全生产活动更具成效性和贡献性[86]。

1.2.2.3 安全生产行为演化机理相关研究

对行为演化机理内涵的研究。近些年，国内学者逐渐突破行为影响因素的静态研究，更多地关注于行为动态的演变上。罗成林和李向阳（2009）指出，行为演化机理是各种动力因素和指标交互作用的结果，是一个非线性的复杂大系统[91]。魏玖长等（2011）在对群体抢购行为的研究中指出，对群体抢购行为的演化机理进行研究即是对群体抢购行为演化的动力理论模型中各种力的作用机理进行深入的探讨分析[92]。

对安全生产行为演化机理相关研究。有学者对旷工违章行为的演化进行了研究[93-97]，结果显示，管理者为避免个体违章而作出的处罚力度要因人而异[98]。牛丽霞（2013）采用系统动态仿真模拟的方法对不安全行为形成机理进行分析，并据此提出干预措施[98]。管理心理学认为个体行为在本质上并非固定不变的，而是受身心成长和外部环境影响时常变化的，同时行为改变（behavior change）有先天因素和后天因素的作用，先天因素包括遗传与环境，后天因素包括成熟与学习[69]。刘素霞等（2012）在对中小企业员工安全遵守行为演化路径的研究中运用演化博弈与仿真技术对行为的发展趋势以及不同因素对行为演化的影响进行模拟分析，并探讨了通过何种方式来规范安全行为向着预期的良好状态演化，从而提高安全生产水平[99]。对一般主动性个体，管理者与被管理者都要按照全套的安全规范和流程进行生产作业，形成一个动态闭环管理体系[100]。个体积极参与企业安全生产活动有助于营造良好的安全氛围，提高安全生产水平[101]。刘素霞和梅强（2012）认为，个体积极性和热情较低的员工的安全参与行为表现不明显[102]。高主动性特征个体在认知神经试验中普遍被发现与奖赏信号有关，其对奖励的预期大于低主动性特征个体[103]。矫正不安全行为和加强员工安全遵守行为的方法主要包括安全教育培训、安全目标设置和行为结果反馈或将三者进行结合能够得到更加有效的结果。其中，选择某种策略的初始人群变化、安全遵守行为需要投入的劳动量和逞能收益大小、检查成本变化、违章罚金、预期事故损失和违章负面影响等均对安全遵守行为的演化结果造成影响。马庆国和王小毅（2006）首次提出神经管理学，并就有关于需求层次、激励、惩罚、公平、效率等从脑神经层面解读行为科学，认为激励和惩罚会对个体行为演化产生影响[104]。高主动性特征个体积极主动，善于识别机会，乐于挑战，具有预见性。其在工作场所中积极参与安全生产活动，自发主动作出安全行为，与同事及领导能够有效沟通，常常在安全活动中作出表率。员工参与度越高，安全实施的难度就会越低，同时鼓励个体参与安全活动能够达到更好的安全目标[105]。急救训练可以增加员工躲避工作伤害的意识与动机，提高风险防范意识。探索安全参与行为的演化机理，如何调动员工安全参与积极性是研究的重点。选择某种策略的初始人群的变化、安全活动投入产出比、节省劳动量产生的愉悦感、罚金大小、考核成本变化、认真参与活动的人数等均会对员工安全参与行为的演化趋势和结果有影响作用。安全生产行为的演化结果可以受多种因素影响，可以通过设立激励与约束机制的参数来促使其向良好的方向演化[106]。

1.2.3 国内外研究现状评述

综上所述，国内外学者在不同主动性个体的内涵和特征、安全生产行为的内涵和划分、安全生产行为的影响因素、行为演化的内涵以及安全生产行为演化机理等方面的相关内容取得了一定的研究成果，为更深入研究不同主动性个体安全生产行为演化机理奠定扎实的理论基础提供了有价值的借鉴。国内外研究成果主要包括不同个体类型的内涵和特征、安全生产行为的内涵和分类、个体类型与安全生产行为关系相关理论、安全生产行为的影响因素、行为演化机理内涵的界定、行为演化的阶段、演化理论、进化心理学理论、行为演化的生物学隐喻、行为矫正理论、激励理论等。当前，文献研究中存在以下应当进一步完善的议题。

（1）应当从个体主动性差异出发，探寻安全生产行为的演化所带来的安全管理的变革，建立起不同主动性个体安全生产行为演化机理理论框架。国内外学者就个体特征和安全生产行为的内涵及表现从单一和静态角度分析个体安全生产行为的影响因素和干预手段，倾向于对所有人实行统一管理，忽视了具有主动性差异的个体特征与安全生产行为的关系。个体特征决定行为意向，行为意向决定个体行为，应当从个体特征和主动性差异的角度出发来研究个体行为的逻辑线索，对个体主动性进行划分和比较，以便找出促使不同主动性个体安全生产行为演化的影响因素。

（2）应当从安全生产行为演化机理的内外影响因素出发，分析并验证不同阶段下安全生产行为演化的影响机理。演化机理研究的目的是探寻一类现象自身发生演变的原因，其实质是在一定条件下促使个体安全生产行为发生变化的各类影响因素的状态的不断变化。国内外学者对影响安全生产行为的相关因素的研究并没有统一化和系统化，偶尔有文献中出现一些影响因素并未被实证验证而得以应用，可能会出现一些误导性的研究推断，亟待得到系统规范的整理与分类。此外，除了运用实证定量研究方法外，应当尝试使用一些质化研究方法来识别不同主动性个体安全生产行为演化的内外影响因素，以便找到在不同演化阶段下演化结构中要素存在及作用关系的道理和理由。

（3）应当从安全生产行为演化机理的动态路径出发，分析并验证不同阶段下安全生产行为演化的动态机理。以往研究鲜少将个体行为类型与组织管理类型相结合来探求安全生产行为演化路径。因此，有必要将个体行为与组织管理纳入研究议题，分析个体行为演化与组织管理模式演化共同作用结果对安全生产行为演化过程的影响，基于主动性差异的个体和基于不同管理模式下的组织，在不同条件下会采取不同有利于自身收益的策略，两者在演化博弈过程中产生的理想状态是企业安全生产所提倡的。因此，应当构建个体与组织动态演化模型，识别促使演化发生发展的动态因素，以便找到并验证在不同演化阶段下个体与组织作用关系的理由和道理。

（4）应当从安全生产行为演化机理的认知实践出发，分析并探索安全生产行为演化的认知机理。以往研究多注重理论研究辅以实证验证，多从静态角度出发分析机理问题。目前，神经管理学逐步兴盛，将其运用到安全生产领域个体行为的研究在理论和实践上都是机理分析的一大进步。因此，应当分析在安全生产中基于主动性差异的个体大脑信息加工过程，明确行为产生的心理机制，具化演化发生的实际环境。同时，在以往的研究中，多以数理统计等分析方法进行假设检验，国内外学者在实践中不断探索新方法，为提高实证检验的科学性和准确性，引入认知神经实验（ERPs）法来作为技术手段分析并验证不同主动性个体安全生产行为演化机理势在必行。对人的行为进行研究正逐渐由过去主要运用传统行为研究方法转变到运用现代认知神经科学的研究方法。具有高时间分辨率的 ERPs 对个体安全认知神经信号、安全注意、视觉失匹配、反应时间等问题有较好的解释力，以便复合分析检验结果并提出具有理论和实践价值的、提升不同主动性个体安全生产行为主动性水平的管理建议。

1.3 研究思路和研究方法

1.3.1 研究思路

本书以不同主动性个体安全生产行为演化机理为研究要点，以问题导向、理论依托和方法保障为研究原则，按照理论基础—机理分析与概念模型—实证验证—管理建议的研究逻辑安排全书结构。以个体—行为—环境关系为导向，以影响机理、动态机理和认知机理为主要内容，同时将不同主动性个体安全生产行为演化机理进行阶段性划分：第一阶段即安全被动行为向安全服从行为演化的机理分析；第二阶段即安全服从行为向安全主动行为演化的机理分析。通过实证检验来证实理论假设的合理性，洞悉不同主动性个体安全生产行为演化机理的静态结构、动态流程及认知实践，并依据以上研究提出提升不同主动性个体安全生产行为主动性水平的管理建议。本书基本研究思路如图 1.1 所示。

1.3.2 研究内容

第 1 ~ 2 章，绪论及不同主动性个体安全生产行为演化机理理论框架构建。建立不同主动性个体安全生产行为演化机理理论框架。从个体主动性的内涵与不同主动性个体类别划分、安全生产行为内涵与结构划分、安全生产行为演化机理内涵与阶段划分出发，通过对不同主动性个体安全生产行为演化机理经典理论的分析与比较，遴选社会心理学派的计划行为理论、组织行为学派的人—组织匹配理论，以进化心理学派的理性行为演化理论以及认知心理学派的信息加工理论为不同主动性个体安全生产行为演化机理研究的理论基础，构建不同主动性个体安全生产行为演化机理理论框架。

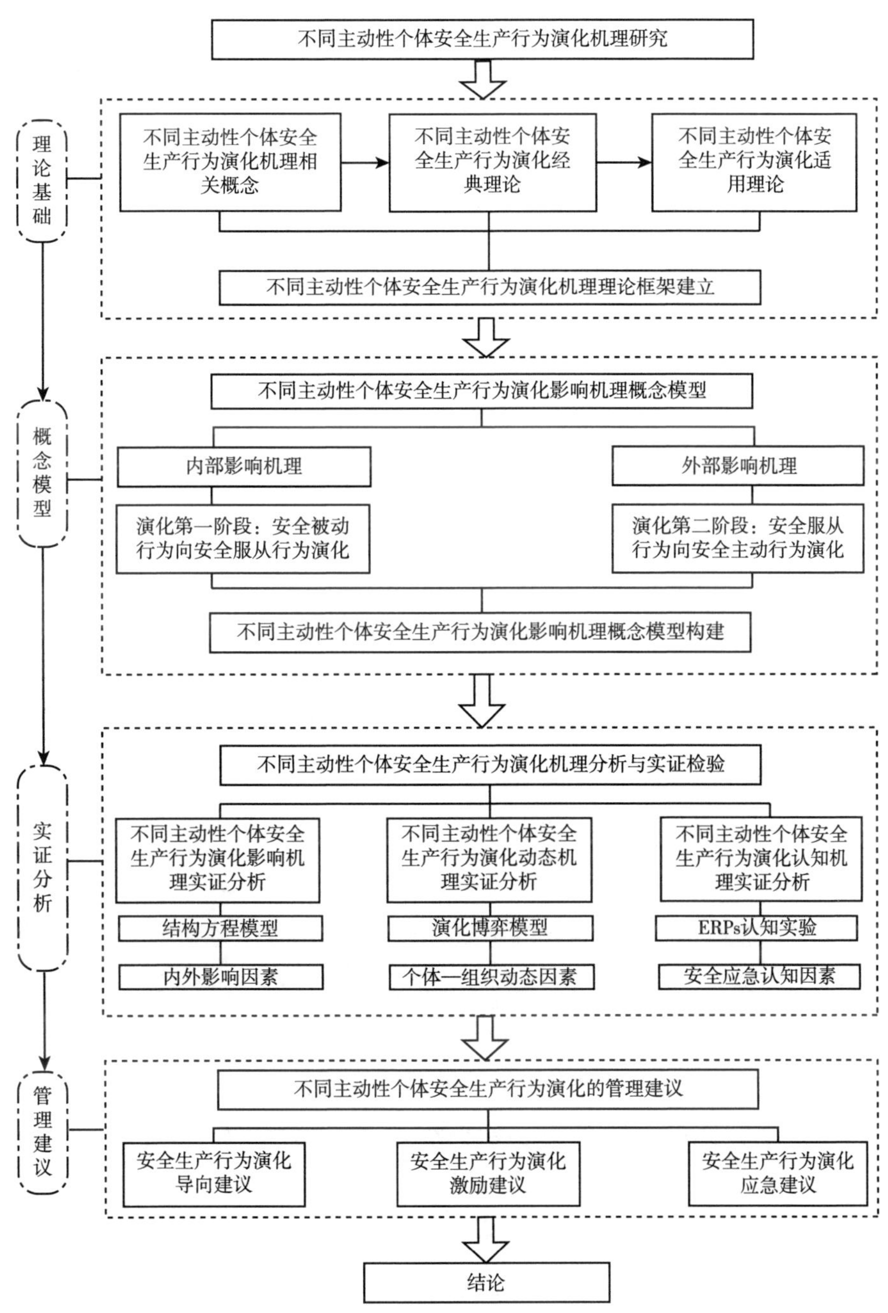

不同主动性个体安全生产行为演化机理研究
理论基础
不同主动性个体安全生产行为演化机理相关概念
不同主动性个体安全生产行为演化经典理论
不同主动性个体安全生产行为演化适用理论
不同主动性个体安全生产行为演化机理理论框架建立
概念模型
不同主动性个体安全生产行为演化影响机理概念模型
内部影响机理
外部影响机理
演化第一阶段：安全被动行为向安全服从行为演化
演化第二阶段：安全服从行为向安全主动行为演化
不同主动性个体安全生产行为演化影响机理概念模型构建
实证分析
不同主动性个体安全生产行为演化机理分析与实证检验
不同主动性个体安全生产行为演化影响机理实证分析
不同主动性个体安全生产行为演化动态机理实证分析
不同主动性个体安全生产行为演化认知机理实证分析
结构方程模型
演化博弈模型
ERPs认知实验
内外影响因素
个体—组织动态因素
安全应急认知因素
管理建议
不同主动性个体安全生产行为演化的管理建议
安全生产行为演化导向建议
安全生产行为演化激励建议
安全生产行为演化应急建议
结论

图1.1　基本研究思路

第 3 章，不同主动性个体安全生产行为演化影响机理概念模型建立。构建不同主动性个体安全生产行为演化机理理论假设模型。将个体主动性作为安全生产行为演化内因；将群体、组织、环境因素作为安全生产行为演化的外因。遵循理论分析与假设提出的研究逻辑，运用文献分析、扎根理论等研究方法来分析和识别外部影响因素，据此提出不同主动性个体安全生产行为演化影响机理研究理论假设，建立不同主动性个体安全生产行为演化机理研究理论假设模型。

第 4 章，不同主动性个体安全生产行为影响机理实证分析。验证不同主动性个体安全生产行为演化影响机理实证模型。遵循假设提出和假设验证的研究逻辑，运用结构方程模型（SEM）来验证不同主动性个体安全生产行为演化内部影响因素（个体主动性）和关键外部影响因素（群体、组织、环境）对不同演化阶段的影响程度，验证内外影响因素分别对演化第一阶段（安全被动行为向安全服从行为演化）和演化第二阶段（安全服从行为向安全主动行为演化）的影响的显著性程度，进而为后面提出提升不同主动性个体安全生产行为主动性水平的管理建议提供理论基础。

第 5 章，不同主动性个体安全生产行为演化动态机理实证分析。验证不同主动性个体安全生产行为演化动态机理实证模型。遵循假设提出和假设验证的逻辑研究，运用演化博弈来验证不同主动性个体安全生产行为演化不同阶段的演化路径。按照安全生产行为演化阶段，分析安全生产行为演化路径，基于理性行为演化理论分析个体行为与组织管理各自损益，运用演化博弈模型来揭示个体与组织相互博弈促使安全生产行为演化的动态机理，探究个体安全主动行为水平转化与组织安全生产管理模式变革对演化结果的影响。

第 6 章，不同主动性个体安全生产行为演化认知机理实证分析。验证不同主动性个体安全生产行为演化认知机理实证模型。遵循理论分析—理论假设提出—理论假设向实验假设转化—实验假设提出—实验假设验证—理论假设验证的研究逻辑，运用事件相关电位技术及行为实验来验证不同主动性个体安全生产行为演化脑认知机理，运用事件相关电位技术来揭示不同主动性个体安全生产行为演化的认知机理。模仿实际工业自动化控制背景，将视觉失匹配（vMMN）作为衡量指标，探究不同主动性个体面对实际操作场景下的安全报警信号时大脑的反应状态及波幅，对颜色、形状和朝向三项指标进行分析比较，阐明不同主动性个体安全生产行为演化的认知机理。

第7章，不同主动性个体安全风险差异识别与分析。建立不同主动性个体安全风险差异的ERPs研究实验。从不同主动性个体特征出发，分析在情绪、工作绩效等行为方面的差异，并将其与影响风险决策的因素联系，得到个体认知特征是造成安全生产行为风险差异的主要原因之一。设计针对不同主动性个体风险差异的ERPs实验，参照经典爱荷华赌博实验范式设计了与安全生产行为相关的任务和刺激，对脑电成分FRN、P300进行分析，阐明不同主动性个体安全生产行为演化的风险偏好。

第8章，提升个体安全生产行为主动性水平的管理建议。提出提升个体安全生产行为主动性水平的管理建议。综合不同主动性个体安全生产行为演化内外影响机理、不同主动性个体安全生产行为演化动态机理以及不同主动性个体安全生产行为演化认知机理的分析及验证结果，分析演化阶段性特征和功能，据此提出包括导向建议、激励建议和应急建议在内的提升不同主动性个体安全生产行为主动性水平的管理建议。

1.3.3 研究方法

分析、验证不同主动性个体安全生产行为演化机理，整合运用多种研究方法使定性分析和定量分析相结合、使研究结果为理论和实践提供数据支持和客观依据。

（1）质化研究方法。质化研究方法主要有文献分析法、扎根理论等。文献分析法是利用查阅工具收集各类文献，依据研究重点来采纳与主题相匹配和策应的关键词，在一定的逻辑主线和维度划分标准下识别和萃取出有价值的信息；扎根理论是将从资料中产生的概念进行比较并建立联系，通过理论性抽样对资料进行编码从而挖掘和提炼出关键信息。质化研究方法即非数量分析法，以广泛认同的公理、大量经验事实和一系列推理逻辑为分析基础，以矛盾性视角描绘和解释所研究的事物，并将同质性在数量上的差异暂时略去。本书主要通过文献分析法、扎根理论等质化研究方法来识别和归总安全生产行为演化的影响因素，为构建不同主动性个体安全生产行为演化机理理论框架奠定基础。

（2）统计研究法。主要统计研究方法有回归分析法、结构方程模型、演化博弈模型。回归分析法根据理论和实际的需要来确定变量顺序，能够依据变异量差异比较两个或几个模型，数据拟合的好坏由模型对变异的解释程度决定。结构方程模型是一种融合了因素分析和路径分析的多元统计技术，具有能够同时处理多个因变量、容许自变量和因变量含有测量误差、同时估计因子结构和因子关系等优势。演化博弈分析法是将演化理论与博弈论相结合，摒弃了博弈论完全理性的假设，不仅能够成功地解释生物进化过程中的某些现象，同时能更好地分析和解决管理学问题；本书在质化定性分析的基础上运用层次回归分析法、结构方程模型和演化博弈模型等研究方法来实证分析安全生产行为演化影响机理和动态机理，为验证不同主动性个体安全生产行为演化机理的概念模型和理论假设以及提出相应管理建议奠定基础。

（3）实验研究方法。事件相关电位（ERPs）是指与一定心理活动（事件/刺激）相关联的脑电位的变化。目前，事件相关电位技术被广泛应用于包括医疗健康、航空航海、工业工程、刑事侦查等领域。以工业安全生产自动化为背景，以个体认知特征、个体行为特征和安全生产实际操作环境为依据，通过对操作人员脑电波幅的时时观测，能够直接和客观地展现不同情境下的个体心理差异，为打开人类大脑工作“黑箱”提供切实可行的研究手段。同一事件在测量过程中被重复叠加30次以上，测量数据通过SPSS20.0软件进行统计分析。在模拟环境下将认知神经科学的研究方法与思路引入个体安全行为的研究中，为探索不同主动性特征个体安全生产行为演化的脑神经机理以及提出相应管理建议奠定基础。

1.4 创新之处

（1）构建不同主动性个体安全生产行为演化机理研究理论框架。以往研究主要侧重于对人采取“一视同仁”的管理方式，未将个体与行为按主动性标准进行梳理。本书以个体特征为切入点，对基于主动性差异的个体心理特征及个体行为特征进行分析比较，强调个体、行为、环境的协调统一，促使安全生产行为由被动到服从再到主动的演化。通过对多种经典理论的梳理分析，选取进化心理学派的理性行为理论、社会心理学派的计划行为理论、组织行为学派的人—组织匹配理论、认知心理学派的信息加工理论为本书理论依据。以对不同主动性个体安全生产行为演化影响机理、动态机理及认知机理的分析和实证展开对主题的研究。构建机理研究理论框架的创新价值：一是从总体上把握全书的研究脉络，清晰地展现研究主题内在的关系问题，使主动性差异与安全生产行为演化机理之间相互策应和匹配；二是该理论框架明确了不同主动性个体安全生产行为演化机理的总体思路，使对不同主动性特征个体安全生产行为演化机理的研究更加系统化和科学化，为机理实证分析奠定基础。

（2）建立不同主动性个体安全生产行为演化影响机理概念模型。使用文献分析法、扎根理论等质化研究方法，通过实地深入访谈、文件梳理、问卷调查、网络咨询与调查等手段识别出安全生产行为演化的关键影响因素，从理论和实践两个角度将安全生产行为演化关键影响因素划分为两大层面——内部个体特征层面影响因素和外部环境层面影响因素，梳理关键影响因素对演化不同阶段（第一阶段：安全被动行为向安全服从行为演化；第二阶段：安全服从行为向安全主动行为演化）的作用关系。以理论研究为依托，选取研究所需前因变量（个体主动性、外部环境因素）、中介变量（计划行为三要素、行为意向）、调节变量（人—组织匹配）等，并将其加入模型中，提出基本假设。建立影响机理概念模型的创新价值：明晰安全生产行为演化过程中演化结构各要素在演化两个阶段中的作用关系，充实前面理论的框架，使其更具完整性，同时确保后面机理验证的正确性。

（3）实证分析并验证不同主动性个体安全生产行为演化机理。对不同主动性个体安全生产行为影响机理、动态机理和认知机理进行实证分析。从内部影响机理和外部影响机理分别对演化两个阶段影响程度加以静态呈现，动态机理将个体行为与组织管理对演化两个阶段的交互影响程度加以动态呈现，此两机理的研究涵盖了演化进程的静态和动态影响因素，能够较全面地分析演化发生发展过程的驱动原因。认知机理以个体心理和行为为基础，以实际安全工作场所和操作界面为拟为例，将不同个体主动性安全生产行为演化以应急信号和脑电波形图加以呈现，具化分析演化发生的现实。三类机理研究以“个体—行为—环境”的闭环关系为逻辑，旨在描述不同主动性个体安全生产行为演化机理。机理分析与验证的创新价值：明晰不同主动性个体安全生产行为演化三类机理，分析并验证演化发生过程的理由和道理，为机理研究系统性提供保证。

（4）利用不同分析方法来揭示不同主动性个体安全生产行为演化机理。将多种研究方法（如描述性统计分析、相关系数分析方法、层次回归分析法、结构方程法、演化博弈法等统计学和计量经济学方法）作为实证量化研究工作的主要工具和手段，选取适宜的前因变量、中介变量、调节变量和结果变量来实证分析不同阶段不同影响因素作用下的个体安全生产行为演化影响机理；运用演化博弈方法来实证分析个体行为与组织管理交互作用下推动演化进程的动态机理；运用 ERPs 实验分析法分析对不同主动性个体安全生产行为演化进行大脑认知信号过程进行测定，对个体注意偏好、反应时间和主观评价等方面数据进行收集，结合认知神经学的经典范式，遵循事件相关电位实验程序，实验分析不同主动性个体的脑电成分。不同方法研究的创新价值：为机理分析提供证据保证；为提出提升不同主动性个体安全生产行为主动性水平的管理建议提供借鉴。

1.5 研究趋势

1.5.1 亟待解决的关键问题

国内外研究成果表明，学者们在个体主动性相关研究中，更多地将个体的主动性性格特征与行为表现相结合，关注工作情境中的主动性行为，并提出了主动性个体行为特征，在主动性的测量上普遍采用访谈等质性研究方法；在安全生产行为研究中，确定了安全生产行为的研究层次、构成维度及不同层面的影响因素；在引导机制的研究中，大多数关注行为引导和心理引导两方面，并在经济、管理、社会、工程等领域进行了引导机制的构建研究。但是，针对个体主动性安全生产行为管理机制问题，现有研究在以下几个方面还需做进一步探讨。

（1）个体安全生产行为差异化管理机制有待从个体主动性差异的角度进一步研究。现有个体安全生产行为的研究关注了与主动性有关的变量对安全生产行为的影响，并提出了主动性个体与非主动性个体的概念，但根据个体的主动性差异，探索主动型个体安全生产行为引导机制的研究成果相对较少，对个体主动性内涵、行为特征及影响因素尚不能确定。其缺陷一方面在于主动性存在于所有个体中，是工作中的行为表现，借鉴主动性个体行为研究成果并不能对个体主动性的内涵、行为、心理等方面进行全面反映；另一方面在于主动性存在有与无、高与低之分，主动型个体具有其自身的特殊性，需要根据其特殊性实施有针对性的管理机制。

（2）个体安全生产行为影响因素结构及影响因素间关系还需要进行更深入的探讨。现有个体安全生产行为影响因素的研究较多，但都是基于某一特定领域或某一研究层面进行的分析。从目前的研究成果看，影响因素间存在因果、替代、互补等作用关系，分散的研究不能满足对个体安全生产行为影响因素进行系统分析的要求。因此，还需对影响因素的结构进行梳理，并探讨影响因素间作用关系。

（3）运用认知神经实验方法对个体安全生产行为影响因素进行分析的研究尚待充实。现有对个体安全生产行为影响因素的研究普遍运用定性的理论分析，在各影响因素的分析过程中，有些影响因素的作用易被观察，可以直接进行理论分析；而一些影响因素的作用是内隐的，不易通过观察获得，运用理论分析甚至是实证方法都不能进行深层揭示。认知神经实验可以通过个体的神经信号及反应时间来揭示内隐影响因素的作用规律，可以为基于个体主动性的安全生产行为引导机制的理论研究提供客观依据。因此，应当结合认知神经实验方法来探索基于个体主动性的安全生产行为中的内隐影响因素。

（4）引导机制的研究尚需从应用系统需求与功能匹配的角度进行更深入的探讨。现有引导机制的研究主要集中于对一般引导机制构建、主动型个体引导方式和安全生产行为引导路径等方面的分析。从心理和行为方面为引导提供了构建思路，发现了对主动型个体产生引导作用的一些因素，并揭示了引导安全生产行为的相关路径，但缺少针对主动型个体独特性的特殊引导机制的构建研究。尚需根据一般引导机制的构建思路，结合不同主动性个体心理和行为特征的独特性，从组织安全生产活动的实际需求出发，构建不同主动性个体的安全生产行为引导机制应用系统，有针对性地对新引导机制应用系统功能进行研究，实现不同主动性个体的安全生产行为引导机制应用系统新需求与新功能的匹配。

（5）对个体主动性对安全生产管理模式跃迁影响机制的研究理论假设模型进行完善。尽管以往研究从员工内部因素将安全个体行为分为安全主动性行为和安全被动性行为，但是安全个体行为还应该源于员工外部因素，具体哪些安全个体行为对安全生产管理模式跃迁具有影响作用尚未形成统一。同时，尽管以往研究证实了工作内嵌入在个体主动性对安全生产管理模式跃迁影响机制中起到调节作用，但未将工作内嵌入包含的三个维度展开进行研究，导致研究理论假设缺乏系统性。因此，只有在明确安全个体行为结构和展开工作内嵌入维度的情况下，才能构建出完整和系统的个体主动性对安全生产管理模式跃迁影响机制的研究理论假设模型。

1.5.2 研究重点

从个体主动性差异出发，探寻安全行为的演化所带来的安全管理的变革。传统研究就个体特征和安全行为的内涵及表现从单一和静态角度分析个体安全行为的影响因素和干预手段，倾向于对所有人实行统一管理。个体特征决定行为意向，行为意向决定个体行为，现代安全管理开始注重从个体特征和主动性差异的角度出发来研究个体行为的逻辑线索，对个体主动性进行划分和比较，找出影响个体安全行为的因素，探索适应现代工业企业发展的安全管理模式。

从安全行为认知实践出发，探寻安全管理机制的深层意义。传统研究多注重理论研究辅以实证验证，多从静态角度出发分析问题。目前，将神经管理学运用到安全生产领域在理论和实践上都是一大进步。分析安全生产中基于主动性差异的个体大脑信息加工过程，明确行为产生的心理机制，具化行为发生的实际环境。将认知神经实验（ERPs）法作为技术手段来分析并验证基于主动性差异的个体安全行为势在必行，因为其对个体安全认知神经信号、安全注意、视觉失匹配、反应时间等问题有较好解释力。

1.5.3 研究价值

安全是人类最基本和最重要的需求。事故的发生源于物的不安全状态和人的不安全行为，其中人因是最主要的因素。党的十九大报告明确提出“树立安全发展理念，弘扬生命至上、安全第一的思想，健全公共安全体系，完善安全生产责任制，坚决遏制重特大安全事故，提升防灾减灾救灾能力”的要求，进一步明确了当前和今后一个时期加强安全生产工作的目标、任务和举措。安全生产工作要适应新时代要求，就要适应人民群众对安全生产的新需求，推进新时代安全生产事业再创新辉煌，让人民群众生活得更安全、更幸福、更美好！从面对工作场所安全事故，个体行为因素的引入，到加入差异化个体认知特征的提出，多渠道解决安全生产问题的研究在广度上得以延伸。而安全行为管理机制强调综合考虑个体、群体、组织因素，涉及管理工程和认知心理两个领域，将个体认知和安全行为与管理问题结合分析，将区别于传统安全管理分析思路。探讨传统与现代安全管理模式应用中关注的惩罚、奖赏等关键问题，是在深度上对现有研究的有力补充。同时，丰富了个体认知特征与安全行为的关系，拓展了安全管理路径，为相关安全管理方案出台提供了理论依据。

本书在识别差异化安全行为的基础之上提出了相应安全管理策略，为有序、有效地调整工业企业安全生产管理规章制度提供了一定的参考。对个体安全行为的管理能否得到有序、有效地调整与整个人民生产、生活和经济发展息息相关，若调整得当，则有助于实现针对化管理、减少或规避生产事故、引导员工主动参与安全建设、推动良性的个体安全行为演化及安全管理模式跃迁。因此，探索基于主动性差异的个体安全行为管理机制，提出相关针对性的管理调整策略，对我国安全经济的稳定持续发展具有很大的应用价值。为实现安全管理模式由低级向中级再向高级的逐层转变，为管理者不断追求更为先进和丰富的安全管理实践提供支持，为持续调动企业安全管理的积极性、区分性和主动性提供合理的建议和措施，为国家安全工作、企业安全利益和个人安全生活提供具有保障性、借鉴性和参考性的实践应用意义。

1.5.4 主要目标

识别基于主动性差异的个体安全行为的结构维度。本书依据主动性差异对个体安全行为的结构维度进行划分，应用扎根理论方法来收集相关访谈资料并定性分析，为验证个体主动性对安全行为的作用机制提供研究基础和依据。

验证个体主动性对安全行为的作用机制。个体特征与行为之间存在密切相关性。在组织中，个体主动性越高越能显示出个体在工作中的积极性，越能够控制其特性作出有利于组织发展的行为，如建言献策和反馈寻求行为所带来的积极影响。行为意向直接影响最终行为，而前因变量行为态度、主观规范及知觉行为控制通过决定行为意向来间接影响最终行为。

探索“个体安全认知—个体安全行为—组织安全管理”间的三元逻辑关系。社会认知理论认为，人的行为、认知因素和环境三者彼此相互联系、相互决定，“个体—行为—环境”呈一个互为联系的闭环态势，本书基于主动性差异识别和划分安全行为，同时揭示影响安全行为的影响因素，以利于找出相应安全管理策略。

探索现代工业企业安全管理模式优化策略。通过基于主动性差异的个体安全行为的识别和影响机制的分析，提出有利于现代工业企业安全管理的新策略和新趋势，为企业安全管理实践提供理论借鉴和实际指导。

第2章 不同主动性个体安全生产行为演化机理理论框架构建

2.1 不同主动性个体安全生产行为演化机理相关基础概念确定

2.1.1 个体主动性内涵界定与不同主动性个体的类别划分

2.1.1.1 个体主动性的内涵界定

“主动性”一词在《心理学大辞典》中被定义为：个体按照自己规定或设置的目标行动，而不依赖外力推动的行为品质，由个体心理动力即需要、动机、理想、抱负和价值观等推动[107]。弗里斯（1999）首次提出个体主动性的概念：个体主动性是个体一切工作行为的总和，即个体在工作中采用积极自觉、自我鞭策的方式，提前或超额达成工作任务并实现工作目标的行为方式[1,108]。赛伯特和克雷默（Seibert & Kraimer，2010）认为，个体主动性是指个体以积极的工作状态和工作方式克服工作情境中遇到的困难的程度[109]。在《现代汉语词典》中，个体主动性是指个体不受外力推动而行动的内在动力的外在表现[110]。个体主动性可以划分为三个维度：自我驱动（即自发性）、行动领先（即前瞻性）和坚持不懈（即坚韧性）。

自我驱动是指个体因追求自我预设目标而超出工作角色规定要求的行为；行动领先是指个体聚焦于思考任务未来的发展趋势（新的问题、需求、机遇等），并针对其提前进行准备或展开行动；坚持不懈是指个体在不可预测的变化中努力克服困难并改变固有行为方式积极适应新变化的精神。个体主动性三维度互为依托、互为强化：行动领先预设个体自我驱动目标；自我驱动攻坚过程困难障碍；坚持不懈助力自我驱动目标，强化行动领先。

依据和借鉴前人研究成果，将个体主动性概念定义为：个体主动性是指个体不依赖外力推动，采用积极主动、自我驱动的行为方式来克服困难并实现目标的内在动力程度。

2.1.1.2　不同主动性个体的类别及含义

人的成长过程受诸多因素的制约，个体差异普遍存在。心理特征是指人在认知过程、情绪情感过程和意志过程中形成的稳定而经常表现出来的心理特点，是个体多种心理特点的独特集合，集中反映了一个人的心理面貌[111]。个体主动性是一种相对稳定的心理特征，但具有一定的可变性和可塑性[112]。以往研究对不同主动性个体类别的划分和汇总见表2.1。

表2.1　不同主动性个体类别的划分和汇总

序号	个体类别	心理特征	划分来源
1	主动性个体	主动改变环境、善于抓住机会、有毅力、自觉性、无意义批评等	弗里斯（1999）[108]；托马森（2005）[3]；施俊琪（2013）[111]
	非主动性个体	离职意向较高、机会识别能力较弱、角色内行为、较少建言献策等	
2	主动型个体	自我驱动、高期望、正直诚信、人际胜任力强、热情高涨、无效抗议等	格朗（Grant，2008）[9]；杨帆（2013）[85]；吴康俊（2014）[78]
	常规型个体	慎独自修、自我教育、自我约束、宠辱不惊、严于律己等	
	被动型个体	无长期目标、惩罚敏感性、被动执行性、消极适应性等	

续表

序号	个体类别	心理特征	划分来源
3	高主动性个体	自我驱动、目标导向、识别机会、改变环境、不易受环境影响、超额完成任务、角色外行为、不公正抱怨等	伊尔库鲁（Erkutlu, 2016）[63]；贾亚男（2016）[73]；腾云（2016）[70]
	一般主动性个体	循规蹈矩、主动性较弱、审慎、严谨、保守、稳重等	
	低主动性个体	消极怠工、为环境所塑造、寻求奖励动机弱、对外界反应慢等	

依据个体心理特征的差异，按照个体主动性水平的高低，将个体划分为三种类型：高主动性个体；一般主动性个体；低主动性个体。

依据以往研究可知，高主动性个体的特征表现在：为了改变现有环境或创造新的环境而作出自发的、带有预见性的主动性行为[9]，具有较强的社会能力和预测能力[10]，善于建言献策并作出反馈寻求行为[10]，勇于创新并愿意承担风险[11]，善于利用一切机会来改变自身现状[13]；低主动性个体的特征表现在：有较高的离职意向[15]，强调工作稳定性，工作效能低[16]，显现出被动特质[72]，整体特征与高主动性个体相反；一般主动性个体的特征表现在：高主动性个体与低主动性个体间确实存在一类介于两者特征之间的个体，其具有顺从、保守、实际、稳重等特质，喜欢有系统、有条理的工作任务[17]，具有按规章行事的一般主动性特征[78]。从个体主动性下分的三个层面进一步阐述三者的区别：在自我驱动层面，高主动性个体能够主动完成工作任务并追求自我设定目标，一般主动性个体按照规定完成工作任务，不做多余的任务，低主动性个体需要外力推动才会被动完成任务；在行动领先层面，高主动性个体善于思考工作未来趋势并提前做准备，一般主动性个体较少思考工作未来趋势，一般不会提前做准备，低主动性个体不会思考工作未来趋势并做准备；在坚持不懈层面，高主动性个体能够努力克服困难并从容适应新变化，一般主动性个体艰难克服困难并很难适应新变化，低主动性个体逃避困难且不能适应新变化，有时被环境所塑造。鉴于以往研究成果与以上分析内容，提出不同主动性个体的含义，见表2.2。

表 2.2　　不同主动性个体的含义

个体类别	含义
高主动性个体	不需要外力推动，提前或超额完成工作任务，勇于面对困难并具有主动采取行动以适应或创新外部环境的行为倾向性和较高主动性水平的一类个体
一般主动性个体	不需要外力推动，按照规定要求完成既定工作任务，艰难面对困难并具有不主动适应或创新外部环境的慎独自修的行为倾向性和一般主动性水平的一类个体
低主动性个体	需要外力推动，被动完成任务，逃避困难，具有消极被动适应外部环境的行为倾向性和较低主动性水平的一类个体

2.1.2　不同主动性个体安全生产行为内涵及结构划分

2.1.2.1　安全生产行为的内涵界定

个体行为的内涵及特征。心理学认为，个体行为是个体产生需要，因需要产生意向，因意向产生目标，因目标而付诸行动，进而实现目标的行为[113]。行为可以划分为：个体行为、群体行为和团体行为。勒温（Lewin）把个体行为定义为个体的内在心理因素与环境的影响相互作用所发生的函数或结果[114]。个体行为具有以下特征：自发性，即外部环境作用于个体行为时无法引发行为，如同发自内心的效忠行为并不会在强权利诱下产生；因果性，即行为发生必有起因，先天遗传和后天塑造都可能是行为产生的动因；目的性，即个体行为不是盲目的而是带有目标的，不同个体追求目标不同；持续性，即无论行为是否表现出来都会一直发生并持续到目标完成；可变性，即个体为实现目标而采用不同的方式和手段，或行为经后天塑造而发生改变，体现了行为的可塑性。

综上所述，个体行为是指受思想支配而表现出来的外表活动，即个体在工作和生活中展现出的方式和态度，即在特定物质条件下，受社会文化观和价值观影响所具化出的个体特征，或因内外客观环境驱使所激发的能动反应。

个体行为与安全的关系。安全是指免受不可接受的风险的伤害[115]。安全的本质是反映人、物以及人与物的关系，并使其实现协调运转[116]。大量的安全事故证明，物因、人因和环境因素是生产安全的主要动因，其中人因事故达到七成以上。可见，加强人的行为管理是保障安全的重要方面。不同的个体具有不同的行为模式，即不同行为特征[117]，个体行为与人的心理状态有密切关系。安全生产事故中的个体行为一般表现在：(1) 省能行为。这表现在宁可冒险，偏要走捷径，怠工冒进，不考虑后果，如未佩戴安全装备等。(2) 侥幸行为。这表现在明知故犯、心存侥幸等，如因经验主义而丧失警惕。(3) 逆反行为。这表现在一定条件下，个体出现争强好胜、激进冒失、情绪难控等心理状态，如执意不安全作业。(4) 凑兴行为。这表现在基于人际关系上的心理满足或发泄剩余精力等，如争相超车。(5) 群体行为。这表现在从群体规范中产生的模仿、暗示、服从等相互制约的心理因素，若群体规范为正规的安全作业规程则会产生积极的效果，反之则产生消极的效果，如群体规范中的“领袖”带头违反规程从而引起的从众行为。

安全生产行为的内涵界定。安全行为是由基于行为的安全（BBS）发展而来的，而安全生产行为是广义上的安全行为[118]。尼尔等（2006）认为，安全生产行为是指人在生产作业的过程中能够遵守规章，并在危机和事故中极力护佑人身及物质财产安全的一切行为[21]。曹庆仁等（2015）认为，除了可能引发事故、违反安全规程等行为以外的行为都被看作安全生产行为[119]。刘素霞（2012）定义安全生产行为为员工在生产过程中遵守各项安全、生产规程操作及积极参与提升作业场所安全水平的各项活动的行为[120]。依据以往的研究，安全生产行为是指人在生产活动过程中能够遵章守规或积极参与安全建设，作出理性的符合规范的行为反应，并最终达到安全目标的一切行为。通过安全生产行为的内涵可以看出，安全生产行为包括了不违反安全规范、遵守安全制度和积极参与安全建设三个维度。其中，不违反安全规范属于较低水平、具有被动属性的安全生产行为；遵守安全制度属于一般意义上、具有常规属性的安全生产行为；积极参与安全建设属于较高水平、具有主动属性的安全生产行为。

2.1.2.2　不同主动性个体安全生产行为结构划分

以往研究以主动性水平的高低划分了个体安全生产行为。尼尔等（2006）、扎哈等（Zohar et al.，2013）将个体安全生产行为划分为安全遵守行为（safety compliance behavior）和安全参与行为（safety participation behavior）[21,121]。安全遵守行为是个体遵守生产安全规程和规范的一切行为，如按照规定佩戴安全帽等；安全参与行为是员工自愿参与企业日常安全事宜的一切行为，如为安全生产管理建言献策[102]。摩托·韦德罗和斯考科（2015）将个体安全生产行为划分为任务行为和情境行为：任务行为是员工被迫或必须服从的行为，如安全规范；情境行为是员工自愿或积极参与的行为，如安全培训[26]。尼尔（2006）还用安全服从行为和安全参与行为来划分安全生产行为：安全服从行为是个体严格服从组织安全管理所规定的行为；安全参与行为是个体自愿参加组织安全管理和建设的行为。同时，安全遵守行为受安全技能和安全知识的影响较大，安全参与行为受安全动机的影响更大[21]。科拉塔和巴拉德（Kolasa & Blader，2005）认为，个体行为受自身认知特征和外部环境的双重影响，个体心理特征差异导致行为的差异[122]。

依据本书第 1 章的安全生产行为分类，见表 1.1，从不同主动性个体行为特征及倾向出发，将个体安全生产行为划分为安全主动行为、安全服从行为和安全被动行为。不同主动性个体安全生产行为的含义见表 2.3，基于主动性差异的个体安全生产行为分类如图 2.1 所示。

表 2.3　不同主动性个体安全生产行为的含义

安全生产行为	含义
安全主动行为	个体在组织日常安全生产活动中能够自觉地、积极地达成或逾额达成组织安全目标，同时，自愿采取行动对组织安全生产建设强化、安全管理模式变革以及安全绩效提升有积极推动作用的行为
安全服从行为	个体在组织日常安全生产活动中能够严格按照既定安全规章和规范达成组织安全目标，并保证安全生产顺利进行的行为
安全被动行为	个体在组织日常安全生产活动中受职责和压力所迫采取消极行动的、能够达成安全生产最低目标的行为，即为与安全主动行为相反的行为

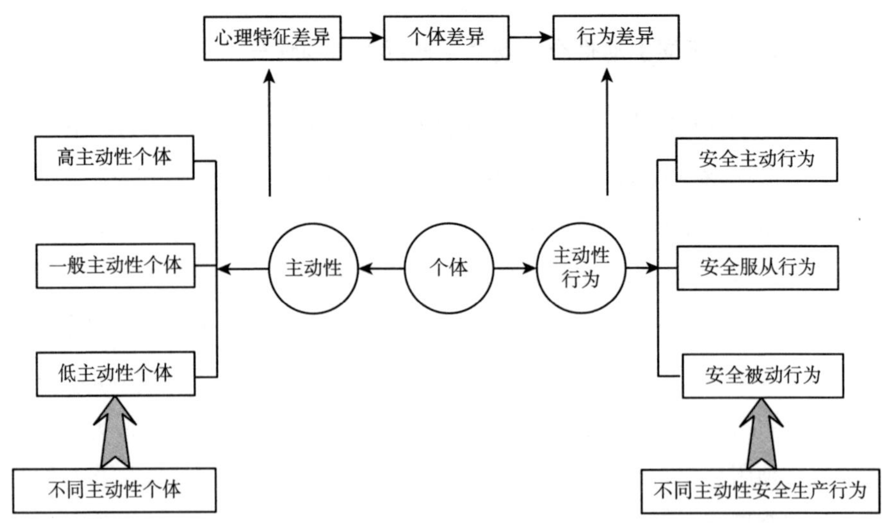

图 2.1　基于主动性差异的个体安全生产行为分类

行为科学研究一般以个体行为研究开始。个体行为是群体行为和组织行为的基本组成单位，也是个体与环境交互作用的产物。从一般意义上讲，个体行为是在一定思想认识、情感、意志及信念支配下，个体所采取的符合或不符合组织规范的行动。如图 2.1 所示，个体差异导致行为差异，个体心理特征主动性水平影响个体行为主动性；依据主动性在个体心理特征方面表现出的差异可以划分出不同主动性个体，即低主动性个体、一般主动性个体和高主动性个体；依据主动性在个体行为方面的差异可以划分出不同主动性行为，即被动行为、一般行为和主动行为；在安全生产领域可将个体行为按主动性水平划分为安全被动行为、安全服从行为和安全主动行为。借鉴演化理论思想，将不同主动性个体安全生产行为演化划分为两个阶段：第一阶段为安全被动行为向安全服从行为演化的过程；第二阶段为安全服从行为向安全主动行为演化的过程。

2.1.2.3　不同主动性个体安全生产行为的管理依据

安全生产管理的内涵。安全生产管理是指组织为实现安全目标而对日常安全生产事宜进行的一系列的相关的管理活动[123]。现如今，传统的安全生产管理模式已不能满足组织安全生产绩效提升的需要，人因安全已逐渐超越物因和环境因素成为组织重视和提倡发展的重要动因。现代安全管理与传统安全管理的不同之处还在于：首先，现代安全管理注重事前管理，能够及时预判事故发生的可能性，使事故发生率大大降低；其次，现代安全管理越来越重视“人”，体现对人的尊重，使员工更有意愿从事安全生产工作；最后，现代安全生产管理开始注重“赏罚分明”的管理模式，开始对不同员工个体类型进行考察，宽严相济，促进发展[123]。

安全生产管理模式的内涵及分类。现有研究成果指出，安全生产管理模式指组织实施安全生产管理的方式，即对员工安全生产行为和组织安全生产过程进行管理的手段等[124]。从个体主动性角度可知不同主动性个体心理特征和行为方式存在明显差异，所以组织安全生产管理开始注重差异化管理，并将个体差异匹配于管理差异。随即划分三种类型的安全生产管理模式：以引导为主要方式的安全生产管理模式，即以主动性水平较高员工为主要管理对象的管理方式；以规制为主要方式的安全生产管理模式，即以主动性水平较一般的员工为主要管理对象的管理方式；以约束为主要方式的安全生产管理模式，即与主动性水平较低的员工为主要管理对象的管理方式。

（1）奖励引导型安全生产管理模式。将基于杜邦所采用的零失误作为企业信念的安全管理方式[125]。杜邦公司把安全生产作为企业最为直接的发展目标，表明了所有的风险以及事件都是能够进行规避的。为了确保自身企业组织所构建的基于科学角度进行分析，将所有的风险与事件都能进行规避的安全目标，杜邦企业构建了四大关键内容：对于人的尊重、拥有着职业的精神与职业的道德、环境保护以及人类健康、安全[126]。

（2）规制严慎型安全生产管理模式。基于职业安全管理制度以及国际性的劳动工人局内部的专家的安全检查方式。这里所呈现的管理目标就是，领导人员给予清晰、明确的标准，被管理的工作人员按照标准实施，之后再通过领导人员检查实施的情况。职业安全管理制度之中涵盖了实施的计划、实际的操作、监督与校验、评估与审核等，构建了一个存在着动态效果的循环管理制度。国际性的劳动工人局内部的专家将安全检查的方式分解成三个阶段实施：首先，针对实际现象的搜集；其次，针对超过所指定的标准进行评价；最后，针对报告中的结果提出意见[125]。运用系统安全工程管理概念，寻找可以制约系统操作的原因，运用科学、合理、有效的方式，来减少风险的出现，确保系统安全地运行。

（3）惩罚约束型安全生产管理模式。基于德国构建在法律法规背景下的安全管理方式、美国企业之中的安全第一的安全管理方式以及荷兰壳牌石油企业的安全管理方式[126]。在德国企业的安全生产之中存在着一套科学、合理、完善、可行的劳动保护法，基于德国地区的政府和针对各个行业之中的安全生产与经营活动拥有着行政监督的责任。美国企业所运用的安全管理方式表明了要求企业之中的工作人员一定要以安全生产作为主要的目标，预防风险以及规避风险作为辅助的方式，企业的利益处在非常高的一个层级，在发生风险或者是事件之后，企业会针对风险出现的因素以及发生的过程进行分析与研究之后，将结果发放到每一个工作人员之中，从而规避风险的再一次发生[125]。荷兰著名壳牌石油企业的安全管理方式模仿美国的杜邦企业所提出的 HSE 管理方式，对于工作人员自身的岗位工作内容进行明确的责任划分，涵盖了新招收的工作人员的培训、升职等，人力成本、物力成本支出高昂，减少风险的出现。

2.1.2.4 不同行业安全生产管理差异比较

不同行业的安全生产管理存在共性与特性。本节列举具有代表性的相关行业安全生产管理实施的现阶段差异，见表 2.4。

表 2.4　各行业安全生产管理实施的现阶段差异

行业	安全生产管理类别
煤矿行业	安全制度保障、安全生产标准、安全生产法、专业技能培训、安全生产绩效考核体系、信息化建设等
交通运输行业	安全监管模式、安全生产责任体系、安全科技支撑体系等
建筑行业	安全生产法、安全监管模式、诚信市场、机制建设与安全教育等
装备制造行业	安全生产隐患排查治理体系、安全监管模式、安全性考评等
工贸行业	安全性考评、安全生产标准化、行为安全管理等

从表 2.4 可以看出，现阶段各行业安全生产管理主要表现在安全法规、制度、标准、监管、考核等手段上。煤矿行业主要注重采取相关安全法规和安全生产标准化来约束员工作出安全行为；交通运输行业偏重对事故采取企业、综合监管部门、行业监管部门和专项监管部门的联合监管并依据信息科技手段来实现监管数字化；建筑行业主要应用工作场所安全规章制度和监管手段进行日常安全生产管理；装备制造行业侧重安全生产隐患排查治理体系的建设，以降低机械生产和操作各环节差错率和事故率；工贸行业主要注重安全生产标准化建设，并通过规范员工安全生产行为来实现安全生产目标。目前，各行业安全生产责任体系正稳步推进，行为安全管理方法逐渐兴起。

2.1.3　安全生产行为演化机理的内涵界定及阶段划分

2.1.3.1　安全生产行为演化内涵界定

诸事万物，始终是运动着的、演化着的，存在与演化不可分割。演化（evolution）一词是英译外来词，来自拉丁文“evolvo”和“evolutis”，原意为“展开”，即将一个卷着的东西打开，也指任何事物的生长、变化或发展。中国古代《周易》中提出了阴阳概念和万物交感的演化思想；《老子》中指出，“天下万物生于有，有生于无”“道生一，一生二，二生三，三生万物”；《天论》中也指出，“列星随旋，日月递炤，四时代御，阴阳大化，风雨博施，万物各得其和以生，各得其养以成”。这些思想均体现出万物都是以一定的规律在相互作用、相互协调中演化发展着。在西方的演化思想中，赫拉克拉特认为，“变化是唯一的事实”，世界上“一切皆流”，一切都在发展演化之中[127]；亚里士多德认为，“事物的演化过程就是运动，而运动的一种结果可以导致事物的演化”[127]；莱布尼兹提出动态演化思想，认为“自然界的一切都处于永恒的流动之中，不是直线式的，而是要经过曲折的，但整体发展进程是前进的”[127]；达尔文以丰富而确凿的资料为依据，提出了以自然选择为中心的生物进化论，首次对生物进化规律从繁殖过剩、生存斗争、遗传变异和适者生存四个方面进行了详尽的阐述[128]。这些思想都体现出演化过程的连续性、进步性、复杂性和曲折性的特征。随着社会、技术和理论体系的进步与完善，演化思想也逐渐向其他学科领域渗透和扩散，如社会学、经济学和认知科学等。

演化理论认为，自然界“不是既成事物的集合体，而是过程的集合体”[128]。演化是一个由多方干涉才能发生发展的过程。演化有时会加速进行，有时会停滞不前，甚至有时会倒退。任何事物的演化必然和外界客观环境（边界条件）有关，外部环境较稳定时演化也会随之良好渐进，外部环境较恶劣时，可能会产生质的飞跃。演化是指在特定外部条件的引导或约束下，事物（系统）运动过程中将各种相关要素以新的方式集成（集合）起来，构成另一种有序、有效的系统（事物），而新的有序、有效的系统，具有特定的结构、性质并发挥特定的功能，产生特定的效果[128]。由于功能、效果不同，这些系统（事物）必然要面对人工选择或是自然选择，从而决定其生存、发展或淘汰、灭绝。演化过程具有连续性和非连续性在特定环境下统一的特征。演化过程的连续性表现为遗传性、继承性和渐进性；非连续性表现为变异性、突变性和跃迁性。这是由于事物发展演化的动力是事物内部的矛盾运动和/或事物（系统）和外部环境条件相互对立矛盾不断地斗争（相互作用、相互影响等），而相互转变或向更高形式转变后才推动事物（系统）的演化和发展。演化过程中连续和非连续是在特定外界环境条件下的统一，既取决于事物（系统）的内因（自重组），又取决于事物（系统）的外因（环境对事物的选择和事物对环境的适应）。从某种意义上看，这也是“发展原则”（竞争、演变）和“物质统一原则”（选择、适应）相结合所产生的结果。

个体行为演化的生物学隐喻。目前，流行的演化理论分析主要是借鉴生物学中动物行为演化来类比人类行为演化和社会制度或经济演化。生物演化过程主要受到了物种特质和外部环境的影响，而人类行为演化亦是如此。演化经济学最先还原了这种自然主义倾向并将之应用于解释社会经济行为，而不同学科所沿袭和传承的演化思维特性不同，有些学科注重对生物学的借鉴，有的则关注人类行为的特异性[129]。生物演化与个体行为演化的联系与区别见表 2.5。

表 2.5　　　　生物演化与个体行为演化的联系与区别

演化类型		生物演化	个体行为演化
基本思维		自然主义	人本主义
行动主体	行动单位	个体	个体
	主体结构	同质的	异质的
	行为特征	无意识	意向性和目的性
	主体特征	孤立的个体	联系的社会人
演化特征	演化单位	不变性物种	可塑性行为
	变异特征	随机突变	有意识创新
	新奇起源	先天的生物本能	后天的社会学习
	扩展过程	选择性复制	习得性遗传
演化动力	推动力量	个体力量	个体力量与组织力量
	动力来源	外部压力	外部压力与内部动力
	竞争优势	生物的自然优势	社会的人为优势
	竞争方式	适应和利用自然环境	适应和改造行为规则
演化进程	演化过程	自然过程	人为过程
	演化路向	随机的	指向性的
	路向决定	个体互动均衡	个体、环境互动均衡
	演化速度	渐进变迁	渐进变迁或激进变革
演化结果	演化内容	个体力量变迁	个体力量变迁或结构变迁
	结构特征	自发的自组织	不断修正的自组织
	社会秩序	自然秩序	社会秩序
	社会性质	优胜劣汰	优胜劣汰

注：引自汪丁丁．行为经济学讲义：演化论的视角［M］．上海：上海人民出版社，2011.

依据以往研究，安全生产行为演化是指在安全生产过程中，个体安全生产行为实现由被动向服从再向主动的转化时结构中各要素存在及相互作用的过程。

2.1.3.2 机理及安全生产行为演化机理的内涵

“机理”原在化学动力学中指从原子的结合关系中描绘化学过程。如今，“机理”一词应用于不同领域，来源于英语的一种修辞手法，叫作同义复现。“机理”泛指事物客观存在的原因和关系[130]。机理是一个理念、一个道理、一种关系，由相关数据及事实构成，是机制的一部分。而机制是一种体制或体系，是框架下形成的整体，喻指一般事物，重在事物内部各部分的机理，即相互关系[130]。对于不同主动性个体安全生产行为演化研究来说，分析清楚行为演化的静态影响机理、动态影响机理以及脑认知机理，就能找到演化的机理，以便在不同时期的演化阶段中找到应对的管理策略。一旦掌握了安全生产行为演化的机理，就能有效引导或矫正行为，促使个体安全生产行为向良好方向演化，实现组织安全生产的目的。

在安全生产管理领域中，机理分为专业性机理和一般性机理。专业性机理是指针对每一类事故灾难的、具有其专业领域特殊性的机理[131]。安全生产包括第一产业、第二产业和第三产业，每类产业都具有自身独有的专业性机理，例如，煤矿事故和交通事故同属事故灾难，都对人身和财产安全造成威胁，煤矿事故有安全行为学、安全管理学等学科的专业机理与之相应，交通事故有交通运输学、行为风险学等学科的专业机理与之相应。专业性机理研究的基础是其自身领域的专业知识，作为对管理学的研究，本书谈论的是第二种机理（管理类机理）。本书通过管理学的角度，对不同的主动性个体的安全生产行为的演化过程重点、原因和关系进行研究。目前，人们对于不同主动性个体安全生产行为演化的认识还停留在原则性机理的层面（对特征的简单描述），在具体的实际安全生产中，组织只是制定了规章制度和应急方案，忽视了可能出现的各种约束条件，在操作性问题上没有解决本质性的问题。从实践角度看，建立不同主动性个体安全生产行为演化机理体系有利于响应国际安全生产建设。

依据以往研究，安全生产行为演化机理是指为实现安全生产行为演化的目的，以安全生产行为演化结构中各要素在演化的不同阶段中的存在与作用关系来描述演化过程的理由和道理。

2.1.3.3　不同主动性个体安全生产行为演化阶段划分

不同主动性个体安全生产行为演化阶段的划分是探讨行为演化的前提。依据个体心理特征主动性差异，划分个体为高主动性个体、一般主动性个体和低主动性个体；依据个体安全行为主动性差异，将个体行为划分为主动行为、服从行为和被动行为；依据安全生产中个体行为的主动性水平，将个体安全生产行为划分为安全主动行为、安全服从行为和安全被动行为。历史发展事实表明，个体安全生产行为逐渐由传统的被动式、机械式安全生产行为转化为现代的主动式、灵活式安全生产行为，组织安全生产管理模式逐渐由传统的惩罚式、约束式安全管理模式转向现代的激励式、引导式安全管理模式。同时，个体心理特征虽然是先天稳定的，但后天具有可塑性，不同主动性个体间可以实现相互转化。借鉴演化理论思想，将不同主动性个体安全生产行为演化划分为两个阶段：第一阶段为安全被动行为向安全服从行为演化的过程；第二阶段为安全服从行为向安全主动行为演化的过程，如图 2.2 所示。

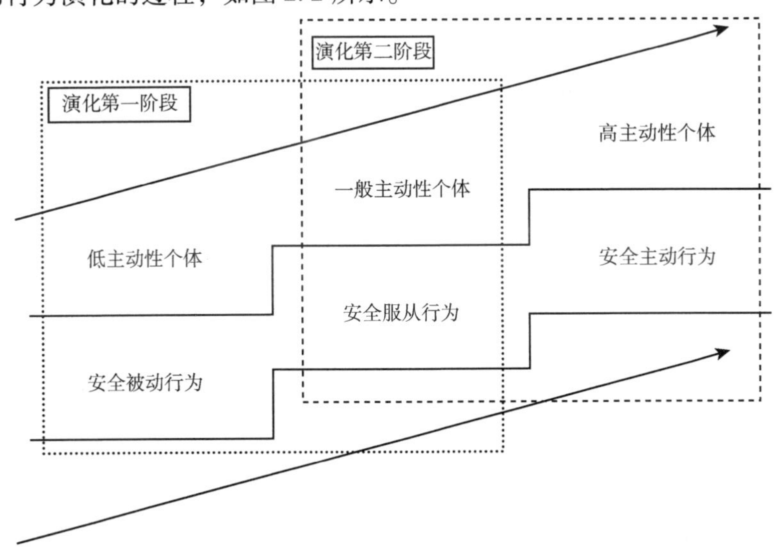

图 2.2　演化阶段划分

2.2 不同主动性个体安全生产行为演化机理相关理论分析

2.2.1 经典理论分析与比较

2.2.1.1 不同主动性个体安全生产行为演化机理经典理论分析

不同主动性个体安全生产行为演化机理经典理论。人的行为的产生受个体心理影响，受外部环境影响，受个体与环境的交互影响。人并不是直接作出行为的，行为并非直接产生而是存在一个行为显现前的决定。同样，人的行为在改变前也并不会直接产生行为，而是存在一个行为改变显现前的决定。涉及不同主动性个体安全生产行为演化机理的经典理论包括：精神心理学派的本能理论；功能主义学派的功能主义理论；行为主义学派的实验主义理论；认知心理学派的信息加工理论；进化心理学派的理性行为演化理论；社会心理学派的计划行为理论；等等。

精神心理学派的本能理论（theory of instinct）。该学派代表人物弗洛伊德认为，人的活动、人所作出的行为是先天内在安排好的，受到人本能的控制，人的行为具有天生的倾向性，对某些事物特别敏感，并伴随特定的情绪体验。个体的思想和动机是由本能引起的，本能是激发行为的根源[127]。对人的行为主要可以用性和攻击两种动机来解释，这些本能虽然是无意识的，却是强大的动机力量。本能理论还认为，人在环境中只能为环境所塑造，被动的适应环境的变化，人在工作场所的劳动行为被当作可受操控的机器行为。即个体心理特征决定个体行为，不为外部环境所影响。

功能主义学派的功能主义理论（functionalism）。功能主义主要研究心理的功能、目的，心理是怎么样工作的，心理是怎样决定行为的[132]。功能主义提倡个体在适应环境时心理功能的重要性，强调个体心理的至高无上的作用，否定环境对个体的影响作用，即便环境发生了变化、个体行为发生了变化，也主要是个体心理功能中的某些要素在起作用。功能主义学确定了人与动物之间在心理上的连续性，是个别差异发展成为重要的研究中心。威廉·詹姆斯（William James）把心理过程看作对生物企图维持与适应自然界的有用的功能活动，他重视人类本性的非理性方面（理智和概念受欲望和需要的影响）[133]。即心理功能对个体行为的影响是决定性的，不受外部环境的控制。

行为主义学派的实验主义理论（pragmatism）。该学派代表人物约翰·华生认为，心理学不该研究意识，只应该研究行为，行为和意识应完全对立起来。行为主义否定一切关于精神的重要性，否定个体心理过程和内部状态[134]。在方法论上，行为主义奉行实验法而摒弃内省法，认为行为是刺激（S）与反应（R）的联结，行为过程是渐进式的尝试与错误的过程，形成固定的 S－R 联结直到最后的成功[135]。环境是决定一个人行为模式的关键因素，要想预测和控制人的行为，只需查明环境与行为之间的规律关系，测量刺激与反映客观数据，无须关注中间环节，华生称之为“黑箱作业”[136]。即环境对个体行为的影响是决定性的，人的行为本身有可见和可预测的现实规律性，摒弃个体心理特征的作用。

认知心理学派的信息加工理论（cognitivism）。认知主义承认存在行为的潜在动因，行为者透过认知过程把各种资料加以储备及组织并形成认知结构[137]。个体信息加工的不同方式引起了不同行为。人的认知过程可与计算机的处理过程相类比，即人的认知过程包括信息的接收、编码、储存、交换、操作、检索、提取和使用的过程，进而影响其最终行为。即个体行为主要受心理认知的影响，其次受外部环境的影响。

进化心理学派的理性行为演化理论（rational behavior evolution）。进化心理学作为一门新兴的科学，与经济学、法学、文学、政治学、医学等都有很多交叉。目前，进化心理学的理性模型在经济学基础上建构出五项演化论假设：（1）行为人有限理性能力；（2）行为人未知生存环境；

(3) 行为目的是适应环境；(4) 在以上演化论假设下，行为主体追求最高的“适存度”；(5) 行为主体永远处在种群之间和个体之间的资源竞争之中[138]。进化心理学认为，个体行为的进化受个体心理和外部环境的共同作用，强调自然选择与适应性在个体行为演化中的重要性。行为是个体和环境相互作用的结果，并随个体心理和环境的改变而改变[139]。进化心理学与认知心理学的研究目的相同但方法不同，进化心理学强调实证主义，认为一切不能以观察或实验来证明的概念和理论都是虚假和无意义的，但是与此同时，它也将理论心理学与演化论融入其中，在人类进化的历史背景中研究人的心理和行为。

社会心理学派的计划行为理论（planned behavior theory）。计划行为理论认为在人作出行为之前会存在一个行为显现前的决定，即为行为意向。行为意向是指一个人以一种特定的方式所表现出的动机指向，指个人对于采取某意向特定行为的采取行动意愿和主观概率判断[140]。艾曾（Ajzen，1991）指出，行为意向是一种个体行为倾向，是行为显现的前提，即行为发生前经诱导而产生的是否要实行该行为思想表达[141]。行为意向直接影响和决定行为，同时受行为态度、主观规范和知觉行为控制的影响。计划行为理论能够显著提高研究对行为的解释力和预测力[142]。艾曾认为，行为意向使得所有能够影响最终行为的因素都成为间接因素[141]。在安全生产行为演化的过程中，在个体行为发生改变向更高层次的行为演化之前，存在着安全生产行为演化显现前的个体意愿，即个体在思考该不该作出进一步的行为上的改变。

组织行为学派的人—组织匹配理论（person-organization fit）。人—组织匹配理论源自人—环境匹配理论（P－E，Fit），P－E 理论指出个体和环境共同影响个体行为。在无确切规定的情况下，组织行为学中的组织可以代表个体外在生存环境，因此，P－O 可以视为个体与组织环境之间的适应性，或个体与组织环境之间的同质性，以及个体与组织环境之间的互为需要性[143]。个体—组织匹配是人与组织在三个方面，即价值观、供需和要求—能力的匹配。

2.2.1.2　不同主动性个体安全生产行为演化机理经典理论比较

个体心理特征与个体行为存在影响关系。行为主义学派的实验主义理论否定一切人的意识的作用，忽视了个体心理特征对个体行为的影响，摒弃内省的心理学方法，认为只要查明了环境刺激与行为反应之间的规律性关系，就能根据刺激预知反应或反应推断刺激。行为主义的理论和方法均与“个体心理特征与个体行为存在影响关系”背道而驰，割裂了个体行为形成、改变、进化的内在动因。而其他理论体系均认为个体心理特征与其行为不能各自孤立，强调了个体心理特征与个体行为之间的影响关系，个体心理特征是其行为产生和发生改变的决定性因素，每个个体都具有主观能动性。个体心理特征是个体行为发生改变的内因。

外部环境因素与个体行为存在影响关系。19 世纪末，精神心理学派的本能理论过分夸大了人的本能的作用，同时个体要像机器一样被动地适应环境。本能学说认为，人的行为是受本能驱动的，因为缺少经验或理论的辨别，有几千种本能被发明出来。而功能主义理论与本能理论相似，不同点在于，功能主义理论将个体心理特征决定个体行为的研究范围拓宽，重点研究人的心理功能，强调了欲望和需要对个体行为的影响，而不单单研究人的本能这一要素。功能主义夸大个体心理至高无上的作用，否定外部环境因素对个体的影响作用。与本能理论和功能主义理论不同，其他理论均强调了外部环境因素对个体行为的关键影响作用。个体在生存生活中，时刻受到外在环境（如组织氛围、群体规范、外界压力、工作场所安全报警信号等）带来的影响，这是客观存在的事实，个体行为必然与外部环境因素存在影响关系。外部环境是个体行为发生改变的外因。

个体心理和外部环境交互作用影响个体行为。精神心理学派的本能理论、功能主义学派的功能主义理论和行为主义学派的实验主义理论提出了个体心理与个体行为的影响关系或外部环境与个体行为的影响关系，并没有提及个体心理和外部环境交互作用与个体行为的作用关系，否定了内因与外因交互作用决定个体行为这一关键要素。从单方面（个体心理或外部环境）来衡量个体行为是片面的，而认知心理学派的信息加工理论、进化心理学派的理性行为演化理论和社会心理学派的计划行为理论杜绝了以往单方面理论在解释行为动力上的片面性，从个体心理和外部环境的交叉作用中提取影响个体行为的关键要素，同时，这三个理论体系还强调了行为改变的规律性。内因和外因交互影响个体行为发生改变。

个体行为意向在个体心理与外部环境影响个体行为间起中介作用。认知心理学派、进化心理学派和社会心理学派均认可人与环境互相作用，人影响环境，环境反作用于人，这种相互作用共同影响人的行为。同时，在人与环境交互作用影响行为之间还存在一个变量（即个体行为显现前的决定）——行为意向，也可以解释为人与环境交互间接影响行为的产生与改变。与单方面对行为的影响不同，行为意向在其中充当中介作用，能够使其对行为的解释更加丰富和具有说服力。内因与外因交互作用并通过中介变量行为意向影响个体行为发生改变。内因和外因间接交互影响个体行为的改变。

人—组织匹配在个体心理、外部环境和个体行为影响关系间起调节作用。人—组织匹配理论认为，人与组织的某些方面的匹配性或一致性能够强化或减弱人和组织交互作用对个体行为的影响的程度，这与进化心理学、社会心理学和组织行为学强调的个体与环境（组织）相互作用对个体行为产生影响的理论相一致。人—组织匹配理论进一步强调了个体与组织（外部环境）相互间的关系，而其他理论则未表明。内因和外因间接交互影响个体行为的改变受人—组织匹配的调节。

2.2.2 适用理论选取与提出

不同主动性个体安全生产行为演化机理研究将经典理论进行归纳、总结和分析、比较，从中选择出与研究目的和内容相契合的适用理论，能够客观且较准确地反映出研究的理论基础。通过对以上关于不同主动性个体安全生产行为演化机理的经典理论的分析与比较，选择出的适用于本书的理论：进化心理学派的理性行为演化理论；社会心理学派的计划行为理论；组织行为学派的人—组织匹配理论；认知心理学派的信息加工理论。这些理论相较于其他理论更能较好地揭示不同主动性个体安全生产行为演化机理的客观存在性和本质规律性，见表 2. 6。

表 2. 6　　经典理论比较

学派	经典理论	研究主体			研究内容与方法				
		个体心理特征	组织外部环境	个体行为	中介	调节	行为规律	内省方法	实验方法
精神心理学派	本能主义	√		√				√	
功能主义学派	功能主义	√		√				√	
行为主义学派	实验主义		√	√			√		√
认知心理学派	信息加工理论	√	√	√			√		√
进化心理学派	理性行为演化理论	√	√	√	√	√	√	√	√
社会心理学派	计划行为理论	√	√	√	√	√	√	√	√
组织行为学派	人—组织匹配理论	√	√	√	√	√	√	√	√

2. 3　不同主动性个体安全生产行为演化机理理论框架建立

2. 3. 1　不同主动性个体安全生产行为演化机理内容解读

本书对不同主动性个体安全生产行为演化机理研究内容设置三个主要层面：一是研究不同主动性个体安全生产行为演化的影响机理；二是研究不同主动性个体安全生产行为演化的动态机理；三是研究不同主动性个体安全生产行为演化的认知机理。

对演化的解读。依据前面分析可知，安全生产行为演化是指在安全生产过程中，个体安全生产行为实现由被动向服从再向主动转化时结构中各要素存在及相互作用的过程。本书中的演化即为两个阶段的演化，即较低主动性的安全被动行为向一般主动性的安全服从行为演化、一般主动性的安全服从行为向较高主动性的安全主动行为演化。个体—行为—环境三者之间存在一个闭环态势，个体行为受个体心理特征和外部环境刺激共同影响，个体行为演化亦是如此。结构中的要素指的就是个体、行为、环境，要素间的存在及相互作用指的就是个体、行为、环境分别或共同发生作用的状态。其中，个体心理特征对演化的影响和外部环境对演化的影响构成了演化的静态结构；个体行为和组织管理对演化的影响构成了演化的动态流程；个体特征与个体行为对演化的实验构成了演化的认知实践。影响机理、动态机理、认知机理对演化的作用相辅相成，互为依托。

对机理的解读。“机理”原指从原子的结合关系中描述化学过程，目前同义复现为事物存在与变化的理由和道理。机理是一个理念、一种关系，由相关数据及事实构成，是机制的一部分。而机制是一种体制或体系，是框架下形成的整体，指一般事物，重在事物内部各部分的机理，即相互关系[130]。不同主动性个体安全生产行为演化机理旨在揭示这种演化存在与变化的理由和道理，以不同主动性为载体，用演化结构中的各要素之间的关系来描述演化过程。依照以往发达国家安全生产领域的发展事实，个体安全生产行为逐渐由传统的被动式、机械式安全生产行为转化为现代的主动式、灵活式安全生产行为，组织安全生产管理模式逐渐由传统的惩罚式、约束式安全管理模式转向现代的激励式、引导式安全管理模式。那么，在不同主动性个体安全生产行为演化的过程中，推动与阻挠演化进程的因素有哪些，结构中要素间关系是什么，演化发生的心理和生理原因是什么，实际工作场所中演化是如何发生的？这些问题正是解开不同主动性个体安全生产行为演化黑箱的关键钥匙。

对机理内容的解读。影响机理即通过内外要素影响关系来描述演化过程，是演化发生影响层面的理由和道理。动态机理即通过个体与组织动态关系来描述演化过程，是演化发生动态层面的理由和道理。认知机理即通过人脑前注意与自动化加工认知关系来描述演化过程，是演化发生认知层面的理由和道理。影响机理是将内部影响机理和外部影响机理分别对演化两个阶段影响程度加以静态呈现，而动态机理是将个体行为与组织管理对演化两个阶段的交互影响程度加以动态呈现，这两种机理的研究涵盖了演化进程的静态和动态影响因素，能够较全面地分析演化发生发展过程的驱动原因。而认知机理以心理和生理机制为基础，以实际安全工作场所和操作界面为例，将不同个体安全生产行为演化以应急信号和脑电波形图形式呈现，具化分析了演化发生的现实。三类机理分析分别从静态与动态，理论与实际的角度对不同主动性个体安全生产行为演化机理进行剖析，较合理、科学和全面地揭示和解释了研究内容。因此，笔者选择不同主动性个体安全生产行为演化影响机理、不同主动性个体安全生产行为演化动态机理以及不同主动性个体安全生产行为演化认知机理来作为选题研究的主要内容。

对机理间关系的解读。社会认知理论认为人的行为、认知因素和环境三者彼此相互联系、相互决定。个体与行为、行为与环境、个体与环境之间均存在关系，可形成一个闭环的态势。个体心理特征、个体安全行为、组织安全管理与外部环境因素分别可看作个体、行为、环境在安全生产中的延伸。首先，个体心理特征与外部环境因素对安全生产行为演化具有影响作用，体现演化的静态结构，揭示安全生产行为演化的影响机理；其次，个体安全行为与组织安全管理交互作用促进演化发生，体现演化的动态路径，揭示安全生产行为演化的动态机理；再其次，个体心理特征与个体安全行为在安全生产实际操作环境中对不同报警信号的差异化反应，体现演化的认识实践，揭示安全生产行为演化的认知机理；最后，安全生产行为演化影响机理，安全生产行为演化动态机理和安全生产行为演化认知机理共同构成不同主动性个体安全生产行为演化机理。机理间的逻辑关系如图 2. 3 所示。

2. 3. 2　不同主动性个体安全生产行为演化机理理论框架分析

不同主动性个体安全生产行为演化受到个体主动性和外部环境因素的

推动。依据适用性理论将不同主动性个体安全生产行为演化机理中涉及的变量进行对应。计划行为理论、理性行为演化理论和人—组织匹配理论可以用于不同主动性个体安全生产行为演化机理的研究中。个体主动性作为安全生产行为演化的内因，外部环境作为安全生产行为演化的外因，即个体主动性和外部环境是不同主动性个体安全生产行为演化的前因变量。计划行为三要素（行为态度、主观规范和知觉行为控制）是个体主动性和外部环境与安全行为意向间的中介变量，安全行为意向是计划行为三要素（行为态度、主观规范和知觉行为控制）与安全生产行为演化两阶段间的中介变量。人—组织匹配是个体主动性和外部环境与安全生产行为演化两阶段间的调节变量。据此可得，不同主动性个体安全生产行为演化机理的前置变量为个体主动性和外部环境，中介变量为双中介变量，即中介变量 1 为计划行为三要素（行为态度、主观规范、知觉行为控制），中介变量 2 为安全行为意向，调节变量为人—组织匹配。其中，人—组织匹配分为三个维度，即价值观匹配、需求—供给匹配和需求—能力匹配。

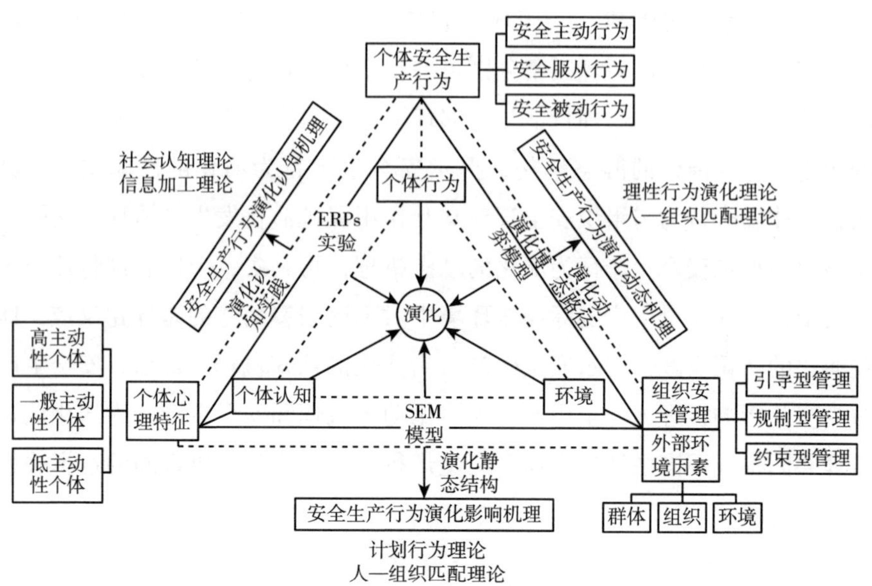

图 2.3　机理间的逻辑关系

不同主动性个体安全生产行为演化均受到了个体行为与环境的交互作

用推动且演化的过程是动态的。个体与组织相互作用，个体行为对组织管理产生影响，组织管理对个体行为产生影响。理性行为演化理论认为个体行为与组织管理之间互相博弈从而实现行为的演化。将具有不完全信息和有限理性特征的个体与组织两者纳入一个 2 ×2 动态演化博弈模型中，能够揭示基于个体与组织决策的安全生产行为演化两阶段演化路径和演化规律，获得利益相关者决策达到理想状态的稳定条件。在安全生产行为演化第一阶段（安全被动行为向安全服从行为演化），个体作出安全被动行为或安全服从行为，组织实施惩罚型安全管理模式或规制型安全管理模式，构建四种决策的演化博弈模型；在安全生产行为演化第二阶段（安全服从行为向安全主动行为演化），个体作出安全服从行为或安全主动行为，组织实施规制型安全管理模式或引导型安全管理模式，构建四种决策的演化博弈模型。

个体安全信息加工的不同方式引起不同行为。人的认知过程包括信息的接收、编码、储存、交换、操作、检索、提取和使用的过程，进而影响其最终行为。认知心理学认为能够通过实验的方法观察到个体行为变化规律。在现实的工作场所中，人要面对不同的机器界面，不同的安全信号能够给人带来不同的意义，如何发现个体认知在自动化界面下不同安全信号所激发出的行为特性及其为行为演化带来的启示，是探寻不同主动性个体安全生产行为演化认知机理的重要议题。通过对工业自动化界面上靶刺激的观察的同时，收集非靶刺激下的视觉失匹配数据，获得不同主动性个体行为演化特性，依据不同主动性个体间的转化条件，推断不同安全生产行为的演化条件。

2.3.3　不同主动性个体安全生产行为演化机理理论框架建立

不同主动性个体安全生产行为演化机理围绕演化影响机理、演化动态机理和演化认知机理展开。在演化影响机理中，推动安全生产行为演化分内因和外因两部分；在演化动态机理中，个体行为和组织管理相互博弈促进行为演化；在演化认知机理中，不同个体对不同安全信号变化反应存在差异性启示行为演化。本书研究理论框架如图 2.4 所示。

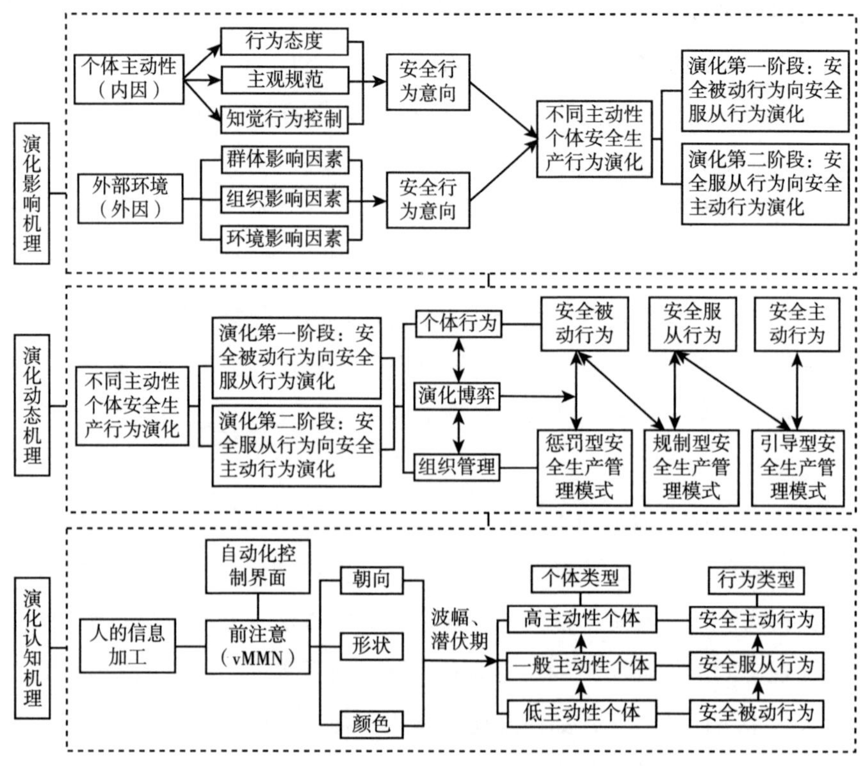

图 2.4　研究理论框架

2.4　本章小结

依据“人—行为—环境”间的闭环关系，确认“个体认知—安全行为—组织管理”间开展研究的逻辑关系，并依据社会心理学派计划行为理论、组织行为学派人—组织匹配理论、进化心理学派理性行为演化理论和认知心理学派信息加工理论来构建不同主动性个体安全生产行为演化机理研究理论框架模型。首先，明确个体主动性的内涵及将不同主动性个体划分为低主动性个体、一般主动性个体和高主动性个体，按照其行为特征划分相应的安全生产行为为安全被动行为、安全服从行为和安全主动行为；其次，明确安全生产行为演化及演化机理内涵，划分安全生产行为演化的阶段为安全被动行为向安全服从行为演化，安全服从行为向安全主动行为演化；再其次，通过对不同主动性个体安全生产行为演化研究经典理论分析与比较，选择社会心理学的计划行为理论、组织行为学人—组织匹配理论、进化心理学理性行为演化理论和认知心理学信息加工理论来作为研究适用理论；最后，依据适用理论建立不同主动性个体安全生产行为演化机理研究理论框架。

第3章　不同主动性个体安全生产行为演化影响机理概念模型建立

3.1　内部影响机理概念模型构建

3.1.1　个体主动性与安全生产行为演化的关系

个体特征与行为之间存在密切相关性[90]。弗里斯等（2001）研究表明，低主动性个体缺少积极学习意愿和与他人沟通意愿，通常不愿采用学习行为来解决日常工作和生活问题[144]。汤姆森等（2005）指出，高主动性个体有较高学习意愿与沟通意愿，主动采取学习行为、反馈行为和沟通行为等来解决工作问题和参与企业建设[3]。宁等（Ning et al.，2010）认为，个体主动性正向影响主动性行为[145]。萨利赫等（Salih et al.，2013）验证了低主动性个体在阻碍面前的消极怠工态度和退缩行为[146]。索菲亚和菲克雷特（Sophia & Fikret，2015）认为，主动性较高的个体在组织中会表现出交互性行为，即主动性行为[147]。

个体主动性与安全生产行为演化间存在密切相关性。麦考马克和约瑟夫提出了事故与个人特征关联模型，指出个体特征的变化是某些行为改变倾向的基础[38]。个体心理特征相对稳定同时具有可塑性，不同主动性个体可以相互转化。弗里斯等（2001）以德国企业为研究对象，发现工作场所中个体主动性表现出可变性和可塑性，非主动性个体在一定情境和条件下可以向高主动性个体转化[144]。工作中的个体主动性能够引起或促进员工行为演化和组织模式的变革[148]。依据个体主动性差异划分的低主动性个体、一般主动性个体和高主动性个体可以实现互相转化。在组织中，个体主动性越高越能显示出个体在工作中的积极性，越能够控制其特性作出有利于组织发展的行为，如建言献策和反馈寻求行为所带来的积极影响[70]。所以，组织在通常情况下提倡个体行为主动性的提升。当个体主动性水平经“低—一般—高”的转化后，个体安全生产行为也会实现从“被动—服从—主动”的演化。依据以上分析，提出以下假设。

H1：个体主动性对安全生产行为演化（分安全生产行为演化第一阶段和安全生产行为演化第二阶段）存在显著性正向影响。

3.1.2　个体主动性、计划行为三要素与行为意向的关系

计划行为理论是社会心理学派中最著名的态度—行为关系理论。其中，行为意向充当了该理论体系影响关系中的中介变量，即行为意向直接影响最终行为，而前因变量行为态度、主观规范及知觉行为控制通过决定行为意向间接影响最终行为[148]。态度越主动积极、重视，他人支持程度越高、知觉行为控制越强，引发越大的行为意向，越有可能作出最终行为；反之，越小的行为意向，越会降低最终行为发生的可能性[149]。行为态度是指个体对该项行为所抱有的正面或负面的感觉[149]；主观规范是个体在行动前知觉到的社会压力，即一些具有影响力和权威的个体、群体或组织影响个体作出最终行为的程度[149]；知觉行为控制是个体可以预期在某一特定的行为时自身所感受到的可以控制（掌握）的程度，即个体认为自身拥有资源（机会、经验、相关信息等）越多，作出行为时针对阻碍付出的成本越少，个体对行为可控性越强[150]。主动性越强的个体越会抱有正面态度，越少受到来自外界压力的阻碍，越能够很好地控制和掌握自己的行为。行为意向反映了个体对某一特定行为的采行意愿，主动性越强的

个体越能够表现出积极和立刻行动的意愿[151]。即便个体拥有众多推动行为执行的相关信念，但在特定条件下只有少数可被提取。态度越积极、社会压力越小、对自己的行为控制的越好，行为意向就越强；反之，则越弱。据此提出以下假设。

H2：计划行为三要素是个体主动性与行为意向间的中介变量。

H2.1：行为态度是个体主动性与行为意向间的中介变量。

H2.2：主观规范是个体主动性与行为意向间的中介变量。

H2.3：知觉行为控制是个体主动性与行为意向间的中介变量。

3.1.3 计划行为三要素、行为意向与安全生产行为演化的关系

行为意向是任何行为表现的必须过程，为行为显现前的决定[151]。不同个体特征对个体作出行为产生重要影响[152]。低主动性个体消极被动，为环境塑造，高主动性个体积极主动，善于塑造环境[144]。计划行为理论认为行为态度、主观规范和知觉行为控制通过决定行为意向来间接影响最终行为：态度越积极、重要他人支持越大、知觉行为控制越强，行为意向越大，个体作出该行为的可能性就越大；反之，就越小。若行为主体对其行为评价是正面的，则产生积极的行为态度，而消极的评价会产生消极的行为态度[153]。安全生产活动中行为态度是员工作出安全生产行为内部动机的主要表现，行为态度的转变决定个体行为意向的转变，个体安全行为态度转变决定个体安全行为意向的转变。积极的个体安全行为态度使个体产生积极的安全行为意愿，从而促使个体作出具有积极倾向的安全行为。主观规范包括指令性规范和示范性规范，在安全生产活动中，个体感知到的指令性规范表现在群体、组织或社会对其安全生产行为及其结果的期望压力，这些压力会潜移默化地促使个体产生竞争意识，当群体、组织或社会制定相应的安全规范或准则，个体会自觉接受其期望与号召，产生主动作出安全生产行为的意愿，继而使自己的行为发生改变；示范性规范在安全生产活动中表现为具有影响力的个体或群体积极主动作出安全生产行为

的示范效应，这会对个体产生积极正面的影响，在示范效应的感染熏陶下，使个体产生一种不甘落后、积极效仿的提高安全生产行为主动性的意愿，继而使个体的安全生产行为主动性水平得以提高，促使行为向理想状态演化。知觉反应个体知觉行为可执行力的程度，知觉行为控制能力越强，执行行为的可控性因素越多，行为实现可能性就越大[154]。知觉行为控制分为内部因素和外部因素两个方面，在安全生产活动中，内部因素表现为个体实施安全行为的自信程度，这主要源于个体的自我效能感，当个体认为自己在主动作出安全行为的过程中有优秀的表现，可以克服困难并接受挑战时，能为个体自我效能感创造条件，增强提高安全生产行为水平的信心，并会作出提高安全生产行为水平的意愿；受自身条件的限制，个体在安全生产活动中作出主动性安全生产行为前需考虑作出该行为所付出的成本、时间、成功率与计划符不符等问题，只有个体认为自身可以较好地掌控提升自身安全生产水平的进程及结果时，才会迸发积极尝试的欲望，才能产生促使安全生产行为的意愿，继而作出提升自身安全生产行为水平的行为。据此提出以下假设。

H3：行为意向是计划行为三要素与安全生产行为演化间的中介变量。

H3.1：行为意向是行为态度与安全生产行为演化第一阶段（安全被动行为向安全服从行为演化）间的中介变量。

H3.2：行为意向是行为态度与安全生产行为演化第二阶段（安全服从行为向安全主动行为演化）间的中介变量。

H3.3：行为意向是主观规范与安全生产行为演化第一阶段（安全被动行为向安全服从行为演化）间的中介变量。

H3.4：行为意向是主观规范与安全生产行为演化第二阶段（安全服从行为向安全主动行为演化）间的中介变量。

H3.5：行为意向是知觉行为控制与安全生产行为演化第一阶段（安全被动行为向安全服从行为演化）间的中介变量。

H3.6：行为意向是知觉行为控制与安全生产行为演化第二阶段（安全服从行为向安全主动行为演化）间的中介变量。

3.1.4 人—组织匹配、个体主动性与安全生产行为演化的关系

人—组织匹配能够强化或减弱个体主动性对安全生产行为演化的影响作用。人—组织匹配理论看重个体与组织环境多方面的匹配程度，认为只有个体与组织在某些层面上高度契合，才能使个体与组织形成一个相互依托的良性互动，有利于个人成长与组织效益提升[155]。人—组织匹配是人与组织在三个方面上的匹配，即价值观匹配、需求—供给匹配和要求—能力匹配。社会学习理论认为环境、人的认知、行为三者之间构成了动态的交互作用系统，这意味着实际客观的工作环境影响、针对自我的认知程度等均会影响人的组织行为能力[74,155]。当个体察觉到自己所在的组织与自身存在积极、良好的匹配关系时，心理上会生出良性反应，从而影响行动，作出有益于组织的行为，如会积极完成组织分配的各项任务、主动帮助他人完成任务、积极思考创新建议提高组织整体氛围等。当个体察觉到自己所在的组织与自身存在消极、不良好的匹配关系时，心理上会消极应对、产生不安全感，这对组织行为会有消极影响，从而产生负面作用，甚至会间接地影响他人在组织中的行为。最理想的情况是，员工不仅能够与组织保持同样的价值观，而且在日常工作时能与组织产生良好的互动，两者互相满足需求。依据互惠互利理论，组织通常会收到曾给予过机会和利益的员工的热情回馈[156]。当员工认为自己努力的目标与组织相当，或者感受到来自组织其他员工的帮助及提携时，会激发员工积极的心理状态，这可使员工更加努力工作来回应组织给予的信任和帮助，回馈的途径可能是通过作出安全主动行为积极达成组织安全目标，进而提升组织安全绩效。以往研究表明，主动性水平较高的个体更能够适应环境并时刻准备好改变环境，主动性水平较高的个体能够与组织目标与价值观保持基本一致，表现出较高的工作积极性，从而影响其为组织作出积极的反馈行为。在安全生产活动中，个体主动性水平越高越能够作出有利于组织安全目标实现的安全主动行为；当个

体的安全观念、安全能力和安全需求能够与组织的安全观念、安全能力和安全需求相匹配时，能够提升个体安全生产行为主动性水平，进而有利于组织安全生产建设。据此提出以下假设。

H4：人—组织匹配增强个体主动性与安全生产行为演化间的正向影响关系。

H4. 1：价值观匹配增强个体主动性与安全生产行为演化第一阶段（安全被动行为向安全服从行为演化）的正向影响关系。

H4. 2：价值观匹配增强个体主动性与安全生产行为演化第二阶段（安全服从行为向安全主动行为演化）的正向影响关系。

H4. 3：需求—供给匹配增强个体主动性与安全生产行为演化第一阶段（安全被动行为向安全服从行为演化）的正向影响关系。

H4. 4：需求—供给匹配增强个体主动性与安全生产行为演化第二阶段（安全服从行为向安全主动行为演化）的正向影响关系。

H4. 5：需求—能力匹配增强个体主动性与安全生产行为演化第一阶段（安全被动行为向安全服从行为演化）的正向影响关系。

H4. 6：需求—能力匹配增强个体主动性与安全生产行为演化第二阶段（安全服从行为向安全主动行为演化）的正向影响关系。

3. 1. 5　不同主动性个体安全生产行为演化内部影响机理概念模型构建

根据上述理论分析与假设，提出构建出不同主动性个体安全生产行为演化内部影响机理概念模型，如图 3. 1 所示。并进一步通过中介变量和调节变量的确定来构成研究的因素间关系，利用结构方程方法，分析并验证个体主动性直接影响安全生产行为演化、个体主动性通过计划行为三要素的中介作用间接影响安全行为意向、个体主动性与人—组织匹配交互作用间接促进安全生产行为演化，以此检验理论假设。

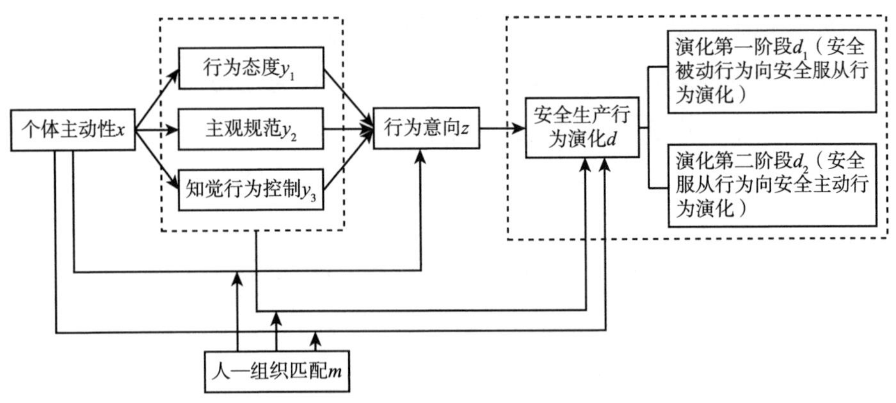

图 3.1　安全生产行为演化内部影响机理概念模型

3.2　外部影响机理概念模型构建

3.2.1　外部影响机理内涵界定与识别方法选取

不同主动性个体安全生产行为演化过程是内部影响因素与外部影响因素共同作用的结果，演化的本质是对外部环境的适应性。外部环境因素的结构主要基于企业的工作人员的反馈信息，这样才可以确保资料真实与完整。并且，要将反馈的信息进行梳理整合以作为理论定性研究的基础[157]。

现如今，探索性研究通常运用扎根概念以及面对面访谈的方式进行整合，关键是基于面对面访谈方式的优势。基于现如今有关变量组织结构界定的研究文献之中，大多数的专家学者都运用扎根概念进行面对面访谈的方式以及互联网在线访谈的方式来整合出变量的组织结构内容[158]。访谈方式最为直接的优点就是研究人员不仅能够面对面接收到被访问者的回答，还能够对于被访问人员的情绪、表情等方面进行了解，能够按照被访问者的实际情况来针对访谈的内容以及关键的部分进行转变[158]。互联网在线访谈的方式突出优点就是研究人员与被访问的人员处在两个相对的地方，不会被时间以及空间阻碍。被访问的人员不会被研究人员的行为等原因所影响，回答得会更加主观，让数据信息存在非常高的价值。将两种方式进行整合运用，能够在最大限度上进行互补，从而达到扎根概念访谈方式的目的，进一步构成实质性的研究。

扎根理论（grounded theory）是科学质化研究方法中的一种。扎根理论是运用科学系统的收集方式梳理、整合调查资料，并归纳调查对象成因的一种研究方法[158]。扎根理论对资料的收集具有动态性，且更重视理论构建的完整性和实际性。扎根理论的研究过程通常经历开放式编码、主轴编码和选择性编码三个步骤，且可随时扩充和修正已有理论。目前，不同主动性个体安全生产行为演化关键外部影响因素还未形成较完整、系统的框架模型，因此，有必要运用扎根理论研究方法来识别影响不同主动性个体安全生产行为的外部关键因素。

3.2.2　基于扎根理论的外部影响因素结构确定

3.2.2.1　扎根设计

扎根理论从认知角度梳理并诠释影响不同主动性个体安全生产行为演化的外部关键影响因素。首先，通过不同的方法来获取与议题相关的第一手资料。访谈法是扎根理论中的常见方法，即通过对不同生产企业的员工和管理者进行谈话，关注其神情语态，留心记下与关键影响因素有关的词语，确定谈话对方表述的想法真实可靠。为了保证访谈能够反映所考察企业的真实安全生产情况，梳理并整合谈话内容后，随机抽取 30 份记录用于编码分析。其次，编码环节就是将已经收集到的第一手资料进行编码，将杂乱众多的资料逐步整合，将资料内容具体概念化，再将这些数据资料分类系统保存。最后，利用理论饱和检验来保证数据清晰完善。基于以上研究分析，本书认为可以运用扎根理论对不同主动性个体安全生产行为演化外部关键影响因素进行识别。运用访谈法收集信息，运用编码和理论饱和检验来确定外部关键影响因素，如图 3.2 所示。

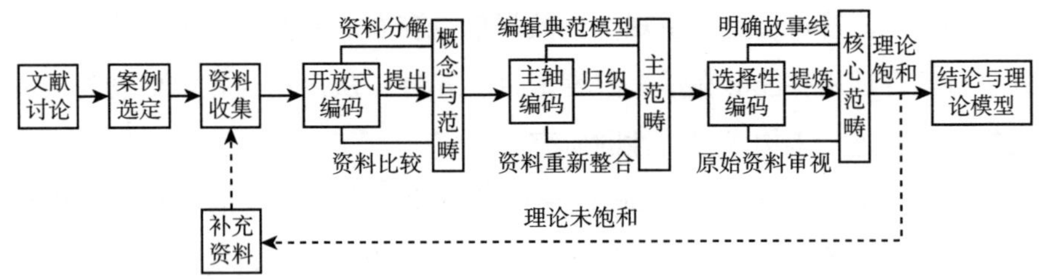

图 3.2 扎根理论研究流程

3.2.2.2 访谈与编码

（1）访谈设计。组织因素推动个体安全生产行为的演化，依据扎根理论抽取样本的原则和方法，从安全生产实际角度出发，利用理论和目的抽样法选取 58 名受访者。受访者均来自建筑施工企业、矿井操作企业等与安全生产行为紧密相关的行业；受访者来源地区分布较广泛，扩展了信息的来源渠道并对数据的可代表性进行了综合考量，且都与个体安全生产行为有直接或间接的关系，对个体安全生产行为演化关键外部因素的提取具有理论和实践意义。在访谈人员的构成方面，从性别来看：男 34 人，女 24 人；从年龄来看：30 岁以下 4 人，30～40 岁 22 人，40～50 岁 26 人，50～60 岁 6 人；从学历来看：大专及以下 37 人，本科 13 人，本科以上 8 人；从职业层级来看：基层人员 47 人，管理层人员 11 人。

深度访谈法能够弥补单纯观察法、书面调查法等研究方法简单、缺失的不足。造访者对于准备提出问题的设计应符合受访者的实际能力、拥有的专业技术知识和经验等，才能杜绝受访者答案与本书出现偏差或失误。本书主要从以下几个话题对访谈的内容进行展开：你觉得什么是安全生产行为？有什么样的外部因素能够影响你作出安全生产行为？你是被动还是主动作出安全生产行为？你觉得那些外部因素促使你的安全生产行为发生改变？你觉得哪些外部因素能够让你由作出消极被动的安全行为变为作出服从规章制度的安全行为？哪些外部因素能够让你由作出服从规章制度的安全行为变为作出主动参与安全建设的安全行为？

（2）开放式编码。开放式编码旨在用概念来标识资料和现象[158]。这一程序有助于研究者获得对文本更加深刻的理解。开放性编码的目的是：拆解和理解文本，提出和发展范畴，并逐渐将这些范畴纳入一定程序。过程中剔除了出现次数小于 2 的初始概念，最终总结得到 10 个概念范畴，分别为群体规范、群体凝聚力、工作压力源、管理者行为、组织关怀与怜悯、安全允诺、安全规程、安全激励、安全交流、安全培训。开放式编码范畴化见表 3.1，受篇幅限制，每条范畴提取 3 条具有代表性的原始语句。

表 3.1　开放式编码范畴化

概念提取	部分代表性原始语句
群体规范	A1. 我与我们工组的行动一致，大家怎么做我就怎么做
	A2. 我听从我师傅的指挥，测量和放线都是按照我师傅的经验
	A3. 在施工初期参加安全动员大会，让我了解了很多安全知识，让我意识到主动规范自己行为的重要性
群体凝聚力	A4. 在所有人都能按时完成自己的任务的情况下，我们的工期会加快许多
	A5. 各个部门的配合很重要，设备、材料、人员总不齐全时，工作就会没有积极性
	A6. 工友们一起干活、吃饭、聊天让我很开心，会互相提醒和关心作业的安全情况
工作压力源	A7. 安全任务如果很难完成，我就会产生消极怠工情绪
	A8. 我今天尽全力完成一项工作任务，虽然很累但是很有成就感
	A9. 安全生产责任巨大，我要时刻绷紧神经，疲劳时有可能出现疏漏
管理者行为	A10. 领导的表率作用是我们的榜样
	A11. 工地安全管理员的经验丰富，知识水平高，能正确地指导我们实施安全生产
	A12. 如果管理人员都不主动作出安全行为，那么我们更没有必要去遵守安全规范
组织关怀与怜悯	A13. 如果在我遇到困难时有人帮助我，那么我会十分感激他并想办法回报他
	A14. 组织让我负责高空作业的安全监督，是对我的信任，我会尽全力做好不辜负大家对我的期望
	A15. 当我因做错事而被领导责骂时，我觉得很没面子，很多天都闷闷不乐

续表

概念提取	部分代表性原始语句
安全允诺	A16. 工地口号是安全重于泰山，好像时刻在提醒我们注意安全
	A17. 组织总是召开安全会，动员我们实施安全生产，被关心的感觉让我干活更积极
	A18. 工地为我们配备了齐全完好的安全防护装备，我们的人身安全得到了重视和保障，愿意主动作出安全行为
安全规程	A19. 施工前有专门人员为我们讲解有哪些危险的地方需要特别注意
	A20. 我们每人都有一本安全规章制度手册，施工现场到处都能见到安全标语
	A21. 如果发生了安全事故，则会有专门的事故处理小组迅速到场
安全激励	A22. 不遵守安全规范就应该罚款，下次就没人敢犯了
	A23. 对带头作出安全行为的人应该予以奖励，不然没人愿意以身作则
	A24. 安全监督队长经常不到现场，有些工人就会得过且过
安全交流	A25. 每周召开的安全会议几乎没人去参加
	A26. 工人们谈话交流的时间很少，大部分时间都是自己干自己的活
	A27. 领导让我们随时反映生产过程中发现的安全问题
安全培训	A28. 每年公司会聘请国家安全员来给我们上课，到场的人不多
	A29. 一些血淋淋的关于安全事故的教训，让我更加严格要求自己
	A30. 施工前的安全培训让我更加留心身边的安全隐患

（3）主题编码。主题编码主要用于比较研究，是将开放性编码中的条目再聚集。通过主题编码，研究者可以辨认和分析群体特定共同点和区别[158]。本书通过对以上条目的整合，获取 10 个主范畴，分别为群体规范、群体凝聚力、工作压力源、管理者行为、组织关怀与怜悯、安全允诺、安全规程、安全激励、安全交流和安全培训。

（4）选择性编码。选择式编码在一个更高的抽象度水平上继续轴向式编码[158]。用一个概念来表示故事的核心现象，并将该核心现象与其他范畴联系起来。本书通过对 10 个主范畴的选择性编码，提取出 3 个核心范畴，见表 3. 2。

表 3.2　　基于扎根理论的外部关键影响因素

核心范畴	主范畴	范畴内涵
群体影响因素	群体规范	群体成员共同遵守的群体行为准则
	群体凝聚力	群体成员之间密切配合、相互作用时所聚集起来的活动动力
组织影响因素	工作压力源	组织中工作者在工作过程中所须承受的各种对其身心活动造成一定势力作用，使之产生一定心理应力负荷的刺激因素
	管理者行为	管理者遵照其设计行为的结果，通过自己的实际行动直接影响和控制员工的行为
	组织关怀与怜悯	同情他人和对正在遭受痛苦的人所产生的一种帮助和服务于他人利益的渴望
环境影响因素	安全允诺	企业公开作出的代表全体员工安全关切的稳定的意愿或行为，安全允诺能够在一定程度上促进员工不作出不安全行为
	安全规程	保障安全生产顺利进行所必须遵守的规章、制度、程序等
	安全激励	企业对员工行为所实施的奖励或惩罚等，对员工的行为有一定的约束和引导性
	安全交流	企业不同员工之间对信息的交流与沟通等，是促使员工实时掌握安全信息并作出安全行为的重要手段
	安全培训	企业对员工所实施的教育与培训等

3.2.3　外部影响因素与安全生产行为演化的关系分析

3.2.3.1　群体影响因素与不同主动性个体安全生产行为演化的关系

群体规范与不同主动性个体安全生产行为演化的关系。群体规范是指由群体所规定的要求其成员共同遵守的行为准则[159,160]。在安全生产活动中，他人正确或错误的言行极易形成正确或错误的群体规范，从而对个体安全生产行为水平产生影响。群体规范对个体的认知行为有巨大的影响作用[161]。相关实验表明，群体内单独或少数成员受群体多数成员行为影响，对个人处事态度及判断标准产生偏差，若群体中某不良规范被支持则会导致其盛行于大多数人的行为当中[162]。相反，如果群体行为代表着积极和正确的工作态度，那么群体中的个体也会争相效仿。群体规范有时能够促使个体形成以群体规范马首是瞻的个体认知从而使个体行为发生改变，计划行为理论认为个体对群体规范的感知可以从其对社会压力的感知中获取[163]。群体规范可进一步划分为指令性规范和示范性规范。指令性规范是指群体命令个体付出什么样的行动是正确的；示范性规范是指其他成员的行动对个体行为的影响[164]。程恋军（2015）通过群体规范对矿工不安全行为意向影响研究发现，良好的群体规范能够促进个体安全生产水平的提升，不正确的群体规范会阻碍个体安全生产水平的提升，指令性规范和示范性规范对新生代不安全行为意向具有直接影响，同时，劝导性的安全管理和教育方式没有示范性行为引导影响大，“言传”不如“身教”作用明显[161]。

群体凝聚力与不同主动性个体安全生产行为演化的关系。群体凝聚力是内部成员间切实合作、共同努力而汇聚成的群体动力来源[165,166]。有学者认为，采用“民主”领导方式能够使成员间关系融洽、友爱，这种环境下，创造性思维活跃，群体荣辱感更强[167]。德里克（Derek，2003）研究证明，群体凝聚力越强，越有利于成员遵守各项规章制度，个体行为越倾向于主动努力工作，给群体带来效益[168,169]。群体凝聚力是一种动力和气氛，促使个体愿意归属于团体，使群体成员勠力同心、共同努力，充分调动他们的积极性和主动性，严格遵守安全规范，个体会主动严格按照安全规范来约束自己的行为，不断强化个体安全行为水平。相反，若群体凝聚力低，成员之间关系紧张，不愿承担责任、不愿为安全目标尽职尽责，则可能会作出不安全行为。总之，群体凝聚力不仅可以影响个体遵守群体安全行为规范，还可以影响个体努力实现群体的安全目标，影响成员对于安全行为的选择。据此提出以下假设。

H5：群体规范对不同主动性个体安全生产行为演化有影响作用。

H5. 1：指令性规范对不同主动性个体安全生产行为演化有影响作用。

H5. 2：示范性规范对不同主动性个体安全生产行为演化有影响作用。

H6：群体凝聚力对不同主动性个体安全生产行为演化有影响作用。

3.2.3.2　组织影响因素与不同主动性个体安全生产行为演化的关系

工作压力源与不同主动性个体安全生产行为演化的关系。工作压力是影响工作行为的重要因素[170]。工作压力源是指在组织中工作者在工作过程中所须承受的各种对其身心活动造成一定势力作用，使之产生一定心理应力负荷的刺激因素[171]。依据以往研究成果，工作压力源主要包括工作负荷过高、工作难度较大、工作责任较重、工作环境恶劣、人际关系状况不佳、工作角色不明、角色冲突、组织气氛紧张、工作前景黯淡等[172]。工作压力源可划分为挑战性压力源与阻碍性压力源，其中挑战性压力源一般情况下被认为是可以为个体组织带来积极影响的工作压力；阻碍性压力源则被认为是可以为个体和组织带来障碍和消极影响的工作压力[173]。詹妮弗（Jenniffer，2011）认为，挑战性压力源会随着压力被克服的过程逐渐向好，会使个体行为逐渐转向积极并获得成就感，进而为组织带来良性回报；而阻碍性压力源使员工对困难产生抵触，对未来期望率下降，导致个体行为逐渐转向退缩并消极怠工，为组织发展带来阻碍[174]。李乃文（2017）探索了旷工工作压力、安全注意力与不安全行为之间的逻辑关系，研究结果表明，有效减轻工作压力和控制安全注意力水平可有效干预不安全行为[175]，即工作压力源有时会负影响员工安全生产行为水平的提高。

管理者行为与不同主动性个体安全生产行为演化的关系。管理者行为是指管理者遵照其设计行为的结果，通过自己的实际行动直接影响和控制员工的行为[176]。卡特（Kath，2010）认为，管理者行为就是管理者与下属之间相互影响的过程，通过管理可以发挥管理者对下属的影响力，从而通过改变员工安全行为来达到组织的安全目标[177]。虽然组织可以通过提供物质或非物质的方式影响员工行为，但是管理者的经验、知识、对员工的尊重和支持等对员工安全行为选择的影响更加明显[178]。通常来讲，管理者行为仅是对员工行为产生影响，并不能直接指使员工产生效忠行为。曹庆仁（2011）认为，管理者行为能够通过影响员工安全动机和安全知识进一步影响员工的安全行为[179]。管理者行为对员工的行为具有威慑作用，有效的管理者行为能够帮助员工进行安全工作任务的分析、危险源识别以及降低员工安全风险行为等，提高员工安全行为主动性水平，促使个体安全生产行为向良好方向演化。

组织关怀与怜悯与不同主动性个体安全生产行为演化的关系。组织关怀与怜悯是指同情他人和对正在遭受痛苦的人所产生的一种帮助和服务于他人利益的渴望，包含“同情心”与“予以帮助”两个重要因素。组织关怀与怜悯对个体行为具有影响效应[180]。阿特金森和派克（Atkins & Parke，2012）认为，组织关怀与怜悯的态度与行为能够消减员工消极情绪，增强员工对组织的情感承诺[181]。感受到组织温暖的员工会产生感恩图报之心并作出积极的效忠行为[182]。人都有利他需要，组织关怀与怜悯既可以提高受助者对组织的情感承诺，也可以提高帮助者的组织承诺[182,183]。同样，麦凯布（McCabe，2003）研究表明，个体在他人或组织获得信任时会产生自豪感和成就感，同时也会有再给他人带去信任感的强烈意愿，这些结果反过来又会改变人们的行为[184]。类似地，格朗（2012）认为，物质奖励应当适度缩减，会使参与企业安全建设的员工产生较高的工作积极性和工作效率[185]。此外，考德威尔（Caldwell，2010）的研究表明，领导和管理层人员的信任，能够实现对下属的充分授权，使员工自我效能感得到提升，推动员工行为向热情积极情感进化，进而提高员工安全生产行为的积极性和主动性[186]。据此提出以下假设。

H7：工作压力源对不同主动性个体安全生产行为演化有影响作用。

H7.1：挑战性压力源对不同主动性个体安全生产行为演化有正向影响作用。

H7.2：阻碍性压力源对不同主动性个体安全生产行为演化有负向影响作用。

H8：管理者行为对不同主动性个体安全生产行为演化有影响作用。

H9：组织关怀与怜悯对不同主动性个体安全生产行为演化有正向影响作用。

3.2.3.3　环境影响因素与不同主动性个体安全生产行为演化的关系

安全氛围与不同主动性个体安全生产行为演化的关系。“个体—行为—环境”成一个互为联系的闭环态势，安全氛围则是安全生产领域所研究的最为重要的环境因素。扎哈（Zohar，1980）引入安全氛围的定义，即组织员工对工作环境安全性的认知[187]。阮国祥等（2017）认为，安全氛围是个体或团体对于一个特殊实体的感知或信念的集合[188]。叶新凤（2014）认为，安全氛围是企业员工对组织针对安全所采取的政策、程序与“认知、信念”和态度，属于感知的安全环境因素[189]。安全氛围并不能直接影响安全行为，而是通过安全行为意愿改变安全行为，最终影响安全绩效[189,190]。梅强等（2017）以高危行业中小企业为例探讨了安全氛围与员工安全行为的关系，提出安全氛围有助于降低事故率，提升员工安全行为水平的关键在于营造和谐的企业安全氛围[191]。安全氛围对企业至关重要，它能够通过积极影响员工安全行为主动性来提升企业生产安全性[192]。尼尔等（2000）在安全氛围的行为模型中划分安全氛围维度为：安全允诺、安全规程、安全激励、安全交流和安全培训[193]。安全允诺是组织对员工承诺的能够实现员工安全意愿的行为，安全允诺能够促进在一定程度上避免员工作出不安全行为[193,194]；安全规程是保障安全生产顺利进行所必须遵守的规章、制度、程序等，安全规程能够适当纠正员工的不安全行为使其对安全生产有法可循[195]；安全激励是企业对员工行为所实施的奖励或惩罚等，对员工的行为有一定的约束和引导性[196]；安全交流是企业不同员工之间对信息的交流与沟通等，是促使员工实时掌握安全信息并作出安全行为的重要手段[197]；安全培训是企业对员工所实施的教育与培训等，能够加强员工的安全意识，提高员工安全操作技能，促进员工安全行为主动性的提升[198]。社会交换理论认为个体行为受到等价互惠的影响，即组织为员工提供和谐的安全氛围，员工感知组织为安全作出的努力，就会回馈组织想要的安全行为。据此提出以下假设。

H10：安全允诺对不同主动性个体安全生产行为演化有正向的影响作用。

H11：安全规程对不同主动性个体安全生产行为演化有正向的影响作用。

H12：安全激励对不同主动性个体安全生产行为演化有正向的影响作用。

H13：安全交流对不同主动性个体安全生产行为演化有正向的影响作用。

H14：安全培训对不同主动性个体安全生产行为演化有正向的影响作用。

3.2.4 不同主动性个体安全生产行为演化外部影响机理概念模型构建

根据上述理论假设关系，构建不同主动性个体安全生产行为演化外因影响机理理论框架，如图 3.3 所示。并进一步通过不同层面的变量确定构成研究的因素间关系，利用结构方程方法对群体影响因素、组织影响因素及环境影响因素促进安全生产行为演化这几个变量间关系进行判定，以此检验理论假设。

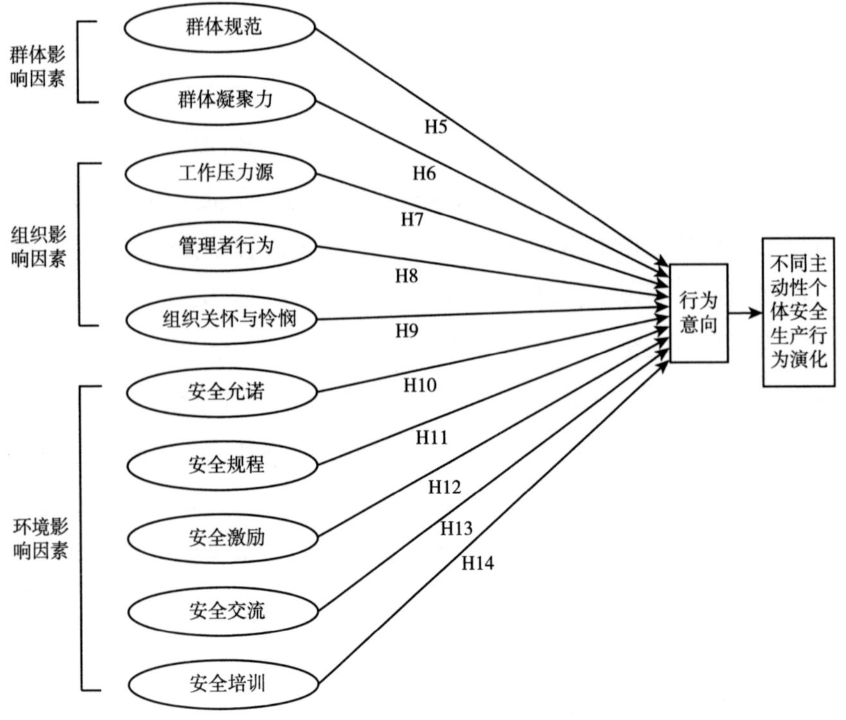

图 3.3 安全生产行为演化外部影响机理概念模型

3.3　不同主动性个体安全生产行为演化机理理论假设模型建立

依据计划行为理论、人—组织匹配理论和进化心理学理论，从内部影响机理和外部影响机理出发得出理论假设，如图 3.4 所示。

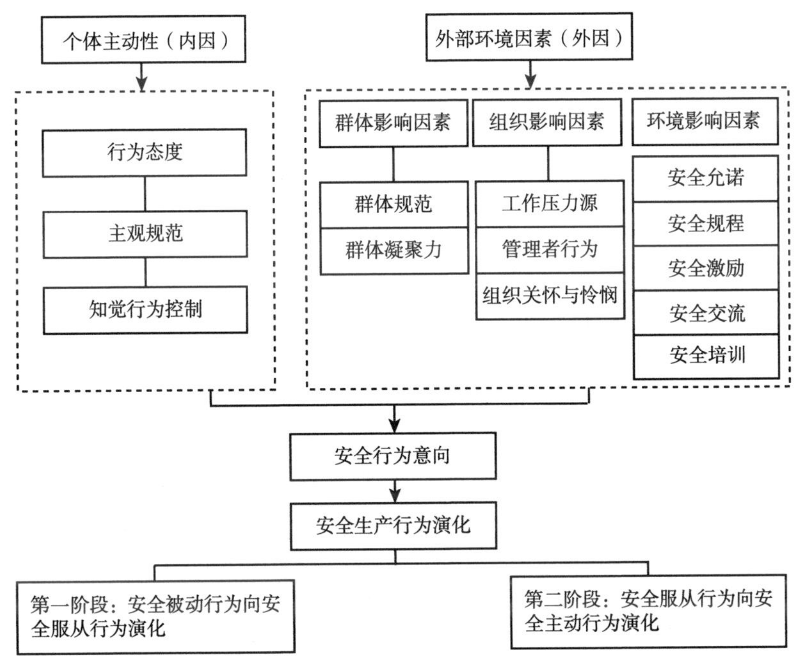

图 3.4　概念模型

从内部影响因素出发。个体主动性对安全生产行为演化存在正向影响关系，计划行为三要素是个体主动性与行为意向间的中介变量，行为态度是个体主动性与行为意向间的中介变量，主观规范是个体主动性与行为意向间的中介变量，知觉行为控制是个体主动性与行为意向间的中介变量，行为意向是计划行为三要素与安全生产行为演化间的中介变量，人—组织匹配增强个体主动性与安全生产行为演化间的正向影响关系。行为意向是行为态度与安全生产行为演化第一阶段（安全被动行为向安全服从行为演化）间的中介变量；行为意向是行为态度与安全生产行为演化第二阶段（安全服从行为向安全主动行为演化）间的中介变量；行为意向是主观规范与安全生产行为演化第一阶段（安全被动行为向安全服从行为演化）间的中介变量；行为意向是主观规范与安全生产行为演化第二阶段（安全服从行为向安全主动行为演化）间的中介变量；行为意向是知觉行为控制与安全生产行为演化第一阶段（安全被动行为向安全服从行为演化）间的中介变量；行为意向是知觉行为控制与安全生产行为演化第二阶段（安全服从行为向安全主动行为演化）间的中介变量。价值观匹配增强个体主动性与安全生产行为演化第一阶段（安全被动行为向安全服从行为演化）的正向影响关系；价值观匹配增强个体主动性与安全生产行为演化第二阶段（安全服从行为向安全主动行为演化）的正向影响关系；需求—供给匹配增强个体主动性与安全生产行为演化第一阶段（安全被动行为向安全服从行为演化）的正向影响关系；需求—供给匹配增强个体主动性与安全生产行为演化第二阶段（安全服从行为向安全主动行为演化）的正向影响关系；需求—能力匹配增强个体主动性与安全生产行为演化第一阶段（安全被动行为向安全服从行为演化）正向影响关系；需求—能力匹配增强个体主动性与安全生产行为演化第二阶段（安全服从行为向安全主动行为演化）正向影响关系。

从外部影响因素出发。群体规范对不同主动性个体安全生产行为演化有正向影响作用；指令性规范对不同主动性个体安全生产行为演化有影响作用；示范性规范对不同主动性个体安全生产行为演化有影响作用；群体凝聚力对不同主动性个体安全生产行为演化有影响作用；群体冲突对不同主动性个体安全生产行为演化有影响作用；工作压力源对不同主动性个体安全生产行为演化有影响作用；挑战性压力源对不同主动性个体安全生产行为演化有正向影响作用；阻碍性压力源对不同主动性个体安全生产行为演化有负向影响作用；管理者行为对不同主动性个体安全生产行为演化有影响作用；组织关怀与怜悯对不同主动性个体安全生产行为演化有正向影响作用；安全氛围对演化有影响作用，包括安全允诺对不同主动性个体安全生产行为演化有正向影响作用；安全规程对不同主动性个体安全生产行为演化有正向影响作用；安全激励对不同主动性个体安全生产行为演化有正向影响作用；安全交流对不同主动性个体安全生产行为演化有正向影响作用；安全培训对不同主动性个体安全生产行为演化有正向影响作用。

3.4　本章小结

建立了不同主动性个体安全生产行为演化机理概念模型。首先，在内部因素中选取个体主动性作为前置变量，选取行为态度、主观规范和知觉行为控制作为个体主动性与行为意向的中介变量，行为意向为行为态度、主观规范和知觉行为控制和安全生产行为演化两阶段的中介变量，并依据理论基础提出假设；其次，在外部因素中运用扎根理论识别基于群体、组织、环境层面的影响因素并依据理论基础提出假设；最后，依据内部影响因素和外部影响因素建立不同主动性个体安全生产行为演化机理研究理论假设模型。

第 4 章　不同主动性个体安全生产行为演化影响机理实证分析

4.1　不同主动性个体安全生产行为演化内部影响机理实证分析

4.1.1　研究设计

4.1.1.1　样本选择

本书样本选自东三省地区相关企业单位，采用实际场所问卷发放、电子邮件问卷发放和网络问卷发放等形式共发送问卷 300 份，收回问卷 232 份，剔除与现实情况不相符、题项答案缺失、明显作弊、答案雷同等无效问卷 45 份，最终有效问卷 187 份，有效率约为 62%。问卷受访者为生产制造型企业（包括煤炭行业、建筑行业、能源行业等）的员工（熟识安全生产流程）、基层管理者、中层管理者和高层管理者（长期从事安全生产管理，熟识企业安全生产运作和管理，在安全生产管理方面积累了一定经验），等等。最终在所有有效问卷中抽取 20%，采取电话或邮件方式再次回访以保证问卷的有效性，结果与首次调查基本相同。问卷采用 Likert1 －7 分量表制样本，详见表 4.1。

表4.1　　样本信息　　单位:%

样本指标	样本特性	占比		
工作年限	1~3年、3~5年、5年以上	13	27	60
企业类型	私营/民营控股企业、国有/国有控股企业、其他企业	47	36	17
企业规模	小型企业、中型企业、大型企业	21	57	22
员工年龄	30岁以下、30~40岁、40~50岁	22	49	29
员工学历	本科及以上、本科以下	69		31
员工性别	男、女	70		30
员工婚否	未婚、已婚	28		72

4.1.1.2　研究方法

主要采用多元回归、因子分析、结构方程模型等方法来验证、探讨以上四个维度的影响路径及作用机理，运用SPSS20.0和AMOS17.0等软件进行数据分析。结构方程模型（structural equation model，SEM）是用来检验观测变量和隐变量、隐变量和隐变量之间关系的一种多元统计方法[199]。它的基本概念可以总结为“三个二”，具体而言，即两类变量、两个模型和两种路径。两类变量是指观测变量和隐变量；两个模型是指测量模型和机构模型；两种路径是指隐变量和观测变量之间的路径以及隐变量之间的路径[200]。测量方程（measured model）描述了潜变量与指标之间的关系；结构方程（structural model）则描述了潜变量之间的关系。

4.1.2　量表设计

4.1.2.1　初测问卷

本书量表的选取依据我国现实社会实际情况，将国内外在安全生产管理及行为科学领域较成熟和系统的量表结合企业的实地考察和研制，反复核对并剔除语义相近和相反语句后使用。最终确立了四个部分：个体主动性；人—组织匹配；计划行为三要素及行为意向；安全生产行为演化。最终确立的问卷包括个人基本信息等人口统计学变量以及以上四部分内容。

4.1.2.2 正式问卷

根据实际调研情况汇总相关测量语句，生成本书使用的最终量表，并对以下题项进行分析和问卷信效度检验。量表构成情况见表4.2。

表4.2 量表构成情况

变量	维度	题项	量表来源
个体主动性	坚韧性	1. 你总能持之以恒地坚持到最后，直到实现你的工作目标	弗里斯等（2005）
		2. 你总能第一时间处置工作中遇到的麻烦	
		3. 你总能立刻找寻方法来应对工作中的差池	
	前瞻性	1. 你总能抓住当下机会以达成工作目标	
		2. 你总能抓住当下机会去主动参加企业相关日常事宜	
	自发性	1. 你愿意积极作出工作任务和目标之外的企业相关事宜	
		2. 你愿意积极参与企业相关事宜，即便其他人并不会参与	
人—组织匹配	价值观匹配	1. 你个人的价值观与组织的价值观非常相似	布朗（Bowen，1991）；郭靖（2012）
		2. 你个人的价值观和组织的文化和价值观近似匹配	
		3. 组织的价值观和文化非常符合我个人在生活中的价值观	
	需求—供给匹配	1. 你的工作能力提供给你的物质资源和精神资源与你现在的工作非常符合	
		2. 你现在的工作能很好地展现你想谋求的工作性质	
		3. 你现在参加的工作几乎能带给你想要从工作当中获得的一切	
	要求—能力匹配	1. 工作要求与你个人所具有的技能相匹配	
		2. 工作要求与你的能力和所受训练相匹配	
		3. 工作要求与你的能力和所有教育相匹配	
计划行为三要素及行为意向	行为态度	1. 你觉得你的安全生产行为水平提升有利于安全生产	索菲亚和菲克雷特（2015）；黄俊婷（2014）
		2. 提升安全生产行为水平能够给你带来便利或者好处	
		3. 你认为提升安全生产行为水平是有必要和值得的	
		4. 你觉得主动作出安全生产行为会让你付出一定成本	
	主观规范	1. 你的同事支持你尝试提升你的安全生产行为水平	艾曾（2002）
		2. 你的上级支持你尝试提升你的安全生产行为水平	
		3. 你的家人支持你尝试提升你的安全生产行为水平	

续表

变量	维度	题项	量表来源
计划行为三要素及行为意向	主观规范	4. 你的同事也会尝试提升自己的安全生产行为水平	艾曾（2002）
		5. 你的上级也会尝试提升自己的安全生产行为水平	
	知觉行为控制	1. 对你而言，提升安全生产行为水平不是一件困难的事	克拉夫特（Kraft，2005）；艾曾（1991）
		2. 你确信你可以成功提升自己的安全生产行为水平	
		3. 工作中，你有能够提升安全生产行为的时间、条件	
	行为意向	1. 你有或者有过提升自己安全生产行为水平的想法	艾曾（2002）
		2. 未来 2 个月，因为某些原因，你可能会尝试提升自己的安全生产行为水平	
		3. 你不喜欢尝试那些具有挑战性的事情	
安全生产行为演化	第一阶段安全被动行为向安全服从行为演化	1. 你从前不愿作出安全行为，现在可以自觉作出安全行为	格里芬（2000）；霍夫曼（Hofmann，2005）
		2. 现在你按照安全规章制度规定佩戴安全防护装置	
		3. 你会按照规定定期检查相关设备是否存在安全隐患	
		4. 你会完全服从组织安排并按时完成安全管理者交代的任务	
		5. 你遵守并配合安全监管者对安全工作的检查	
	第二阶段安全服从行为向安全主动行为演化	1. 你从前只是按照规定作出安全行为，现在可以主动要求自己作出安全行为	
		2. 你积极参与组织安排的各项安全活动，并愿意就当前安全形势和存在的问题发表意见	
		3. 你主动巡查可能存在于工作场所的安全隐患，并提前向上级反映	
		4. 你鼓励组织中其他成员积极参与到安全建设中来	
		5. 你主动参与安全培训，学习新的安全知识	

4.1.2.3　项目分析与因子分析

项目区分度能评价项目对不同类型的受访者反应进行区分的效果。本书采用相关法，即以项目与所属维度总分的相关系数作为筛选项目的指标。若项目与维度总分相关系数小于 0.3，则剔除该项目。从表 4.3 的数据分析结果可知，相关系数均在 0.3 以上，可以进一步进行因子分析。根据统计结果，对项目是否适合做因子分析进行判断，结果表明，KMO 值为

0.933，Bartlett's 球形检验达到显著性水平（$P<0.001$），即适合做因素分析。特征根大于 1 的有 5 个，可解释的方差贡献率为 73.365%。各项目与因子负荷见表 4.3。

表 4.3　项目分析与因子分析

题项	R	因素 1	因素 2	因素 3	因素 4	因素 5
A1. 你总能持之以恒地坚持到最后直到实现工作目标	0.589**	0.705				
A2. 你总能第一时间处置工作中遇到的麻烦	0.628**	0.695				
A3. 你总能立刻找寻方法应对工作中的差池	0.623**	0.649				
A4. 你总能抓住当下机会以达成工作目标	0.655**	0.648				
A5. 你总能抓住当下机会去主动参加企业相关日常事宜	0.615**	0.628				
A6. 你积极作出工作任务和目标之外的企业相关事宜	0.673**	0.600				
A7. 你愿意积极参与企业相关事宜，即便其他人不会参与	0.510**	0.565				
A8. 你个人的价值观与组织的价值观非常相似	0.544**	0.518				
A9. 你个人的价值观和组织的文化和价值观近似匹配	0.681**		0.780			
A10. 组织的价值观和文化非常符合我个人在生活中的价值观	0.712**		0.715			
A11. 你的工作能力提供给你的物质资源和精神资源与你现在的工作非常符合	0.728**		0.678			
A12. 你现在的工作能很好地展现你想谋求的工作性质	0.653**		0.681			
A13. 你现在参加的工作几乎能带给你想要从工作当中获得的一切	0.610**		0.677			

续表

题项	R	因素1	因素2	因素3	因素4	因素5
A14. 工作要求与你个人所具有的技能相匹配	0.727**		0.564			
A15. 工作要求与你的能力和所受训练相匹配	0.710**		0.630			
A16. 工作要求与你的能力和所有教育相匹配	0.417**		0.751			
A17. 你觉得你的安全生产行为水平提升有利于安全生产	0.573**		0.598			
A18. 提升安全生产行为水平能够给你带来便利或者好处	0.618**			0.690		
A19. 你认为提升安全生产行为水平是有必要和值得的	0.486**			0.667		
A20. 你觉得主动作出安全生产行为会让你付出一定成本	0.700**			0.664		
A21. 你的同事支持你尝试提升你的安全生产行为水平	0.646**			0.610		
A22. 你的上级支持你尝试提升你的安全生产行为水平	0.726**			0.583		
A23. 你的家人支持你尝试提升你的安全生产行为水平	0.740**			0.644		
A24. 你的同事支持你尝试提升你的安全生产行为水平	0.719**			0.841		
A25. 你的上级支持你尝试提升你的安全生产行为水平	0.735**			0.800		
A26. 你的家人支持你尝试提升你的安全生产行为水平	0.691**			0.729		
A27. 你的同事也会尝试提升自己的安全生产行为水平	0.713**			0.632		
A28. 你的上级也会尝试提升自己的安全生产行为水平	0.632**			0.502		
A29. 提升安全生产行为水平对你不是一件困难的事	0.665**			0.745		

续表

题项	R	因素 1	因素 2	因素 3	因素 4	因素 5
A30. 你确信你可以成功提升自己的安全生产行为水平	0.610**			0.714		
A31. 工作中，你有能够提升安全生产行为的时间、条件	0.740**			0.634		
A32. 你有或者有过提升自己安全生产行为水平的想法	0.882**				0.682	
A33. 未来 2 个月，因为某些原因，你可能会尝试提升自己的安全生产行为水平	0.840**				0.745	
A34. 你不喜欢尝试那些具有挑战性的事情	0.801**				0.714	
A35. 你从前不愿作出安全行为，现在自觉作出安全行为	0.632**					0.832
A36. 现在你按照安全规章制度规定佩戴安全防护装置	0.665**					0.745
A37. 你会按照规定定期检查相关设备是否存在安全隐患	0.610**					0.714
A38. 你会完全服从组织安排并按时完成安全管理者交代的任务	0.740**					0.634
A39. 你遵守并配合安全监管者对安全工作的检查	0.842**					0.725
A40. 你从前只是按照规定作出安全行为，现在可以主动要求自己作出安全行为	0.812**					0.665
A41. 你积极参与组织安排的各项安全活动，并愿意就当前安全形势和存在的问题发表意见	0.696**					0.546
A42. 你主动巡查可能存在于工作场所的安全隐患，并提前向上级反映	0.688**					0.764
A43. 你鼓励组织中其他成员积极参与到安全建设中来	0.736**					0.589

续表

题项	R	因素1	因素2	因素3	因素4	因素5
A44. 你主动参与安全培训，学习新的安全知识	0.842**					0.597
贡献率（73.365%）						

注：** $P<0.01$。

4.1.3 信效度检验

本书采用同置信度作为信度检验的指标。同置信度又称内部一致性信度，基于项目协方差分析的 Cronbach's alpha 系数适用于多重计分的测验，故选用该系数来作为同置信度指标。各维度及问卷信度见表4.4。

表4.4　信度和效度检验

变量	量表总信度	分量表信度
个体主动性	0.975	0.974～0.975
主观规范	0.979	0.977～0.979
行为态度	0.703	0.700～0.700
知觉行为控制	0.837	0.698～0.816
行为意向	0.913	0.894～0.912
人—组织匹配	0.913	0.894～0.912
第一阶段演化	0.914	0.880～0.913
第二阶段演化	0.940	0.931～0.937
总体	0.926	

一般而言，信度系数达到0.700以上即符合测量学的要求。表4.4结果显示，本问卷的总体 alpha 系数为0.926，而且每个维度的信度都高于0.700，说明本问卷有较好的信度。

4.1.4 验证性因子分析

运用 AMOS17.0 统计软件，对44个题项5个因素的结构模型进行检验以考查该模型的正确性。在拟合指数方面，结果表明：（1）χ^2 检验一般用卡方值与自由度之比χ^2/df作为替代性检验指数，其理论期望值为1，拟合度较好的指标为$\chi^2/df<5$。（2）拟合指数CFI、GFI、AGFI和RMSEA。较低的分值和RMSEA小于0.050，小于0.080也可以接受。CFI、GFI的变化范围在0~1之间，越接近1越好，证明理论模型越能说明原始数据间的关系，模型的拟合度越好。本问卷的因素结构验证性因素分析拟合模型指数见表4.5 。

表4.5　　结构验证性因素分析拟合模型指数（$N=544$）

拟合指标	χ^2/df	CFI	GFI	AGFI	RMSEA
数值	1.524	0.971	0.936	0.908	0.046

在表4.5中，所有的指数都在合理范围之内，因此，该模型对数据拟合较好。

4.1.5　数据分析及研究结果

表4.6给出了本书的描述性统计分析，包括均值、标准差和因子间相关系数，结果表明本书变量之间显著相关。

4.1.6　安全生产行为演化多元逐步回归分析

安全生产行为演化的逐步回归分析结果见表4.7和表4.8。

由表4.7可知，模型（1）中，个体主动性对安全生产行为的回归系数显著（$\beta=0.0375$，$P<0.001$）。模型（2）中，加入人—组织匹配的因素发现，个体主动性对安全生产行为具有正向的调节作用。个体主动性的回归系数上升至显著（$\beta=0.0535$，$P<0.001$）。模型（3）继续加入计划行为，模型（4）加入行为意向。从整体的显著性水平来看，各回归模型的F值显著，均大于显著水平为0.05的临界值，F值对应的P数值均小于显著性水

表 4.6　　描述性统计与相关系数

变量	1	2	3	4	5	6	7	8	9	10	11	12
第一阶段	1											
第二阶段	0.671**	1										
	0.000											
坚韧性	0.700**	0.744**	1									
	0.000	0.000										
前瞻性	0.699**	0.696**	0.741**	1								
	0.000	0.000	0.000									
自发性	0.606**	0.671**	0.734**	0.756**	1							
	0.000	0.000	0.000	0.000								
价值观匹配	0.638**	0.674**	0.787**	0.727**	0.780**	1						
	0.000	0.000	0.000	0.000	0.000							
需求—供给匹配	0.586**	0.671**	0.710**	0.603**	0.698**	0.703**	1					
	0.000	0.000	0.000	0.000	0.000	0.000						
需求—能力匹配	0.574**	0.585**	0.580**	0.656**	0.541**	0.621**	0.473**	1				
	0.000	0.000	0.000	0.000	0.000	0.000	0.000					
行为态度	0.311**	0.313**	0.259**	0.397**	0.355**	0.216**	0.288**	0.387**	1			
	0.000	0.000	0.001	0.000	0.000	0.005	0.000	0.000				
主观态度	0.524**	0.605**	0.506**	0.578**	0.566**	0.486**	0.406**	0.526**	0.440**	1		
	0.000	0.000	0.000	0.000	0.000	0.000	0.000	0.000	0.000			
知觉行为控制	0.462**	0.441**	0.447**	0.511**	0.505**	0.457**	0.361**	0.456**	0.398**	0.772**	1	
	0.000	0.000	0.000	0.000	0.000	0.000	0.000	0.000	0.000	0.000		
行为意向	0.478**	0.518**	0.503**	0.544**	0.517**	0.484**	0.447**	0.498**	0.350**	0.626**	0.648**	1
	0.000	0.000	0.000	0.000	0.000	0.000	0.000	0.000	0.000	0.000	0.000	

注：** 相关性在 0.01 以上显著（双尾）。

表 4.7　安全生产行为演化第一阶段的逐步回归分析

项目	参数	模型（1）	模型（2）	模型（3）	模型（4）
个体主动性	坚韧性	0.0375*** (0.0068)	0.0535*** (0.0088)	0.0518** (0.0009)	0.0560** (0.0021)
	前瞻性	0.0694*** (0.0166)	0.0700*** (0.0158)	0.0699** (0.0117)	0.0535** (0.0534)
	自发性	0.1117** (0.0507)	0.1120*** (0.0562)	0.1101*** (0.0537)	0.1111* (0.0007)
人—组织匹配	价值观匹配		0.1318** (0.0414)	0.1120** (0.0147)	0.1318** (0.0414)
	需求—供给匹配		0.2617** (0.6459)	0.2274* (0.0159)	0.2628* (0.0463)
	要求—能力匹配		0.0516** (0.0519)	0.0964** (0.0257)	0.0514* (0.0520)
计划行为	行为态度			0.1369** (0.0332)	0.0246* (0.0376)
	主观规范			0.1258** (0.0166)	0.0324* (0.0406)
	知觉行为控制			0.1933** (0.2420)	0.0410** (0.0606)
行为意向	行为意向				0.0448** (0.0837)
_cons		2.4473*** (0.0718)	2.7344*** (0.1798)	2.8743*** (0.0688)	2.7438*** (0.2194)
R^2		0.5180	0.5790	0.3420	0.5790
F		40.7369	46.6658	49.0863	46.1488
P		0.0000	0.0000	0.0000	0.0000

注：* $P<0.05$；** $P<0.01$；*** $P<0.001$；括号内为 t 值。

表 4.8　　安全生产行为演化第二阶段的逐步回归分析

项目	参数	模型（1）	模型（2）	模型（3）	模型（4）
个体主动性	坚韧性	0.0231 *** （0.0013）	0.0233 *** （0.0045）	0.0206 ** （0.0070）	0.0210 ** （0.0011）
	前瞻性	0.0463 *** （0.0146）	0.0489 *** （0.0042）	0.0412 ** （0.0075）	0.0511 ** （0.0034）
	自发性	0.1064 ** （0.0507）	0.1254 *** （0.0562）	0.1240 *** （0.0537）	0.1207 * （0.0007）
人—组织匹配	价值观匹配		0.1289 ** （0.0622）	0.1311 ** （0.0526）	0.1278 ** （0.0518）
	需求—供给匹配		0.2359 ** （0.0366）	0.2485 * （0.0524）	0.2365 * （0.0456）
	要求—能力匹配		0.0548 ** （0.0429）	0.0742 ** （0.0561）	0.0654 * （0.0571）
计划行为	行为态度			0.1352 ** （0.0242）	0.1546 * （0.0236）
	主观规范			0.1347 ** （0.0133）	0.0564 * （0.0206）
	知觉行为控制			0.1145 ** （0.0756）	0.0302 ** （0.0504）
行为意向	行为意向				0.0563 ** （0.0822）
_cons		2.3321 *** （0.0118）	2.4211 *** （0.1956）	2.5231 *** （0.0227）	2.6244 *** （0.2168）
R^2		0.5080	0.5860	0.4220	0.5320
F		40.7349	42.6358	45.0763	48.1458
P		0.0000	0.0000	0.0000	0.0000

注：* $P<0.05$；** $P<0.01$；*** $P<0.001$；括号内为 t 值。

平 0.05，回归模型均显著和有效，*VIF* 检验均小于 10，回归模型均不存在严重的多重共线性。各变量回归系数的 P 值均小于显著性水平 0.05，各模

型的拟合优度 R^2 具有一定的解释力。表 4.8 得出了与表 4.7 一致的结论。

以上逐步回归结果基本逐一验证了研究假设，证明了各维度之间的显著影响关系。接下来，通过 AMOS17.0 对整体模型做进一步验证分析。

4.1.7 安全生产行为演化混合模型路径分析

前面运用回归模型分别验证了个体主动性、人—组织匹配、计划行为、行为意向之间的关联性，以及四维度之间的相互作用，现使用结构方程模型，验证中介影响作用。为验证这一假设，本节运用混合模型的路径分析方法进行验证。

结构方程模型（SEM）具有理论先验性，可以用来验证假设模型是否适用。结构方程模型可同时处理测量和分析问题，可以同时估计模型中的测量指标、潜在变量，不仅可以估计指标变量的测量误差，还可以评估测量的信效度。结构方程模型关注协方差的运用，融合了因素分析与路径分析两种统计技术，重视多重统计指标的运用。在结构方程模型的混合模型中，会以观测变量来代替一些潜变量，通常是量表中数个题项分数的加总[200]。

实证数据显示，$\chi^2 = 4509.203$，$df = 179$，$P < 0.05$，假设模型无法适配测量数据。由于样本量越大，卡方值越大，此时显著性概率 P 很小，容易拒绝原假设，因而当样本量较大时，在整体模型适配度判别方面，应考虑其他统计量，不应只从卡方值判断。计划行为三要素及行为意向的中介效用混合模型的整体模型适配度检验摘要见表 4.9，可见模型与数据适配度优良。

表 4.9　　中介效用的路径分析模型适配情况

统计检验量	适配标准	检验结果	判别结果
绝对适配度指数			
χ^2	$P > 0.05$	$P < 0.05$	
RMR	< 0.05	0.048	Y
RMSEA	< 0.05 优良；< 0.08 良好	0.045	Y

续表

统计检验量	适配标准	检验结果	判别结果
GFI	>0.90	0.967	Y
AGFI	>0.90	0.953	Y
增值适配度指数			
NFI	>0.90	0.955	Y
RFI	>0.90	0.942	Y
IFI	>0.90	0.957	Y
TLI	>0.90	0.944	Y
CFI	>0.90	0.957	Y
简约适配度指数			
PGFI	>0.50	0.684	Y
PNFI	>0.50	0.740	Y
PCFI	>0.50	0.742	Y
CN	>200	12118	Y
χ^2/df	<2.00	25.191	

以极大似然法估计所有回归系数，估计标准误差介于0～0.03，显著性水平均小于0.001。协方差表显示，模型中所列共变关系均显著。

标准化回归加权值即标准化回归系数，潜在变量对指标变量的标准化回归系数为因素负荷量。观察变量多元相关系数平方是潜在变量预测其指标变量的R^2，是观察变量的个别项目信度。当因素负荷大于0.71（即潜在变量对指标变量的解释变异量R^2大于50%）时，表示潜在变量的观察变量个别项目信度佳。受测量本质特性的限制，量表的因素负荷都不会太高，因此建议采用$\lambda \geqslant 0.55$的标准，即若该指标变量变异部分可被潜变量解释的百分比高于30%，则可宣称良好。模型中测量变量信效度均在此标准之上，且绝大部分项目效度在0.71以上，模型中变量测量质量理想。各维度间的影响效果见表4.10。

表 4.10　　各维度之间的影响效果

变量	坚韧性	前瞻性	自发性	价值观匹配	需求—供给匹配	要求—能力匹配	行为态度	主观规范	知觉行为控制	行为意向
演化阶段 1：总影响	0.0790	0.0630	0.0256	0.0760	0.0150	0.0310	0.0440	0.0530	0.0380	0.0480
演化阶段 1：直接影响	0.0790	0.0630	0.0256	0.0470	0.1250	0.0210	0.2150	0.0510	0.0300	0.0410
演化阶段 1：间接影响	0.0000	0.0000	0.0000	0.0300	0.0900	0.0100	0.0290	0.0000	0.0080	0.0070
演化阶段 2：总影响	0.0566	0.0367	0.0288	0.0250	0.0253	0.0860	0.0220	0.0346	0.0521	0.0490
演化阶段 2：直接影响	0.0566	0.0350	0.0288	0.0000	0.0168	0.0550	0.0200	0.0315	0.0426	0.0210
演化阶段 2：间接影响	0.0000	0.0317	0.0000	0.0250	0.0085	0.0310	0.0020	0.0031	0.0005	0.0280

4.1.8　不同主动性个体安全生产行为演化内部影响因素关系确认

不同主动性个体安全生产行为演化内部影响因素主要是个体主动性，通过对个体主动性与安全生产行为演化间关系的分析，提出相应理论假设，确定计划行为理论三要素（即行为态度、主观规范和知觉行为控制）与中介变量行为意向，人—组织匹配为调节变量，建立不同主动性个体安全生产行为演化内部影响因素关系的理论模型。经过实证分析对各理论假设进行检验，发现全部通过验证，假设检验均成立，见表4.11。

依据以上结论可知，个体主动性对安全生产行为演化存在正向影响关系；计划行为三要素是个体主动性与行为意向间的中介变量，其中，行为态度是个体主动性与行为意向间的中介变量，主观规范是个体主动性与行

表 4.11　　假设检验结果

影响因素	关系	作用路径	显著性	理论假设检验情况
个体主动性与安全生产行为演化第一阶段	正作用	个体主动性→安全生产行为演化第一阶段	显著	假设成立
个体主动性与安全生产行为演化第二阶段	正作用	个体主动性→安全生产行为演化第二阶段	显著	假设成立
行为态度与安全生产行为演化第一阶段	正作用	行为态度→安全生产行为演化第一阶段	显著	假设成立
行为态度与安全生产行为演化第二阶段	正作用	行为态度→安全生产行为演化第二阶段	显著	假设成立
主观规范与安全生产行为演化第一阶段	正作用	主观规范→安全生产行为演化第一阶段	显著	假设成立
主观规范与安全生产行为演化第二阶段	正作用	主观规范→安全生产行为演化第二阶段	显著	假设成立
知觉行为控制与安全生产行为演化第一阶段	正作用	知觉行为控制→安全生产行为演化第一阶段	显著	假设成立
知觉行为控制与安全生产行为演化第二阶段	正作用	知觉行为控制→安全生产行为演化第二阶段	显著	假设成立
个体主动性、行为态度、行为意向与安全生产行为演化第一阶段	中介	个体主动性→行为态度→行为意向→安全生产行为演化第一阶段	显著	假设成立
个体主动性、行为态度、行为意向与安全生产行为演化第二阶段	中介	个体主动性→行为态度→行为意向→安全生产行为演化第二阶段	显著	假设成立
个体主动性、主观规范、行为意向与安全生产行为演化第一阶段	中介	个体主动性→主观规范→行为意向→安全生产行为演化第一阶段	显著	假设成立
个体主动性、主观规范、行为意向与安全生产行为演化第二阶段	中介	个体主动性→主观规范→行为意向→安全生产行为演化第二阶段	显著	假设成立
个体主动性、知觉行为控制、行为意向与安全生产行为演化第一阶段	中介	个体主动性→知觉行为控制→行为意向→安全生产行为演化第一阶段	显著	假设成立

续表

影响因素	关系	作用路径	显著性	理论假设检验情况
个体主动性、知觉行为控制、行为意向与安全生产行为演化第二阶段	中介	个体主动性→知觉行为控制→行为意向→安全生产行为演化第二阶段	显著	假设成立
行为意向与安全生产行为演化第一阶段	正作用	行为意向→安全生产行为演化第一阶段	显著	假设成立
行为意向与安全生产行为演化第二阶段	正作用	行为意向→安全生产行为演化第二阶段	显著	假设成立
个体主动性、人—组织匹配与安全生产行为演化第一阶段	正调节	个体主动性→人—组织匹配→安全生产行为演化第一阶段	显著	假设成立
个体主动性、人—组织匹配与安全生产行为演化第二阶段	正调节	个体主动性→人—组织匹配→安全生产行为演化第二阶段	显著	假设成立

为意向间的中介变量，知觉行为控制是个体主动性与行为意向间的中介变量；行为意向是计划行为三要素与安全生产行为演化间的中介变量，其中，行为意向是行为态度与安全生产行为演化第一阶段（安全被动行为向安全服从行为演化）间的中介变量，行为意向是行为态度与安全生产行为演化第二阶段（安全服从行为向安全主动行为演化）间的中介变量，行为意向是主观规范与安全生产行为演化第一阶段（安全被动行为向安全服从行为演化）间的中介变量，行为意向是主观规范与安全生产行为演化第二阶段（安全服从行为向安全主动行为演化）间的中介变量，行为意向是知觉行为控制与安全生产行为演化第一阶段（安全被动行为向安全服从行为演化）间的中介变量，行为意向是知觉行为控制与安全生产行为演化第二阶段（安全服从行为向安全主动行为演化）间的中介变量；人—组织匹配增强个体主动性与安全生产行为演化之间为正向影响关系，其中，价值观匹配增强个体主动性与安全生产行为演化第一阶段（安全被动行为向安全服从行为演化）之间为正向影响关系，价值观匹配增强个体主动性与安全生产行为演化第二阶段（安全服从行为向安全主动行为演化）之间为正向影响关系，需求—供给匹配增强个体主动性与安全生产行为演化第一阶段

（安全被动行为向安全服从行为演化）之间为正向影响关系，需求—供给匹配增强个体主动性与安全生产行为演化第二阶段（安全服从行为向安全主动行为演化）之间为正向影响关系，需求—能力匹配增强个体主动性与安全生产行为演化第一阶段（安全被动行为向安全服从行为演化）之间为正向影响关系，需求—能力匹配增强个体主动性与安全生产行为演化第二阶段（安全服从行为向安全主动行为演化）之间为正向影响关系。

4.2　不同主动性个体安全生产行为演化外部影响机理实证分析

4.2.1　模型建立与量表设计

本书量表的选取依据我国现实社会实际情况，最终确立了五个部分，即群体因素、组织因素、环境因素、安全行为意向、安全生产行为演化。最终确立的问卷包括个人基本信息等人口统计学变量以及以上五个部分。量表构成情况见表4.12。

表4.12　量表构成情况

<table>
<tr><th>变量</th><th colspan="2">维度</th><th>测量题项</th><th>量表来源</th></tr>
<tr><td rowspan="5">群体因素</td><td rowspan="3">群体规范</td><td rowspan="2">指令规范</td><td>1. 你的朋友知道你没有作出安全行为也并不会指责你</td><td rowspan="3">伊斯特万（István，2005）；田水承（2014）；程恋军（2015）</td></tr>
<tr><td>2. 你的家人知道你没有遵守安全章程，会严厉指责你</td></tr>
<tr><td>示范规范</td><td>在工作中你的领导和同事偶尔也会违章</td></tr>
<tr><td rowspan="2" colspan="2">群体凝聚力</td><td>1. 部门中的每个员工对部门安全工作的完成都是不可或缺的</td><td rowspan="2">杜明（Dumin，2008）</td></tr>
<tr><td>2. 每个员工都以作为本部门的一员而感到无比骄傲</td></tr>
</table>

续表

变量	维度		测量题项	量表来源
组织因素	工作压力源	挑战压力源	1. 你承担的安全项目或任务数量较多	卡瓦特（Cavanaugh，2000）
			2. 你所体验到的时间压力较大	
		阻碍压力源	1. 政治而非绩效影响组织决策的程度较大	
			2. 你无法清楚理解你在工作中的期望	
			3. 你没有工作安全感	
	管理者行为		1. 你的领导经常安排员工参加安全教育培训	伊斯梅尔(Ismail，2012)；卡特（2010）
			2. 你的领导很重视对员工的安全监督	
	组织关怀与怜悯		1. 组织内员工能察觉到他人的痛苦	阿特金森（1991）；帕克（Parker，2012）；关璐（2013）
			2. 组织内成员能建立与遭受痛苦者之间的情感连接	
环境因素	安全允诺		1. 你的企业致力于改善安全现状	威廉姆森（Williamson，1997）；曹庆仁（2011）
			2. 你的企业提供安全防护设施用品	
	安全规程		1. 你的企业会制定详细的作业规程	
			2. 出现任何安全问题，企业有关部门都有应对的解决途径与方法	
	安全激励		1. 企业安全奖惩明晰，奖罚分明	
			2. 企业人员及晋升机会与安全绩效挂钩	
	安全交流		1. 员工间日常沟通交流频繁	
			2. 员工需要定期参加安全会议	
	安全培训		1. 企业组织安全培训的次数较多	
			2. 员工对安全培训参与程度较好	
安全生产行为演化	第一阶段（安全被动行为向安全服从行为演化）		1. 你从前不愿作出安全行为，现在可以自觉作出安全行为	格里芬（2000）；霍夫曼（2005）
			2. 现在你按照安全规章制度规定佩戴安全防护装置	
			3. 你会按照规定定期检查相关设备是否存在安全隐患	
			4. 你会完全服从组织安排并按时完成安全管理者交代的任务	
			5. 你遵守并配合安全监管者对安全工作的检查	

续表

变量	维度	测量题项	量表来源
安全生产行为演化	第二阶段（安全服从行为向安全主动行为演化）	1. 你从前只是按照规定作出安全行为，现在可以主动要求自己作出安全行为	格里芬（2000）；霍夫曼（2005）
		2. 你积极参与组织安排的各项安全活动，并愿意就当前安全形势和存在的问题发表意见	
		3. 你会主动巡查可能存在于工作场所的安全隐患，并提前向上级反映	
		4. 你鼓励组织中其他成员积极参与到安全建设中	
		5. 你主动参与安全培训，学习新的安全知识	

4.2.2　数据收集

安全生产行为演化外部影响机理数据收集与内部影响机理数据统一收集，形式完全一致，本节不做赘述。问卷采用 Likert1 – 7 分量表制样本。样本信息见表 4.1。

4.2.3　量表的信度和效度检验

需要对量表进行探索性因子分析，$KMO>0.6$，Bartlett's 球形检验的 Sig. 值均为 0.000（即小于 0.001），公因子累积解释方差变异的比例均大于 50%，各变量的因子载荷均大于 0.5，量表均具有较好的收敛效度，见表 4.13。

表 4.13　　量表的信度和效度检验

变量	量表总信度	分量表信度	相关系数	*KMO*	累积解释方差变异（%）	各因子的因子载荷
群体规范	0.977	0.977 ~ 0.978	0.292 ~ 0.789	0.921	78.213	0.516 ~ 0.922
群体凝聚力	0.953	0.953 ~ 0.966	0.298 ~ 0.820	0.950	69.585	0.527 ~ 0.806
工作压力源	0.611	0.600 ~ 0.600	0.541	0.640	77.529	0.871 ~ 0.871

续表

变量	量表总信度	分量表信度	相关系数	*KMO*	累积解释方差变异（%）	各因子的因子载荷
管理者行为	0.824	0.758~0.866	0.529~0.68	0.683	75.765	0.836~0.902
组织关怀与怜悯	0.881	0.874~0.901	0.284~0.772	0.847	78.993	0.709~0.922
安全允诺	0.880	0.873~0.981	0.273~0.761	0.836	78.982	0.799~0.911
安全规程	0.921	0.868~0.910	0.533~0.762	0.856	74.992	0.719~0.932
安全激励	0.884	0.853~0.894	0.477~0.700	0.813	72.786	0.701~0.914
安全交流	0.780	0.762~0.815	0.284~0.772	0.749	75.611	0.797~0.903
安全培训	0.901	0.869~0.911	0.534~0.762	0.856	79.991	0.719~0.930
第一阶段演化	0.903	0.970~0.902	0.565~0.781	0.856	74.501	0.782~0.909
第二阶段演化	0.839	0.920~0.926	0.444~0.784	0.901	65.589	0.746~0.842

4.2.4 验证性因子分析及研究结果

数据分析主要采用多元回归、因子分析、结构方程模型等方法来验证、探讨安全行为演化的影响机理，运用SPSS20.0和AMOS17.0等软件来分析数据。使用SPSS20.0软件进行因子分析。研究借助SPSS17.0软件进行分析，本书的描述性统计分析结果见表4.14，包括均值、标准差和因子间相关系数，结果表明本书变量之间系数显著相关。

通过前面的研究，验证了群体因素、组织因素、环境因素与安全生产行为演化之间的关联性。本节拟对研究中的核心变量之间的路径关系进行验证。本节运用路径分析的方法来论证“群体因素→行为意向→安全生产行为演化”“组织因素→计划行为三要素→行为意向”以及“环境因素→行为意向→安全生产行为演化”的成立。使用结构方程模型的方法来处理测量和分析问题，可同时估计模型中的测量指标、潜在变量，不仅可以估计指标变量的测量误差，也可以评估测量的信效度。

表 4.14 描述性统计与相关系数

变量	1	2	3	4	5	6	7	8	9	10	11	12	13	14	15	16	17
性别	—																
年龄	0.237	—															
工作年限	0.203	0.371	—														
教育程度	0.123	-0.207	-0.236	—													
群体规范	0.164	0.282	0.227	0.217	(0.877)												
群体凝聚力	0.118	0.128	0.147	0.372	0.764	(0.863)											
工作压力源	0.131	0.103	-0.208	0.217*	0.787	0.791	(0.867)										
管理者行为	0.117	0.127	0.207*	0.21	-0.267	-0.226*	-0.253	(0.821)									
组织关怀与怜悯	0.137	-0.252*	-0.254	0.326*	0.622	0.654	0.636	0.686*	(0.863)								
安全允诺	0.273*	0.173	-0.157	0.352*	0.658*	0.456	0.451	0.688*	0.703	(0.812)							
安全规程	0.212*	0.128	0.183	0.328*	0.672	0.387	0.603	0.663*	0.666	0.622	(0.764)						
安全激励	0.187	0.321**	0.123	0.374*	0.416	0.666**	0.647	0.432	0.773	0.602*	0.726*	(0.776)					
安全交流	0.129	0.251*	0.226*	0.121	0.621	0.603	0.417	0.327	0.473	0.503*	0.453**	0.387**	(0.804)				
安全培训	0.118	0.126	0.228**	0.135	0.563	0.491	0.484	0.468	0.427**	0.533**	0.503	0.423**	0.704**	(0.826)			
行为意向	0.259*	0.173	0.157	0.352*	0.638	0.456	0.451*	0.688	0.703**	0.602*	0.416	0.666	0.647	-0.432	(0.811)		
演化第一阶段	0.111	0.128	0.147	0.372**	-0.254	0.326	0.622	0.654	0.217*	0.767	0.791*	0.282*	0.227*	0.217*	-0.203*	(0.866)	
演化第二阶段	0.128	0.147	0.372	0.764	0.103	-0.208*	0.237*	0.767*	0.416**	0.666	0.647	0.187	0.321**	0.133	0.364*	0.426**	(0.726)
均值	33.56	3.77	4.71	4.87	3.34	4.71	5.77	3.89	34.21	0.79	18.05	3.56	3.77	4.71	3.61	3.65	3.76
标准差	12.53	0.35	0.56	6.67	0.69	2.66	7.11	0.44	15.55	0.35	8.558	0.53	0.35	0.56	0.44	0.55	0.68

注：—$P<0.1$；* $P<0.05$；** $P<0.01$。

4.2.4.1 模型分析

由实证数据可知，$\chi^2=2414.591$、$df=102$、$P<0.05$，假设模型数据适配弱。样本量越大，卡方值也越大，此时显著性概率 P 很小，容易拒绝原假设。因而，当样本量较大时，在整体模型适配度判别方面，应考虑其他统计量，不应只从卡方值判断。行为意向的中介效用混合模型的整体模型适配度检验摘要见表4.15，可见模型与数据适配度优良。

标准化回归加权值即标准化回归系数，潜在变量对指标变量的标准化回归系数为因素负荷量。观察变量多元相关系数平方是潜在变量预测其指标变量的 R^2，是观察变量的个别项目信度。当潜在变量对指标变量的解释变异量 R^2 大于50%时，表示潜在变量的观察变量个别项目信度佳。受测量本质特性的限制，量表的因素负荷都不会太高，因此建议采用 $\lambda \geqslant 0.55$ 的标准，即若该指标变量变异部分可被潜变量解释的百分比高于30%，则可为良好。模型中测量变量信效度大部分在此标准之上，模型较为理想，见表4.15。

表4.15　　模型适配度分析

统计检验量	适配标准	检验结果	判别结果
绝对适配度指数			
χ^2	$P>0.05$	$P<0.05$	
RMR	<0.05	0.035	Y
RMSEA	<0.08 良好	0.059	Y
GFI	>0.90	0.977	Y
AGFI	>0.90	0.964	Y
增值适配度指数			
NFI	>0.90	0.989	Y
RFI	>0.90	0.933	Y
IFI	>0.90	0.973	Y
TLI	>0.90	0.921	Y
CFI	>0.90	0.975	Y

续表

统计检验量	适配标准	检验结果	判别结果
简约适配度指数			
PGFI	>0.50	0.752	Y
PNFI	>0.50	0.740	Y
PCFI	>0.50	0.797	Y
CN	>200	12118	Y
χ^2/df	<2.00	25.191	

4.2.4.2 回归分析与中介效应检验

对模型做回归分析以及对中介效应进行检验。模型（1）为群体因素、组织因素和环境因素对中介变量行为意向的影响作用；模型（2）和模型（6）为各控制变量对安全生产行为演化第一阶段和第二阶段的影响作用；模型（3）和模型（7）是加入各自变量后各维度对安全生产行为演化第一阶段和第二阶段的影响作用；模型（4）和模型（8）是中介变量行为意向对安全生产行为演化第一阶段和第二阶段的影响作用；模型（5）和模型（9）是加入中介变量行为意向后各维度对安全生产行为演化第一阶段和第二阶段的影响作用。回归分析与中介效应检验结果详见表 4.16。

模型（2）和模型（6）为基础模型，对演化两阶段均没有显著影响，见表 4.16。

模型（3）和模型（7）加入各自变量后显示，就模型（3）而言，除工作压力源外回归系数均显著，即群体规范、群体凝聚力、管理者行为、组织关怀与怜悯、安全允诺、安全规程、安全激励、安全交流、安全培训的回归系数均通过显著性检验，表明各自变量均显著正向影响安全生产行为演化第一阶段；就模型（7）而言，除了管理者行为外，回归系数均显著，即群体规范、群体凝聚力、工作压力源、组织关怀与怜悯、安全允诺、安全规程、安全激励、安全交流、安全培训的回归系数均通过显著性检验，表明各自变量均正向影响安全生产行为演化第二阶段，其中安全激励对安全生产行为演化第二阶段影响最大。

表 4.16　　回归分析与中介效应检验结果

变量	行为意向		安全生产行为演化第一阶段				安全生产行为演化第二阶段		
	模型（1）	模型（2）	模型（3）	模型（4）	模型（5）	模型（6）	模型（7）	模型（8）	模型（9）
年龄	0.030	-0.027	-0.052	-0.072	0.045	0.015	-0.071	0.081	-0.181
教育程度	0.196	-0.096	-0.016	-0.112	-0.198	-0.082	-0.131	-0.047	-0.201
群体规范	0.343***		0.338*		0.326*		0.326*		0.272*
群体凝聚力	0.391***		0.351*		0.343*		0.407*		0.387*
工作压力源	0.311***		0.196		0.161		0.171*		0.104*
管理者行为	0.263***		0.216*		0.196*		0.141		0.097
组织关怀与怜悯	0.348***		0.315*		0.287*		0.327*		0.315*
安全允诺	0.362***		0.284*		0.272*		0.218*		0.093
安全规程	0.296***		0.278*		0.246*		0.221*		0.161*
安全激励	0.357***		0.306*		0.296*		0.483*		0.394*
安全交流	0.409***		0.335*		0.316*		0.398*		0.374*
安全培训	0.413***		0.377*		0.369*		0.136*		0.099
行为意向				0.701***	0.114*			0.747***	0.187*
R^2	0.714	0.001	0.668	0.590	0.671	0.000	0.613	0.474	0.683
F	35.348	37.537	14.533	28.454	39.191	30.739	24.474	28.614	39.986
D-W	2.011	1.996	1.973	1.954	1.891	1.956	1.965	1.894	1.938

注：* $P<0.05$；*** $P<0.001$。

模型（1）显示，群体规范、群体凝聚力、工作压力源、管理者行为、组织关怀与怜悯、安全允诺、安全规程、安全激励、安全交流、安全培训的回归系数均通过显著性检验，表明各自变量均显著正向影响安全行为意向，其中安全培训和安全交流对安全行为意向的影响最大。

模型（4）和模型（8）显示，安全行为意向回归系数均通过显著性检验，行为意向正向影响安全生产行为演化第一阶段和安全生产行为演化第二阶段。

对于模型（5）和模型（9），将自变量与因变量间加入了行为意向后，模型（5）显示除工作压力源外，回归系数均显著但有所降低，表明行为意向在各个维度与安全生产行为演化第一阶段间起到部分中介作用；模型（9）显示回归系数除了安全允诺和安全培训外均显著但有所降低，行为意向在安全允诺、安全培训与安全生产行为演化第二阶段间起到全部中介作用，行为意向在其他维度与安全生产行为演化第二阶段间起到部分中介作用。

各回归模型的 $F>0.05$ 显著水平，$P<0.05$ 显著水平，回归模型均显著和有效，D－W 在2左右，误差项不存在自相关现象，$VIF<10$，回归模型均不存在严重的多重共线性。由表4.16可知，各变量回归系数的 P 值均小于显著性水平0.05。

4.2.5　不同主动性个体安全生产行为演化外部影响因素关系确认

不同主动性个体安全生产行为演化外部影响因素包括群体规范、群体凝聚力、群体冲突、工作压力源、管理者行为、组织关怀与怜悯、安全允诺、安全规程、安全激励、安全交流、安全培训，通过对它们以及安全生产行为之间关系的分析，提出相应理论假设，确定行为意向为中介变量，建立不同主动性个体安全生产行为演化外部影响因素关系的理论模型。经过实证分析和对各理论假设进行检验，发现除了工作压力源对演化第一阶段、管理者行为对演化第二阶段理论假设没有通过验证外，其余假设经检验后均成立。假设检验结果见表 4. 17。

表 4. 17　　假设检验结果

影响因素之间	关系	作用路径	显著性	理论假设检验情况
群体规范与安全生产行为演化第一阶段	正作用	群体规范→安全生产行为演化第一阶段	显著	假设成立
群体规范与安全生产行为演化第二阶段	正作用	群体规范→安全生产行为演化第二阶段	显著	假设成立
群体凝聚力与安全生产行为演化第一阶段	正作用	群体凝聚力→安全生产行为演化第一阶段	显著	假设成立
群体凝聚力与安全生产行为演化第二阶段	正作用	群体凝聚力→安全生产行为演化第二阶段	显著	假设成立
工作压力源与安全生产行为演化第一阶段	正作用	工作压力源→安全生产行为演化第一阶段	不显著	假设不成立
工作压力源与安全生产行为演化第二阶段	正作用	工作压力源→安全生产行为演化第二阶段	显著	假设成立
管理者行为与安全生产行为演化第一阶段	正作用	管理者行为→安全生产行为演化第一阶段	显著	假设成立
管理者行为与安全生产行为演化第二阶段	正作用	管理者行为→安全生产行为演化第二阶段	不显著	假设不成立
组织关怀与怜悯与安全生产行为演化第一阶段	正作用	组织关怀与怜悯→安全生产行为演化第一阶段	显著	假设成立
组织关怀与怜悯与安全生产行为演化第二阶段	正作用	组织关怀与怜悯→安全生产行为演化第二阶段	显著	假设成立
安全允诺与安全生产行为演化第一阶段	正作用	安全允诺→安全生产行为演化第一阶段	显著	假设成立
安全允诺与安全生产行为演化第二阶段	正作用	安全允诺→安全生产行为演化第二阶段	显著	假设成立
安全规程与安全生产行为演化第一阶段	正作用	安全规程→安全生产行为演化第一阶段	显著	假设成立
安全规程与安全生产行为演化第二阶段	正作用	安全规程→安全生产行为演化第二阶段	显著	假设成立

续表

影响因素之间	关系	作用路径	显著性	理论假设检验情况
安全激励与安全生产行为演化第一阶段	正作用	安全激励→安全生产行为演化第一阶段	显著	假设成立
安全激励与安全生产行为演化第二阶段	正作用	安全激励→安全生产行为演化第二阶段	显著	假设成立
安全交流与安全生产行为演化第一阶段	正作用	安全交流→安全生产行为演化第一阶段	显著	假设成立
安全交流与安全生产行为演化第二阶段	正作用	安全交流→安全生产行为演化第二阶段	显著	假设成立
安全培训与安全生产行为演化第一阶段	正作用	安全培训→安全生产行为演化第一阶段	显著	假设成立
安全培训与安全生产行为演化第二阶段	正作用	安全培训→安全生产行为演化第二阶段	显著	假设成立
群体规范、行为意向与安全生产行为演化第一阶段	中介	群体规范→行为意向→安全生产行为演化第一阶段	显著	假设成立
群体规范、行为意向与安全生产行为演化第二阶段	中介	群体规范→行为意向→安全生产行为演化第二阶段	显著	假设成立
群体凝聚力、行为意向与安全生产行为演化第一阶段	中介	群体凝聚力→行为意向→安全生产行为演化第一阶段	显著	假设成立
群体凝聚力、行为意向与安全生产行为演化第二阶段	中介	群体凝聚力→行为意向→安全生产行为演化第二阶段	显著	假设成立
工作压力源、行为意向与安全生产行为演化第一阶段	中介	工作压力源→行为意向→安全生产行为演化第一阶段	不显著	假设不成立
工作压力源、行为意向与安全生产行为演化第二阶段	中介	工作压力源→行为意向→安全生产行为演化第二阶段	显著	假设成立
管理者行为、行为意向与安全生产行为演化第一阶段	中介	管理者行为→行为意向→安全生产行为演化第一阶段	显著	假设不成立
管理者行为、行为意向与安全生产行为演化第二阶段	中介	管理者行为→行为意向→安全生产行为演化第二阶段	不显著	假设成立
组织关怀与怜悯、行为意向与安全生产行为演化第一阶段	中介	组织关怀与怜悯→行为意向→安全生产行为演化第一阶段	显著	假设成立

续表

影响因素之间	关系	作用路径	显著性	理论假设检验情况
组织关怀与怜悯、行为意向与安全生产行为演化第二阶段	中介	组织关怀与怜悯→行为意向→安全生产行为演化第二阶段	显著	假设成立
安全允诺、行为意向与安全生产行为演化第一阶段	中介	安全允诺→行为意向→安全生产行为演化第一阶段	显著	假设成立
安全允诺、行为意向与安全生产行为演化第二阶段	完全中介	安全允诺→行为意向→安全生产行为演化第二阶段	不显著	假设成立
安全规程、行为意向与安全生产行为演化第一阶段	中介	安全规程→行为意向→安全生产行为演化第一阶段	显著	假设成立
安全规程、行为意向与安全生产行为演化第二阶段	中介	安全规程→行为意向→安全生产行为演化第二阶段	显著	假设成立
安全激励、行为意向与安全生产行为演化第一阶段	中介	安全激励→行为意向→安全生产行为演化第一阶段	显著	假设成立
安全激励、行为意向与安全生产行为演化第二阶段	中介	安全激励→行为意向→安全生产行为演化第二阶段	显著	假设成立
安全交流、行为意向与安全生产行为演化第一阶段	中介	安全交流→行为意向→安全生产行为演化第一阶段	显著	假设成立
安全交流、行为意向与安全生产行为演化第二阶段	中介	安全交流→行为意向→安全生产行为演化第二阶段	显著	假设成立
安全培训、行为意向与安全生产行为演化第一阶段	中介	安全培训→行为意向→安全生产行为演化第一阶段	显著	假设成立
安全培训、行为意向与安全生产行为演化第二阶段	完全中介	安全培训→行为意向→安全生产行为演化第二阶段	不显著	假设成立
行为意向与安全生产行为演化第一阶段	正作用	行为意向→安全生产行为演化第一阶段	显著	假设成立
行为意向与安全生产行为演化第二阶段	正作用	行为意向→安全生产行为演化第二阶段	显著	假设成立

由此可得出以下结论。

（1）群体规范对个体安全生产行为演化有影响作用。其中，群体规范对个体安全生产行为演化第一阶段（安全被动行为向安全服从行为演化）

有正影响作用，对个体安全生产行为演化第二阶段（安全服从行为向安全主动行为演化）也有正向影响作用。

（2）群体凝聚力对个体安全生产行为演化有显著正影响作用。其中，群体凝聚力对个体安全生产行为演化第一阶段（安全被动行为向安全服从行为演化）有正影响作用，对个体安全生产行为演化第二阶段（安全服从行为向安全主动行为演化）也有正向影响作用，但对演化第二阶段影响更大。

（3）工作压力源对不同主动性个体安全生产行为演化第一阶段影响不显著，对不同主动性个体安全生产行为演化第二阶段影响显著。这可能是因为在演化第一阶段安全被动行为向安全服从行为演化的过程中，由于个体主动性水平较低、积极性较差，个体对工作中出现的压力产生消极抵抗情绪，压力化解能力降低，导致压力成为演化过程中的阻碍因素，如工作不安全感和个体角色模糊等使得员工心理负荷较大；而在演化第二阶段安全服从行为向安全主动行为演化的过程中，员工个体主动性正处于逐渐上升的态势，积极性大大提升，此时的工作压力在个体面前具有一定的挑战性，个体认为有能力克服困难，使得压力成为个体成长的动力，因此最终会带来积极效果。

（4）管理者行为对个体安全生产行为演化有影响作用。其中，管理者行为对个体安全生产行为演化第一阶段有正向影响作用，对个体安全生产行为演化第二阶段影响不显著。原因可能在于：演化第二阶段是安全服从行为向安全主动行为演化，此时员工的安全行为主动性水平正在逐步提升，个体不再安于仅服从上级命令，更倾向于自主完成或超额完成安全任务和目标，因此，他们更愿领导者对他们承诺信任并下放权力，这样他们才愿意积极主动地参与到安全建设中。

（5）组织关怀与怜悯对个体安全生产行为演化有正向影响作。其中，组织关怀与怜悯对个体安全生产行为演化第一阶段有显著正影响作用，对个体安全生产行为演化第二阶段也有显著正向影响。

（6）安全允诺对个体安全生产行为演化有正向的影响作用。其中，安全允诺对个体安全生产行为演化第一阶段有正影响作用，对个体安全生产行为演化第二阶段也有正影响作用，但对演化第一阶段影响更大。安全允诺在加入中介变量行为意向后，对演化第二阶段影响不显著，表明行为意向在安全允诺与演化第二阶段间起完全中介作用。

（7）安全规程对个体安全生产行为演化有正向的影响作用。其中，安全规程对个体安全生产行为演化第一阶段有正影响作用，对个体安全生产行为演化第二阶段也有正影响作用，但对安全生产行为演化第一阶段的正影响更大。

（8）安全激励对个体安全生产行为演化有正向的影响作用。其中，安全激励对个体安全生产行为演化第一阶段有正影响作用，对个体安全生产行为演化第二阶段也有正影响作用，但对演化第二阶段的影响更大。

（9）安全交流对个体安全生产行为演化有正向的影响作用。安全交流对个体安全生产行为演化第一阶段有正影响作用，对个体安全生产行为演化第二阶段也有正影响作用，但对演化第二阶段的影响更大。

（10）安全培训对个体安全生产行为演化有正向的影响作用。安全培训对个体安全生产行为演化第一阶段有正影响作用，对个体安全生产行为演化第二阶段也有正影响作用，但对演化第一阶段影响更显著。安全培训在加入中介变量行为意向后，对演化第二阶段影响不显著，表明行为意向在安全培训与演化第二阶段间起完全中介作用。

4.3 本章小结

遵循假设提出和假设验证的研究逻辑，运用结构方程模型来验证不同主动性个体安全生产行为演化内部影响因素（个体主动性）和外部关键影响因素（群体、组织、环境）对不同演化阶段的影响程度。验证内外影响因素分别对演化第一阶段（安全被动行为向安全服从行为演化）和演化第二阶段（安全服从行为向安全主动行为演化）的影响的显著性程度。除了工作压力源对演化第一阶段、管理者行为对演化第二阶段理论假设没有通过验证外，其余假设经检验后均成立。

第5章　不同主动性个体安全生产行为演化动态机理实证分析

5.1　不同主动性个体安全生产行为演化动态机理研究方法

博弈即面对一定的规则或环境条件，一些个体或组织，或同时或先后或一次或多次，以各自损益为考量，从中选择某种策略付诸行动，获取其相对应结果的过程。博弈分析研究的是人类在特定问题中的行为和决策。多数博弈基本上都以博弈方具备完全理性为基础，但当外部环境繁杂多变时，实际决策行为者很难做到完全理性。因此，须将理性局限纳入考虑范围。演化博弈理论源自生物进化理论，融合了博弈理论和动态演化过程。为推动企业安全生产水平的提升，将个体主动性与组织管理模式纳入演化博弈模型中，探究安全管理中两个利益相关者之间决策的博弈关系和演化路径。通过决策复制动态分析和数值仿真实验验证两者交互作用博弈的结果。演化博弈理论已经深入企业安全生产管理领域。刘素霞等以行为主动性程度为出发点，通过个体和企业为博弈双方构建安全遵守行为和安全参与行为的演化博弈模型，并阐述了产业集群企业安全生产行为选择的演化规律，揭示了企业个体行为策略选择对群体行为的影响[201]。张在旭等(2018)构建企业与监管部门博弈过程，并证实企业安全生产行为主要受安全生产成本、监管部门惩罚力度、安全事故发生概率、安全事故给企业带来的损失、监管成本等影响[202]。冯群等（2013）采用不完全信息动态博弈模型，研究煤矿工人和煤矿管理者之间安全管理制度执行博弈[203]。张国兴等（2017）运用博弈方法建立博弈模型来解决企业安全生产投资和企业逆向策略选择问题[204]。基于此，鉴于安全生产中个体与组织两个利益相关者具有不完全信息和有限理性的特征，构建策略演化稳定性 2×2 动态演化博弈模型，揭示安全被动行为向安全主动行为演化的路径和演化规律，并找出两个利益相关者决策达到理想状态的稳定条件，为组织安全生产管理模式转化、个体安全生产行为演化提供有益建议。

5.2 安全生产行为演化第一阶段动态机理分析

在安全被动行为向安全服从行为演化的过程中，一般应遵循对安全被动行为的惩罚，对安全服从行为的规制。不同主动性个体安全生产行为的演化是实现个体行为由低级向高级演化的过程。企业安全生产管理模式同样具有这样的动态属性。安全生产管理模式是指在生产活动过程中，组织为将人员伤亡或财产损失控制在可接受范围内而构建的包含安全管理理念、安全管理方法及安全管理制度三个要素的管理体系，此管理体系可作为一种被模仿、推广及借鉴的安全生产管理规范[6,70]。人因是安全事故最主要的原因，故组织更应加强对人的管理，在现代化安全管理模式中，对员工的差异化管理成为流行趋势，将个体主动性纳入研究范围是组织实行差异化安全管理的基础。目前，安全生产管理模式一般被分为三类，即引导型安全生产管理模式、规制型安全生产管理模式和约束型安全生产管理模式[6]。以引导为主要方式的安全生产管理模式，即以主动性水平较高员工为主要管理对象的管理方式；以规制为主要方式的安全生产管理模式，即以主动性水平较一般的员工为主要管理对象的管理方式；以约束为主要方式的安全生产管理模式，即以主动性水平较低的员工为主要管理对象的管理方式。

目前，企业安全生产是十分重要的课题，由于某些生产环境的特殊性、自然条件的多变性和不可预知性，会造成很多安全事故。现有数据表明，我国煤矿安全事故死亡人数占世界煤矿安全事故死亡人数的 80% 左右。近年来，企业逐渐意识到安全生产管理的重要性，在安全生产管理模式的改革上推陈出新，然而科学适用的安全生产管理模式却鲜少问世。传统的惩罚型安全生产管理模式仅依靠规章束缚和严厉处罚，表现出“重生产轻安全”特征，无法调动个体安全生产的积极性，导致事故频发[205-207]。国外安全生产管理模式从惩罚型安全生产管理模式向激励型安全生产管理模式的成功转化为我国企业提供借鉴。我国政府要求企业进行安全生产管理模式转化，神华集团、徐州矿务集团、潞安能源公司、开滦集团等企业借鉴国外的先进安全生产管理模式实现了向激励型安全生产管理模式的转化[208]。以引导为主要方式的安全生产管理模式就是以主动性水平较高员工为主要管理对象的管理方式，组织运用奖赏手段等来引导员工提升安全行为水平、调动安全行为主动性的管理方式[209]，此模式致力于调动个体安全生产的主动性。研究和分析煤矿企业作为安全管理相关利益主体的决策行为，有利于企业从传统的惩罚型安全生产管理模式向激励型安全生产管理模式转化。

人本管理思想的渗透使学者们意识到人是安全管理活动的主体之一，安全生产管理模式应该向以人为中心的方向发展，对人的被动式管理模式应该向对人的规制式管理模式转化[210-211]。人的行为是决定安全生产绩效的直接因素，在个体安全生产行为演化的第一阶段涉及个体安全被动行为和安全服从行为。安全服从行为是指个体在组织日常安全生产活动中能够严格按照既定安全规章和规范达成组织安全目标，并保证安全生产顺利进行的行为；安全被动行为是指个体在组织日常安全生产活动中受职责和压力所迫而采取的消极的、能够达成安全生产最低目标的行为。安全服从行为相较于安全被动行为更多地表现出对安全生产活动、制度和规范的遵从，较少引起安全事故的发生，即个体安全服从行为越多，避免安全事故概率越高[212]。安全服从行为比安全被动行为体现出较多的主动性，是保证组织安全绩效的重要因素。

5.2.1 假设提出与模型构建

将个体与组织纳入一个博弈系统中，两个利益相关者均具有有限理性特性和学习模仿能力。在安全被动行为向安全服从行为转化的过程中，组织因考虑转化成本、安全收益等因素而选择惩罚型安全管理模式或规制型安全管理模式策略。个体因考虑自身利益得失而选择安全被动行为或安全服从行为策略。不同策略的相关利益者的损益分析如下。

个体相关损益。组织惩罚型安全生产管理模式会给个体带来消极影响，记为 R。当个体安全服从行为劳动量为 L 时，分两种情况：（1）在企业规制型安全生产管理模式下，安全服从行为的投入产出比为 $1/a_1$，个体所占安全服从行为产生的安全效益比为 B_1，个体安全收益为 a_1B_1L，规制型安全生产管理模式比惩罚型安全管理模式更能体现出对个体主动性的重视，例如岗位培训、普及安全生产知识、倡导“以人为本”等尊重个体的行为，进而对个体产生积极心理效应，记为 A_1，并且个体安全服从行为会对其他个体产生的积极影响记为 F。（2）在组织惩罚型安全生产管理模式下，安全服从行为的投入产出比为 $1/a_2$，个体所占安全服从行为产生的安全效益比为 B_2，个体安全收益为 a_2B_2L，由于惩罚型安全生产管理模式缺乏对个体的安全服从行为重视、规制等，对个体产生消极心理效应，记为 A_2。

组织相关损益。若组织采取规制型安全生产管理模式，则需要付出组织安全文化建设、安全培训、安全奖励等额外转化成本，记为 C，组织采取规制型安全生产管理模式会获得企业社会形象提升等方面潜在收益，记为 S，还可获得个体的安全服从行为产生的安全效益，记为 $a_1(1-B_1)L$，个体安全服从行为会对组织其他个体产生积极心理影响，记为 F。若组织采取惩罚型安全生产管理模式，则其收益受到个体策略影响为 0 或 $a_2(1-B_2)L+F$。相关参数的设置及含义见表 5.1。

表 5.1　　　　　　　　　主体参数及其含义

参数	含义
C	组织进行安全生产管理模式转换需要投入的额外成本（颁布规章制度、安全教育、安全规制等投入）
S	组织采取规制型安全生产管理模式会获得的机会收益（政府财政支持、银行贷款优惠、组织社会形象提升等收益）
a_1	在组织规制型安全生产管理模式下，安全服从行为的投入产出比例倒数
a_2	在组织惩罚型安全生产管理模式下，安全服从行为的投入产出比例倒数
B_1	在组织规制型安全生产管理模式下，个体所占安全服从行为产生的安全效益
B_2	在组织惩罚型安全生产管理模式下，个体所占安全服从行为产生的安全效益
L	个体实施安全服从行为的劳动量
R	组织惩罚型安全生产管理模式的规章束缚和严厉惩罚，对个体带来消极影响的量化指标
F	个体安全服从行为会能够对其他个体产生积极影响的量化指标
A_1	规制型安全生产管理模式给予个体安全服从行为的尊重（岗位培训、普及安全生产知识、倡导“以人为本”等）给个体带来积极影响的量化指标
A_2	惩罚型安全生产管理模式缺乏对个体的安全服从行为的尊重（岗位培训、普及安全生产知识、倡导“以人为本”等）给个体带来消极影响的量化指标

根据内容可以得出四种策略组合的收益矩阵，策略组合类型依次为组织采取哪种安全生产管理模式类型、个体是否实施安全服从行为，具体内容见表 5.2。

表 5.2　　　　　　　　　演化博弈的收益组合

策略组合	组织收益	个体收益
规制型、作出安全服从行为	$-C+S+a_1(1-B_1)L+F$	$a_1B_1L+A_1$
规制型、作出安全被动行为	$-C+S$	0
惩罚型、作出安全服从行为	$a_2(1-B_2)L+F$	$a_2B_2L-A_2-R$
惩罚型、作出安全被动行为	0	$-R$

在上述关系中，可根据实际调研情况，增加约束条件，为：组织规制型安全生产管理模式相对企业惩罚型安全生产管理模式，个体安全收益产

出相对高，个体所占安全服从行为产生的安全效益比相对高，即 $a_1 > a_2$、$B_1 > B_2$。在相同安全生产行为劳动量的情况下，企业规制型安全生产管理模式获得的安全收益大于惩罚型安全生产管理模式获得的安全收益，即 $a_1(1-B_1)L > a_2(1-B_2)L$。

5.2.2 个体与组织演化博弈均衡性分析

假设在博弈初始阶段，组织采取规制型安全生产管理模式的比例为 y、采取惩罚型安全生产管理模式的比例为 $1-y$；个体采取安全服从行为的比例为 z、不采取安全服从行为（即采取安全被动行为）的比例为 $1-z$。

（1）组织“惩罚型安全生产管理模式”和“规制型安全生产管理模式”决策的期望收益 V_{1y}、V_{2y}及平均收益$\overline{V_y}$为：

$$V_{1y} = z[-C+S+(1-B_1)a_1L+F]+(1-z)(-C+S)+z[-C+S+a_1(1-B_1)L+F]+(1-z)(-C+S)$$

$$V_{2y} = z[a_2(1-B_2)L+F]-(1-z)+z[a_2(1-B_2)L+F]$$

$$\overline{V_y} = y(-C+S)+yz[(1-B_1)a_1L+F]-(1-y)z+(1-y)(1-z)+(1-y)z[a_2(1-B_2)L+F]$$

（2）个体“作出安全服从行为”和“不作出安全服从行为（即作出安全被动行为）”决策的期望收益 V_{1z}、V_{2z}及平均收益 $\overline{V_z}$ 为：

$$V_{1z} = y[a_1B_1L+A_1]+(1-y)(a_2B_2L-A_2-R)+y[a_1B_1L+A_1]+(1-y)(a_2B_2L-A_2-R)$$

$$V_{2z} = y+(1-y)(-R)+(1-y)(-R)$$

$$\overline{V_z} = yz(a_1B_1L+A_1)+(1-y)[z(a_2B_2L-A_2)+(-R)]$$

5.2.3 组织规制型安全生产管理模式决策复制动态分析

组织规制型安全生产管理模式决策复制动态方程为：

$$F(y)=\frac{\mathrm{d}y}{\mathrm{d}t}=y(V_{1y}-\overline{V_y})=y(1-y)\{z[a_1(1-B_1)L-a_2(1-B_2)L]-(C-S)\} \quad (5-1)$$

(1) 当$z=\frac{C-S}{a_1(1-B_1)L-a_2(1-B_2)L}$时，$F(y)\equiv 0$，这意味着无论组织采取何种安全生产管理模式，其均是稳定状态。

(2) 当$z\neq\frac{C-S}{a_1(1-B_1)L-a_2(1-B_2)L}$时，令$F(y)=0$，得到$y=0$、$y=1$，这可能是演化稳定点。由复制动态方程稳定性定理知，y作为稳定策略需要符合$F(y)=0$且$F'(y)<0$。对$F(y)$求导，得：

$$F'(y)=(1-2y)\{z[a_1(1-B_1)L-a_2(1-B_2)L]-(C+S)\} \quad (5-2)$$

因$a_1(1-B_1)L>a_2(1-B_2)L$，故此时可以分为两种情况，即：

①当$z>\frac{C+S}{a_1(1-B_1)L-a_2(1-B_2)L}$时，$\frac{\mathrm{d}F(y)}{\mathrm{d}y}\big|_{y=1}<0$，$\frac{\mathrm{d}F(y)}{\mathrm{d}y}\big|_{y=0}>0$，故$y=1$是演化稳定点。

②当$z<\frac{C+S}{a_1(1-B_1)L-a_2(1-B_2)L}$时，$\frac{\mathrm{d}F(y)}{\mathrm{d}y}\big|_{y=1}>0$，$\frac{\mathrm{d}F(y)}{\mathrm{d}y}\big|_{y=0}<0$，故$y=0$是演化稳定点。

5.2.4 个体安全服从行为决策复制动态分析

个体安全服从行为决策复制动态方程为：

$$F(z)=\frac{\mathrm{d}z}{\mathrm{d}t}=z(V_{1z}-\overline{V_z})=z(1-z)\{y(a_1B_1L-a_2B_2L+A_1+A_2)+a_2B_2L-A_2\} \quad (5-3)$$

(1) 当$y=\frac{A_2-a_2B_2L}{a_1B_1L-a_2B_2L+A_1+A_2}$时，令$F(z)=0$得到，这意味着无论个体是否作出安全服从行为，其均是稳定状态。

（2）当 $y \neq \frac{A_2 - a_2B_2L}{a_1B_1L - a_2B_2L + A_1 + A_2}$ 时，令 $F(z) = 0$，得到 $z = 0$、$z = 1$，这可能是演化稳定点。由复制动态方程稳定性定理知，z 作为稳定策略需要符合 $F(z) = 0$ 且 $F'(z) < 0$。对 $F(z)$ 求导，得：

$$F'(z) = (1 - 2z)\{y(a_1B_1L - a_2B_2L + A_1 + A_2) + a_2B_2L - A_2\} \tag{5-4}$$

因 $a_1B_1L - a_2B_2L + A_1 + A_2 > 0$，故此时可以分为两种情况，即：

①当 $y > \frac{A_2 - a_2B_2L}{a_1B_1L - a_2B_2L + A_1 + A_2}$ 时，$\frac{dF(z)}{dz}\Big|_{z=1} < 0$，$\frac{dF(z)}{dz}\Big|_{z=0} > 0$，故 $z = 1$ 是演化稳定点。

②当 $y < \frac{A_2 - a_2B_2L}{a_1B_1L - a_2B_2L + A_1 + A_2}$ 时，$\frac{dF(z)}{dz}\Big|_{z=1} > 0$，$\frac{dF(z)}{dz}\Big|_{z=0} < 0$，故 $z = 0$ 是演化稳定点。

5.2.5 个体、组织策略演化稳定性分析

组织安全生产管理模式决策与个体安全服从行为决策相关，员工安全服从行为决策与组织安全生产管理模式决策相关。基于此，将组织、个体两个利益相关者的策略演化稳定性进行分步分析，即进行组织与个体演化稳定性分析。

由式（5-1）和式（5-2）可知，组织和个体动态博弈含有5个均衡点，即（0，0）、（0，1）、（1，0）、（1，1）、$\left(y^{**} = \frac{A_2 - a_2B_2L}{a_1B_1L - a_2B_2L + A_1 + A_2}, z^{**} = \frac{C - S}{a_1(1 - B_1)L - a_2(1 - B_2)L}\right)$，当且仅当 $0 \leqslant \frac{A_2 - a_2B_2L}{a_1B_1L - a_2B_2L + A_1 + A_2} \leqslant 1$、$0 \leqslant \frac{C - S}{a_1(1 - B_1)L - a_2(1 - B_2)L} \leqslant 1$ 时成立，给出动态博弈演化相关内容。

Jacobi 矩阵为：

$$J_2 = \begin{bmatrix} (1-2y)\{z[a_1(1-B_1)L - a_2(1-B_2)L] - (C-S)\} & y(1-y)[a_1(1-B_1)L - a_2(1-B_2)L] \\ z(1-z)(a_1B_1L - a_2B_2L + A_1 + A_2) & (1-2z)\{y(a_1B_1L - a_2B_2L + A_1 + A_2) + (a_2B_2L - A_2)\} \end{bmatrix}$$

矩阵 J_2 的行列式为：

$\det J_2 = (1-2y)\{z[(1-B_1)a_1L-(1-B_2)a_2L]-(C-S)\}(1-2z)\{y(a_1LB_1-a_2LB_2+A_1+A_2)+(B_2a_2L-A_2)\}-y(1-y)[(1-B_1)a_1L-(1-B_2)a_2L]z(1-z)(a_1LB_1-a_2LB_2+A_1+A_2)$

矩阵 J_2 的迹为：

$\mathrm{tr}J_2 = (1-2y)\{z[(1-B_1)a_1L-(1-B_2)a_2L]-(C-S)\}+(1-2z)\{y(a_1LB_1-a_2LB_2+A_1+A_2)+(B_2a_2L-A_2)\}$

根据以上5个均衡点进行局部稳定分析，结果见表5.3。

表5.3　　组织与个体演化博弈稳定性分析结果

均衡点	det J_2 符号	tr J_2 符号	结果	稳定条件
$y=0, z=0$	+	−	EES	$0<C-S$, $A_2>a_2B_2L$
$y=0, z=1$	+	−	EES	$0<C_2-S-[a_1(1-B_1)L-a_2(1-B_2)L]$, $A_2<a_2B_2L$
$y=1, z=0$	+	+	不稳定	任何条件下都不稳定
$y=1, z=1$	+	−	EES	$0>C-S-[a_1(1-B_1)L-a_2(1-B_2)L]$, $A_2<a_2LB_2$
$y=y^{**}, z=z^{**}$	0	0	鞍点	任何条件下都是鞍点

由表5.3可知，组织与员工的动态演化过程中若满足某些条件就可以形成稳定点。

（1）当组织惩罚型安全生产管理模式需要支付罚金的数学期望小于组织安全生产管理模式转化的实际成本，同时个体付出安全服从行为获得的消极心理效应大于其安全收益时，组织和个体博弈结果为稳定状态（$y=0$，$z=0$），即组织采取惩罚型安全生产管理模式，个体不实施安全服从行为。

（2）当组织惩罚型安全生产管理模式需要支付罚金的数学期望小于安全生产管理模式转化的实际投入与模式转化后安全效应增量的差值，同时个体付出安全服从行为获得的消极心理效应小于其安全收益时，组织和个体博弈结果为稳定状态（$y=0$，$z=1$），即组织采取惩罚型安全生产管理模式，个体实施安全服从行为。

（3）当组织惩罚型安全生产管理模式需要支付罚金的数学期望大于组织安全生产管理模式转化的实际投入与转化后的安全效应增量的差值，同时个体付出安全服从行为获得的消极心理效应小于其安全收益时，组织和个体博弈结果为稳定状态（$y=1$，$z=1$），即组织采取规制型安全生产管理模式，个体实施安全服从行为。

5.2.6 数值实验和仿真

从人本管理思想出发，促进组织、个体两方博弈，最终演化到组织规制型安全生产管理模式、个体安全服从行为（$y=1$，$z=1$）的理想决策状态。通过对组织与个体演化稳定性的分步分析可知，组织与个体的演化均衡状态受个体安全服从行为决策比例 z 影响。从个体与组织的演化稳定状态分析可知，在（$y=1,z=1$）点，稳定条件为 $C-S-[(1-B_1)a_1L-(1-B_2)a_2L]<0$、$A_2<a_2LB_2$，根据上述内容和结合实际情况增加的约束条件可以推断出，在同时满足 $C-S-[(1-B_1)a_1L-(1-B_2)a_2L]<0$、$A_2<a_2LB_2$、$a_1>a_2$、$B_1>B_2$、$(1-B_1)a_1L>(1-B_2)a_2L$ 情况下，组织规制型安全生产管理模式、个体安全服从行为能够达到理想决策状态（$y=1$，$z=1$）。根据约束条件和复制动态方程，运用 Matlab 仿真软件对组织、个体两方博弈理想状态进行数值试验分析。根据约束条件设置参数值，分别为 $C=20$、$S=10$、$B_1=0.7$、$B_2=0.3$、$a_1=10$、$a_2=2$、$L=10$、$A_1=6$、$A_2=5$。分析结果如图 5.1 ~ 图 5.6 所示。

5.2.7 数据分析

（1）选择某种策略的两方初始比例变化对演化结果的影响。如图 5.1 所示，数值实验采取上述参数，可以看出，组织、个体策略交互的路径依赖性，不同初始条件下的收敛曲线在达到理想状态前不会出现重叠交叉。收敛速度会同时受到企业初始选择规制型安全生产管理模式比例及个体初始选择安全服从行为比例的影响，组织与个体选择策略比例趋向均衡时，演化系统收敛速度加快。

（2）个体安全服从行为劳动量变化对演化过程的影响。如图5.2所示，当个体安全服从行为劳动量较小时，系统会向着“安全被动行为，惩罚型安全管理模式”演化，随着个体作出安全服从行为劳动量增加，演化方向发生变化，演化收敛速度增加，所用时间减少，系统会向着“安全服从行为，规制型安全管理模式”演化。

（3）组织向规制型安全生产管理模式转化投入成本对演化过程的影响。如图5.3所示，当投入成本较低时，随着组织向规制型安全生产管理模式转化投入成本增加，两方的演化系统收敛的速度在减小，收敛到理想状态所需要的时间在增加。当投入成本较高时，两方演化方向改变，偏离理想状态。可见，组织向规制型安全生产管理模式转化投入成本增加会减缓两方向理想状态演化的速度，并且转化投入成本超过一定范围时，两方无法最终演化为理想状态。

（4）组织向规制型安全生产管理模式转化所得的机会收益对演化过程的影响。如图5.4所示，当机会收益较小时，系统会向着“安全被动行为，惩罚型安全生产管理模式”演化，随着机会收益的增加，演化方向发生变化，系统会向着“安全服从行为，规制型安全生产管理模式”演化，但两方演化系统收敛的速度在降低，收敛到理想状态所需要的时间在增加。可见，组织机会收益越大，越可能向理想状态演化，但是组织也会产生懈怠情况，这会减缓向理想状态演化的速度。

（5）个体安全服从行为积极心理效应对演化过程的影响。如图5.5所示，当积极心理效应较小时，系统向着“安全服从行为，规制型安全生产管理模式”演化，随着个体安全服从行为积极心理效应增加，演化方向发生变化，演化速度变快，演化时间变短。可见，在适度范围内，积极心理效应增加会促进两方向理想状态演进，但积极心理效应增大到一定程度，组织给予个体的尊重过多，使个体产生骄傲、自满等心理状态，个体安全服从行为相应减少，使两方越来越脱离理想状态。

（6）个体安全服从行为消极心理效应对演化过程的影响。如图 5.6 所示，可以看出，当消极心理效应较小时，随着个体安全服从行为消极心理效应增加，两方的演化系统收敛速度在降低，收敛到理想状态所需要的时间在增加。可见，消极心理效应在一定范围内，随着个体服从行为没有给予重视、鼓励从而使个体产生的消极心理效应增加，抑制了两方向理想状态演化的速度；个体安全服从行为消极心理效应太大时，个体安全服从行为减少，两方无法达到理想状态。

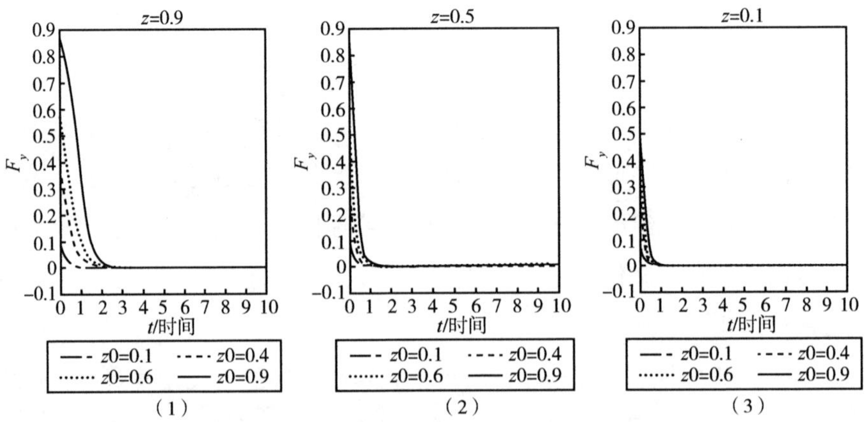

图 5.1　不同初始比例策略组合演化路径投影

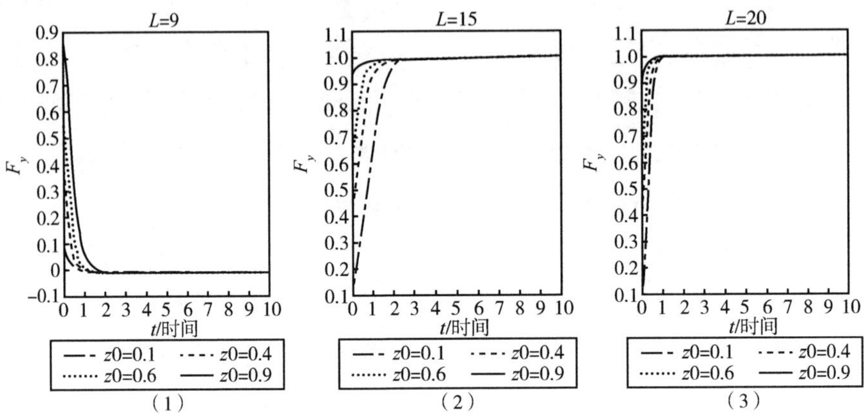

图 5.2　个体安全服从行为劳动量变化对演化过程的影响

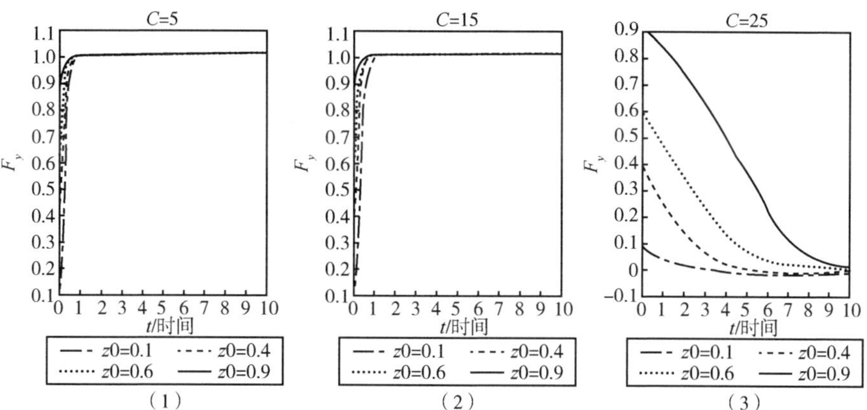

图 5.3　组织向规制型安全生产管理模式转化投入成本对演化过程的影响

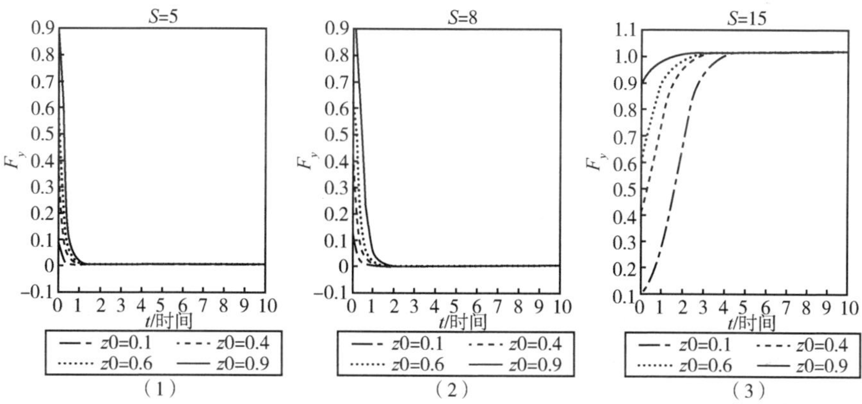

图 5.4　组织向规制型安全生产管理模式转化所得的机会收益对演化过程的影响

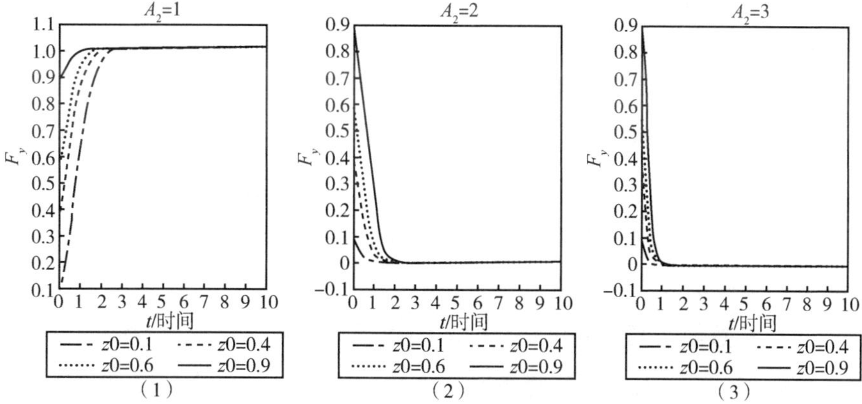

图 5.5　个体安全服从行为积极心理效应对演化过程的影响

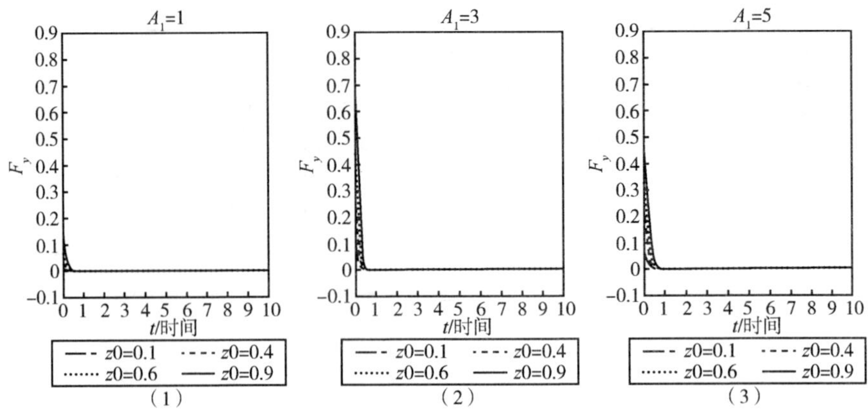

图 5.6　个体安全服从行为消极心理效应对演化过程的影响

5.2.8　结果讨论

通过组织、个体两个利益相关者之间决策复制动态分析、演化稳定性分析和数值仿真实验验证，得出以下主要结论。

（1）从决策复制动态方程可知，个体采取安全服从行为决策比例与组织采取规制型安全生产管理模式决策比例相关。个体是否采取安全服从行为会直接受组织是否采取规制型安全生产管理模式的影响。

（2）从演化稳定性分析可知，组织采取规制型安全生产管理模式而个体不实施安全服从行为的状态无法达到稳定状态。组织应该意识到，规制型安全生产管理模式是个体采取安全服从行为的有效驱动因素。另外，两方达到理想状态需要同时满足两个条件：组织惩罚型安全生产管理模式需要支付罚金的数学期望大于安全生产管理模式转化的实际投入与转化后的安全效应增量的差值；个体安全服从行为受到的消极心理效应小于其安全收益。组织、个体利益相关者能够达到理想状态，组织规制型安全生产管理模式、个体实施安全服从行为的理想安全生产状态。

（3）从数值仿真结果可知，两者向理想状态演化过程受诸多因素的影响，表现为：组织与个体选择策略比例趋向均衡时，演化系统收敛速度加快；组织模式转化成本增加会减慢两方向理想状态演化的速度，并且转化投入成本太大时，两方无法最终演化为理想状态。组织模式转化获得机会收益增加会加快两方向理想状态演化的速度，但是机会收益太大会减缓向理想状态演化的速度。在一定范围内，个体获得积极心理效应增加，有助于促进两方向理想状态演化，但是积极心理效应太大时，两方无法达到理想状态。在一定范围内，个体产生消极心理效应增加，两方向理想状态演化的速度减缓，但是消极心理效应太大时，两方无法达到理想状态。

5.3　安全生产行为演化第二阶段动态机理分析

5.3.1　假设提出与模型构建

将个体与组织纳入一个博弈系统中，两个利益相关者均具有有限理性特性和学习模仿能力。在安全服从行为向安全主动行为转化的过程中，组织考虑转化成本、安全收益等因素，选择规制型安全管理模式或激励型安全管理模式策略。个体考虑自身利益得失来选择安全服从行为或安全主动行为策略。不同策略的相关利益者的损益分析如下。

个体相关损益：组织规制型安全生产管理模式会给个体带来消极影响，记为 D。当个体安全主动行为劳动量为 E 时，分两种情况：（1）在企业激励型安全生产管理模式下，将安全主动行为的投入产出比记为 $1/\theta_1$、将个体所占安全主动行为产生的安全效益比记为 ϕ_1、将个体安全收益记为 $\theta_1\phi_1E$；由于激励型安全生产管理模式比规制型安全管理模式更能体现对个体主动性的重视，如表扬、奖励等积极影响个体的行为，故对个体产生积极心理效应，记为 T_1，并且个体安全主动行为会对其他个体产生积极影响，记为 G。（2）在组织规制型安全生产管理模式下，将安全主动行为的投入产出比记为 $1/\theta_2$、将个体所占安全主动行为产生的安全效益比记为 ϕ_2、将个体安全收益记为 $\theta_2\phi_2E$；由于规制型安全生产管理模式缺乏对个体的安全主动行为重视、激励等，会对个体产生消极心理效应，记为 T_2。

组织相关损益：若组织采取激励型安全生产管理模式，则需要付出组织安全文化建设、安全培训、安全奖励等额外转化成本，记为 C，组织采取激励型安全生产管理模式不仅会获得企业社会形象提升等方面潜在收益，记为 S，还可获得个体的安全主动行为产生的安全效益，记为 $\theta_1(1-\phi_1)E$，个体安全主动行为会对组织其他个体产生积极心理影响，记为 F。若组织采取规制型安全生产管理模式，则其收益受到个体策略的影响为 0 或 $\theta_2(1-\phi_2)E+G$。相关参数的设置及含义见表 5.4。

表 5.4　　主体参数及其含义

参数	含义
C	组织进行安全生产管理模式转换需要投入的额外成本（安全文化建设、安全培训、安全奖励等投入）
S	组织采取激励型安全生产管理模式会获得的机会收益（政府财政支持、银行贷款优惠、组织社会形象提升等收益）
θ_1	在组织激励型安全生产管理模式下，安全主动行为的投入产出比例倒数
θ_2	在组织规制型安全生产管理模式下，安全主动行为的投入产出比例倒数
ϕ_1	在组织激励型安全生产管理模式下，个体所占安全主动行为产生的安全效益
ϕ_2	在组织规制型安全生产管理模式下，个体所占安全主动行为产生的安全效益
E	个体实施安全主动行为的劳动量
D	组织规制型安全生产管理模式的规章束缚和严厉规制，对个体带来消极影响的量化指标
G	个体安全主动行为会能够对其他个体产生积极影响的量化指标
T_1	激励型安全生产管理模式给予个体安全主动行为的尊重（表扬、奖励等）给个体带来积极影响的量化指标
T_2	规制型安全生产管理模式缺乏对个体的安全主动行为的尊重（表扬、奖励等）给个体带来消极影响的量化指标

根据内容可以得出四种策略组合的收益矩阵，策略组合类型依次为组织采取哪种安全生产管理模式类型、个体是否实施安全主动行为，具体内容见表 5.5。

表5.5　　演化博弈的收益组合

策略组合	组织收益	个体收益
（激励型、作出安全主动行为）	$-C+S+\theta_1(1-\phi_1)E+G$	$\theta_1\phi_1E+T_1$
（激励型、作出安全服从行为）	$-C+S$	0
（规制型、作出安全主动行为）	$\theta_2(1-\phi_2)E+G$	$\theta_2\phi_2E-T_2-D$
（规制型、作出安全服从行为）	0	$-D$

在上述关系中，根据实际调研情况，可增加约束条件，为：组织激励型安全生产管理模式相对企业规制型安全生产管理模式，个体安全收益产出相对高，个体所占安全主动行为产生的安全效益比相对高，即 $\theta_1>\theta_2$、$\phi_1>\phi_2$；在相同安全生产行为劳动量的情况下，企业激励型安全生产管理模式获得的安全收益大于规制型安全生产管理模式获得的安全收益，即 $\theta_1(1-\phi_1)E>\theta_2(1-\phi_2)E$。

5.3.2　个体与组织演化博弈均衡性分析

假设在博弈初始阶段，组织采取激励型安全生产管理模式的比例为 i，采取规制型安全生产管理模式的比例为 $1-i$；采取安全主动行为的个体员工比例为 j，不采取安全主动行为（即采取安全服从行为）的个体员工比例为 $1-j$。

（1）组织“规制型安全生产管理模式”和“激励型安全生产管理模式”决策的期望收益 V_{1i}、V_{2i} 及平均收益 $\overline{V_i}$ 为：

$$V_{1i}=j[-C+S+(1-B_1)a_1L+F]+(1-j)(-C+S)+j[-C+S+\theta_1(1-\phi_1)E+G]+(1-j)(-C+S)$$

$$V_{2i}=j[\theta_2(1-\phi_2)E+G]-(1-j)+j[\theta_2(1-\phi_2)E+G]$$

$$\overline{V_i}=i(-C+S)+ij[(1-\phi_1)\theta_1E+G]-(1-i)j+(1-i)(1-j)+(1-i)j[\theta_2(1-\phi_2)E+G]$$

（2）个体“作出安全主动行为”和“不作出安全主动行为（即作出安全服从行为）”决策的期望收益 V_{1j}、V_{2j} 及平均收益 $\overline{V_j}$ 为：

$V_{1j} = i[\theta_1\phi_1 E + T_1] + (1-i)(\theta_2\phi_2 E - T_2 - D) + i[\theta_1\phi_1 E + T_1] + (1 - i)(\theta_2\phi_2 E - T_2 - D)$

$V_{2i} = i + (1-i)(-D) + (1-i)(-D)$

$\overline{V_j} = ij(\theta_1\phi_1 E + T_1) + (1-j)[i(\theta_2\phi_2 E - T_2) + (-D)]$

5.3.3 组织激励型安全生产管理模式决策复制动态分析

组织激励型安全生产管理模式决策复制动态方程为：

$$F(i) = \frac{\mathrm{d}i}{\mathrm{d}t} = i(V_{1i} - \overline{Vi}) = i(1-i)\{j[\theta_1(1-\phi_1)E - \theta_2(1-\phi_2)E] - (C-S)\} \quad (5-5)$$

（1）当$j = \frac{C-S}{\theta_1(1-\phi_1)E - \theta_2(1-\phi_2)E}$时，$F(i) \equiv 0$，这意味着无论组织采取何种安全生产管理模式，其均是稳定状态。

（2）当$j \neq \frac{C-S}{\theta_1(1-\phi_1)E - \theta_2(1-\phi_2)E}$时，令$F(i) = 0$得到，$i = 0$、$i = 1$可能是演化稳定点。由复制动态方程稳定性定理知，$y$作为稳定策略需要符合$F(i) = 0$且$F'(i) < 0$。对$F(i)$求导，得：

$$F'(i) = (1-2i)\{j[\theta_1(1-\phi_1)E - \theta_2(1-\phi_2)E] - (C+S)\} \quad (5-6)$$

因$a_1(1-B_1)L > a_2(1-B_2)L$，此时可以分为两种情况，即：

①当$z > \frac{C+S}{a_1(1-B_1)L - a_2(1-B_2)L}$时，$\frac{\mathrm{d}F(y)}{\mathrm{d}y}\big|_{y=1} < 0$，$\frac{\mathrm{d}F(y)}{\mathrm{d}y}\big|_{y=0} > 0$，故$y = 1$是演化稳定点。

②当$z < \frac{C+S}{a_1(1-B_1)L - a_2(1-B_2)L}$时，$\frac{\mathrm{d}F(y)}{\mathrm{d}y}\big|_{y=1} > 0$，$\frac{\mathrm{d}F(y)}{\mathrm{d}y}\big|_{y=0} < 0$，故$y = 0$是演化稳定点。

5.3.4　个体安全主动行为决策复制动态分析

个体安全主动行为决策复制动态方程为：

$$F(z)=\frac{\mathrm{d}z}{\mathrm{d}t}=z(V_{1z}-\overline{V_z})=z(1-z)\{y(a_1B_1L-a_2B_2L+A_1+A_2)+a_2B_2L-A_2\} \tag{5-7}$$

（1）当 $y=\frac{A_2-a_2B_2L}{a_1B_1L-a_2B_2L+A_1+A_2}$ 时，令 $F(z)=0$，这意味着无论个体是否作出安全主动行为，其均是稳定状态。

（2）当 $y\neq\frac{A_2-a_2B_2L}{a_1B_1L-a_2B_2L+A_1+A_2}$ 时，令 $F(z)=0$，得 $z=0$、$z=1$，这可能是演化稳定点。由复制动态方程稳定性定理知，z 作为稳定策略需要符合 $F(z)=0$ 且 $F'(z)<0$。对 $F(z)$ 求导，得：

$$F'(z)=(1-2z)\{y(a_1B_1L-a_2B_2L+A_1+A_2)+a_2B_2L-A_2\} \tag{5-8}$$

因 $a_1B_1L-a_2B_2L+A_1+A_2>0$，故此时可以分为两种情况，即：

①当 $y>\frac{A_2-a_2B_2L}{a_1B_1L-a_2B_2L+A_1+A_2}$ 时，$\frac{\mathrm{d}F(z)}{\mathrm{d}z}\Big|_{z=1}<0$，$\frac{\mathrm{d}F(z)}{\mathrm{d}z}\Big|_{z=0}>0$，故 $z=1$ 是演化稳定点。

②当 $y<\frac{A_2-a_2B_2L}{a_1B_1L-a_2B_2L+A_1+A_2}$ 时，$\frac{\mathrm{d}F(z)}{\mathrm{d}z}\Big|_{z=1}>0$，$\frac{\mathrm{d}F(z)}{\mathrm{d}z}\Big|_{z=0}<0$，故 $z=0$ 是演化稳定点。

5.3.5　个体、组织策略演化稳定性分析

组织安全生产管理模式决策与个体安全主动行为决策相关，员工安全主动行为决策与组织安全生产管理模式决策相关。基于此，将组织、个体

两个利益相关者的策略演化稳定性进行分步分析，即进行组织与个体演化稳定性分析。

由式（2－3）和式（2－5）可知，组织和个体动态博弈含有5个均衡点，即（0，0）、（0，1）、（1，0）、（1，1）、$\left(y^{**}=\frac{A_2-a_2B_2L}{a_1B_1L-a_2B_2L+A_1+A_2},\ z^{**}=\frac{C-S}{a_1(1-B_1)L-a_2(1-B_2)L}\right)$，当且仅当$0\leqslant\frac{A_2-a_2B_2L}{a_1B_1L-a_2B_2L+A_1+A_2}\leqslant1$、$0\leqslant\frac{C-S}{a_1(1-B_1)L-a_2(1-B_2)L}\leqslant1$时成立，给出动态博弈演化相关内容。

Jacobi 矩阵为：

$$\boldsymbol{J}_2=\begin{bmatrix}(1-2y)\{z[a_1(1-B_1)L- & y(1-y)[a_1(1-B_1)L- \\ a_2(1-B_2)L]-(C-S)\} & a_2(1-B_2)L] \\ z(1-z)(a_1B_1L- & (1-2z)\{y(a_1B_1L-a_2B_2L+ \\ a_2B_2L+A_1+A_2) & A_1+A_2)+(a_2B_2L-A_2)\}\end{bmatrix}$$

矩阵$\boldsymbol{J}_2$的行列式为：

$\det\boldsymbol{J}_2=(1-2y)\{z[(1-B_1)a_1L-(1-B_2)a_2L]-(C-S)\}(1-2z)\{y(a_1LB_1-a_2LB_2+A_1+A_2)+(B_2a_2L-A_2)\}-y(1-y)[(1-B_1)a_1L-(1-B_2)a_2L]z(1-z)(a_1LB_1-a_2LB_2+A_1+A_2)$

矩阵$\boldsymbol{J}_2$的迹为：

$\mathrm{tr}\boldsymbol{J}_2=(1-2y)\{z[(1-B_1)a_1L-(1-B_2)a_2L]-(C-S)\}+(1-2z)\{y(a_1LB_1-a_2LB_2+A_1+A_2)+(B_2a_2L-A_2)\}$

根据以上5个均衡点进行局部稳定分析，结果见表5.6。

由表5.6可知，组织与员工的动态演化过程中若满足某些条件就可以形成稳定点：

（1）当组织规制型安全生产管理模式需要支付罚金的数学期望小于组织安全生产管理模式转化的实际成本，同时个体付出安全主动行为获得的消极心理效应大于其安全收益时，组织和个体博弈结果为稳定状态（$i=0$，$j=0$），即组织采取规制型安全生产管理模式，个体不实施安全主动行为。

（2）当组织规制型安全生产管理模式需要支付罚金的数学期望小于安全生产管理模式转化的实际投入与模式转化后安全效应增量的差值，同时个体付出安全主动行为获得的消极心理效应小于其安全收益时，组织和个体博弈结果为稳定状态（$i=0$，$j=1$），即组织采取规制型安全生产管理模式，个体实施安全主动行为。

（3）当组织规制型安全生产管理模式需要支付罚金的数学期望大于组织安全生产管理模式转化的实际投入与转化后的安全效应增量的差值，同时个体付出安全主动行为获得的消极心理效应小于其安全收益时，组织和个体博弈结果为稳定状态（$i=1$，$j=1$），即组织采取激励型安全生产管理模式，个体实施安全主动行为。

表5.6　　组织与个体演化博弈稳定性分析结果

均衡点	$\det \boldsymbol{J}_2$ 符号	$\mathrm{tr} \boldsymbol{J}_2$ 符号	结果	稳定条件
$i=0$，$j=0$	+	-	EES	$0 < C-S$，$T_2 > \theta_2\phi_2 E$
$i=0$，$j=1$	+	-	EES	$0 < C-S-[\theta_1(1-\phi_1)E-\theta_2(1-\phi_2)E]$，$T_2 < \theta_2\phi_2 E$
$i=1$，$j=0$	+	+	不稳定	任何条件下都不稳定
$i=1$，$j=1$	+	-	EES	$0 > C-S-[\theta_1(1-\phi_1)E-\theta_2(1-\phi_2)E]$，$T_2 < \theta_2 E\phi_2$
$i=i^{**}$，$j=j^{**}$	0	0	鞍点	任何条件下都是鞍点

5.3.6　数值实验和仿真

从人本管理思想出发，促进组织、个体两方博弈最终演化到组织激励型安全生产管理模式、个体安全主动行为（$i=1$，$j=1$）的理想决策状态。通过对组织与个体演化稳定性的分步分析可知，组织与个体的演化均衡状态受个体安全主动行为决策比例j的影响。从个体与组织的演化稳定状态分析可知，在（$i=1$，$j=1$）点，稳定条件为$C-S-[(1-\phi_1)\theta_1 E-(1-$

$\phi_2)\theta_2 E] < 0$，$T_2 < \theta_2 E\phi_2$，根据上述内容和结合实际情况增加的约束条件可以推断出，在同时满足 $C - S - [(1 - \phi_1)\theta_1 E - (1 - \phi_2)\theta_2 E] < 0$、$T_2 < \theta_2 E\phi_2$、$\theta_1 > \theta_2$、$\phi_1 > \phi_2$、$(1 - \phi_1)\theta_1 E > (1 - \phi_2)\theta_2 E$ 的情况下，组织激励型安全生产管理模式、个体安全主动行为能够达到理想决策状态（$i = 1$，$j = 1$）。根据约束条件和复制动态方程，运用Matlab仿真软件对组织、个体两方博弈理想状态进行数值试验分析。设置参数为 $C = 15$、$S = 12$、$B_1 = 0.8$、$B_2 = 0.5$、$a_1 = 7$、$a_2 = 2$、$L = 9$、$A_1 = 3$、$A_2 = 2$。

5.3.7 数据分析

（1）选择某种策略的两方初始比例变化对演化结果的影响。如图5.7所示，数值实验采取上述参数，可以看出，组织、个体策略交互的路径依赖性，不同初始条件下的收敛曲线在达到理想状态前不会出现重叠交叉。收敛速度会同时受企业初始选择激励型安全生产管理模式比例及个体初始选择安全主动行为比例的影响，并且组织与个体选择策略比例趋向均衡时，演化系统收敛速度加快。

（2）个体安全主动行为劳动量变化对演化结果的影响。如图5.8所示，随着安全主动性行为劳动量增加，系统收敛速度增加，收敛时间减少，两方向着“安全主动行为，激励型安全生产管理模式”演化。可见，个体安全主动行为越多，越能够带动其他个体和组织安全生产积极性，就越促进个体与组织向理想状态演化。

（3）组织向激励型安全生产管理模式转化投入成本对演化过程的影响。如图5.9所示，随着组织向激励型安全生产管理模式转化投入成本的增加，两方的演化系统收敛的速度在减小，收敛到理想状态所需要的时间在增加。可见，组织向激励型安全生产管理模式转型投入成本增加，会减缓两方向理想状态演化的速度。

（4）组织向激励型安全生产管理模式转化所得的机会收益对演化过程的影响。如图5.10所示，组织机会收益较小时，收敛到理想状态需要的时间较长，速度较慢，但系统整体向理想状态演化。对着机会收益增加，两方系统收敛的速度在增加，收敛到理想状态需要的时间在减少，系统向不理想状态演化。可见，组织向激励型安全生产管理模式转化所得的机会收益在一定范围内促进演化向理想状态发展，而机会收益超出一定范围可能使组织盲目乐观而懈怠安全生产，进而导致演化方向的偏离。

（5）个体安全主动行为积极心理效应对演化过程的影响。如图5.11所示，可以看出，积极心理效应的增大并没有带来演化过程的显著波动，但是因设置数值差值较小，仍然可以看出随着积极心理相应只增加，演化收敛速度在增加，收敛到理想状态所需时间减少。可见，无论个体安全主动行为积极心理效应如何增加，都会促使个体与组织两方向理想状态演化，组织应当鼓励员工积极心理效应的积极性的增加，以使两方快速演化达到理想状态。

（6）个体安全主动行为消极心理效应对演化过程的影响。如图5.12所示，可以看出，当消极心理效应较小时，两方向着“安全主动行为，激励型安全生产管理模式”方向演化。随着消极心理效应增加，演化方向发生变化，演化速度逐渐加快，演化时间逐渐减少，最终偏离演化理想状态。可见，在一定范围内，个体与组织不会受消极心理效应影响，向着理想状态演进，但演化速度有所减慢；而当消极心理效应增大到超过该范围时，个体与组织受其影响较大，将不会向理想状态演化。

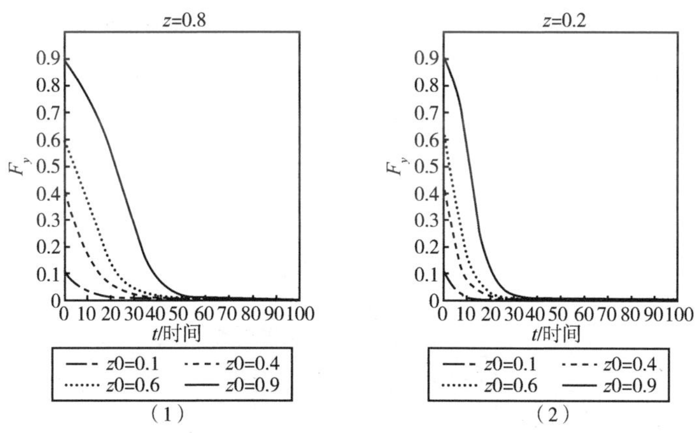

图5.7　不同初始比例策略组合演化路径投影

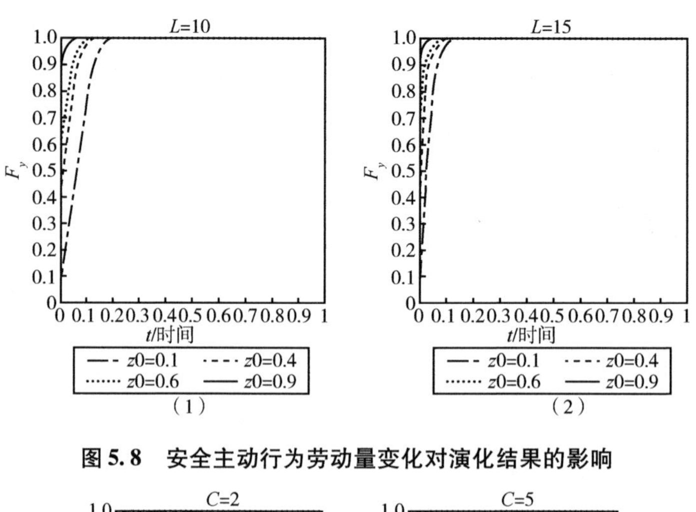

图 5.8　安全主动行为劳动量变化对演化结果的影响

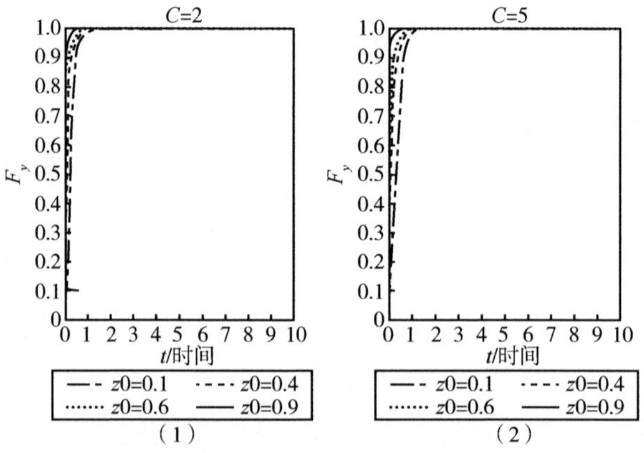

图 5.9　组织向激励型安全生产管理模式转化投入成本对演化过程的影响

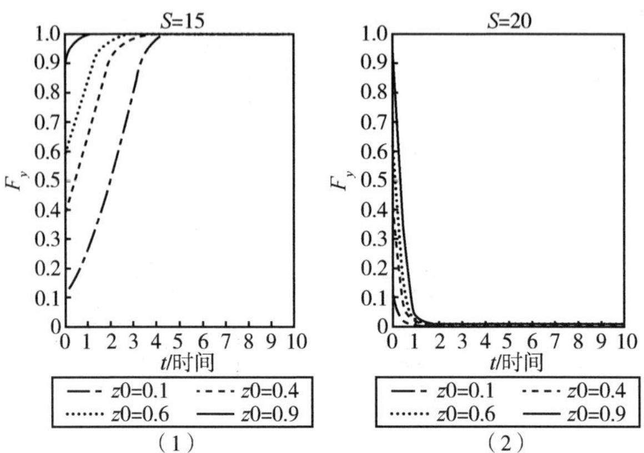

图 5.10　组织向激励型安全生产管理模式转化所得的机会收益对演化过程的影响

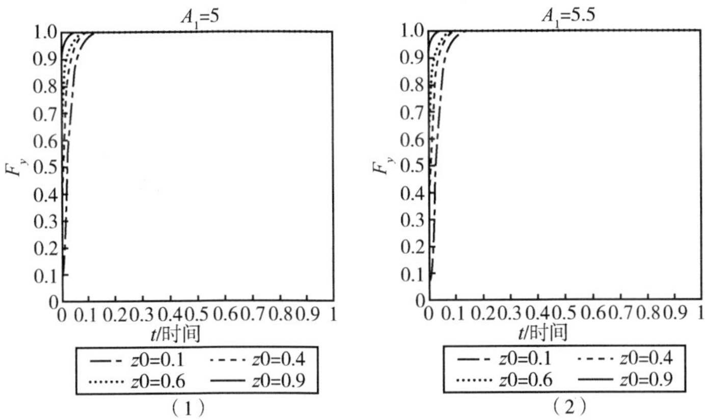

图 5.11　个体安全主动行为积极心理效应对演化过程的影响

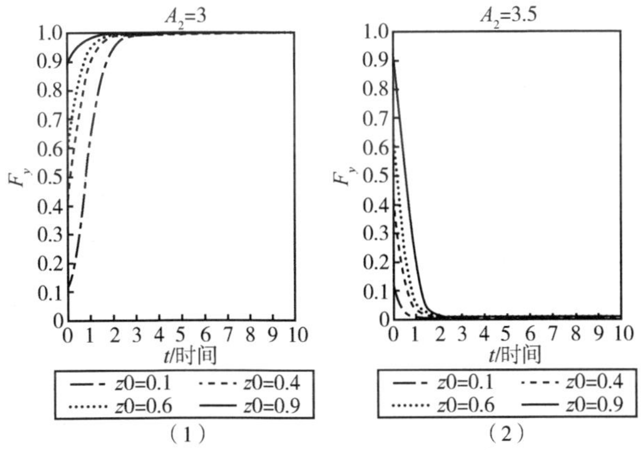

图 5.12　个体安全主动行为消极心理效应对演化过程的影响

5.3.8　结果讨论

通过组织、个体两个利益相关者之间决策复制动态分析、演化稳定性分析和数值仿真实验验证，得出以下主要结论。

（1）由决策复制动态方程可知，个体采取安全主动行为决策的比例与组织采取激励型安全生产管理模式决策的比例相关。个体是否采取安全主动行为会直接受到组织是否采取激励型安全生产管理模式的影响。

（2）由演化稳定性分析可知，若组织采取激励型安全生产管理模式而个体不实施安全主动行为的状态将无法达到稳定状态。组织应该意识到，激励型安全生产管理模式是个体采取安全主动行为的有效驱动因素。另外，两方达到理想状态需要同时满足两个条件：组织规制型安全生产管理模式需要支付罚金的数学期望大于安全生产管理模式转化的实际投入与转化后的安全效应增量的差值；个体安全主动行为受到消极心理效应小于其安全收益。组织、个体利益相关者能够达到理想状态，组织激励型安全生产管理模式、个体实施安全主动行为的理想安全生产状态。

（3）由数值仿真结果可知，两者向理想状态演化过程受到诸多因素的影响，表现为：收敛速度会同时受到企业初始选择激励型安全生产管理模式的比例及个体初始选择安全主动行为的比例的影响，并且组织与个体选择策略比例趋向均衡时，演化系统收敛速度加快；个体安全主动行为越多，越能够带动其他个体和组织安全生产积极性，就越促进个体与组织向理想状态演化；组织向激励型安全生产管理模式转型投入成本增加，会减缓两方向理想状态演化的速度；组织向激励型安全生产管理模式转化所得的机会收益在一定范围内促进演化向理想状态发展，而机会收益超出一定范围，可能使组织盲目乐观而懈怠安全生产，进而导致演化方向的偏离；无论个体安全主动行为积极心理效应如何增加，都会促使个体与组织两方向理想状态演化；个体安全主动行为消极心理效应在一定范围内，个体产生消极心理效应增加，两方向理想状态演化的速度减缓，但是消极心理效应太大时，两方无法达到理想状态。

5.4 本章小结

实证分析并验证不同主动性个体安全生产行为演化动态机理。首先，鉴于安全生产中个体与组织两个利益相关者具有不完全信息和有限理性的特征，提出个体与组织各自损益，构建 2×2 动态演化博弈模型；其次，对个体与组织演化博弈均衡性进行分析，找到均衡点；再其次，分别从个体和组织方出发进行决策复制动态分析并找到两者演化博弈的均衡状态；最后，通过数值试验和仿真来揭示安全被动行为向安全服从行为，安全服从行为向安全主动行为演化的演化路径和动态规律。研究发现，个体是否作出安全主动行为与组织实施的安全生产管理模式有关，个体行为与组织管理互为关联、互相影响，共同决定演化发生的方向、进程与结果。

第 6 章　不同主动性个体安全生产行为演化认知机理实证分析

工作场所发生安全事故最重要的原因是人的因素，而人因研究中的焦点主要在于生产人员的安全行为水平和安全应急能力。从个体认知出发，通过人的信息加工过程分析工业自动化控制背景下人脑的前注意加工特征，探求不同主动性个体安全生产行为演化认知机理。因此，设计基于人机交互的认知神经实验，运用海洋拖揽机的自动化控制界面来模拟工作场所实际操作界面。屏幕中心的数字 7.5m/min 代表海洋船拖揽机在日常正常工作情况下的卷筒速度，屏幕双侧不断闪烁的图形符号代表海洋船拖揽机的系统安全压力报警信号。通常情况下，机器正常工作时双侧的安全报警信号用绿色矩形代表，发生事故或异常报警时双侧的安全报警信号分别为红色竖向矩形，红色横向矩形或红色六边形，即任务相关刺激在视野中心，而任务不相关刺激在视野周边。被试被告知专注于监控界面中央的卷筒速度而忽略两边的压力报警信号，若卷筒转速有变化，那么要求被试尽快和正确地作出反应动作。实验采用 Oddball 范式和 Equiprobable 范式，运用事件相关电位技术（ERP）方法进行验证。

6.1　工业安全中的人因失误与人的不安全行为

6.1.1　人因失误的概念与特点

人因失误是指人的行为与最终目标不相匹配，并且产生了有害影响[213]。人因失误包括：知觉外界环境失误；行动决策失误和行动执行失误；等等。以往人因失误着重于观察失误的行为表象，包括选择失误、序列失误、时间失误和完成质量失误；现今人因失误着重于凸显行为与意向的关系，将失误分为疏忽、过失和错误。

个体除了受个体心理特征影响，还受外界环境约束，因此整合人因失误，其有以下表征：（1）反复失误。个体与环境的不协调性导致反复失误，若要避免则需有效方法介入。（2）潜在失误。重大隐患潜在于日常安全生产中，一旦激发将会造成极其恶劣后果。（3）诱导失误。个体行为受环境影响，特定条件下外界环境诱导个体不安全行为，如线路故障、设备失效等。（4）失误可塑性。个体行为特征先天稳定，后天可变，失误不会一直出现。（5）失误可修复性。因人因失误造成的系统失效可被提前纠正。（6）后天学习改造可减少人因失误。后天学习可提升个体安全行为水平，改变其工作绩效[213,214]。

6.1.2　人因事故成因分析

认知心理学派信息加工理论指出，大脑按照“感觉（信息输入）→判断（信息加工处理）→行为（反应）”的顺序对感觉通道接收到的信息进行加工。按其过程，产生不安全行为的原因包括以下方面。

（1）感觉（信息输入）过程失误。其一，信号引导失败，即实际监测或操作人员并没有及时发现信号存在异常，这与信号的弱注意有关；其二，认知迟滞，即信息在大脑加工过程中存在一个传递延时，一般在没有其他因素干扰下看清一个信号需0.3s、听清一个声音需1s，所以信号呈现时间太短、太快或不熟悉，均能造成认知滞后；其三，预判失误，即安全信号虽引起操控人员注意，但因信号表征不鲜明容易给大脑造成记忆缺失；其四，加工失效，即操控人员本身存在感觉通道的缺陷而使其不能完整、明晰地了解事物本质，如视觉和听觉障碍；其五，信息差错，即因众多信息乱入及一些主观因素差异等，使加工过的信息与原信息产生偏差；

其六，错觉，即错误的知觉，通常在一定环境的刺激下致使主观知觉出现偏差而产生的错误感觉，如生理、心理、照明、眩光、对比、物体的特征等都能引起错觉。

（2）判断（信息加工处理）过程失误。其一，遗忘失误，如中断的安全生产活动可能会被操控者遗忘；其二，疏忽失误，即不完全、不正确或部分缺失的信息被当作完全、正确、合理的信息进行加工；其三，推断失误，即在操控者因某种原因产生紧张情绪时，会动用一些不理智、不科学、不合理的主观臆断来判断风险；其四，决策失误，即由个体心理特征影响，表现为拖延作出决定时间和决定缺乏灵活性，因此对一些决策水平要求较高的岗位，必须因人而异差异化选拔和管理。

（3）行为（反应）过程失误。其一，习惯动作与作业方法要求不符，在安全预警状态下，操作人员以往惯用经验来代替该情况下科学、正确的操作方法，要杜绝该类事件发生就要改良设备操作方式，使之与人的应急行动相匹配；其二，由于反射行为而忘记了危险，即仅通过知觉，无须经过判断的瞬间行为，要求进入危险场所必须有足够的安全措施；其三，操作方向和调整失误，即机器设备设计与人体习惯相反，当技术不娴熟、意识低下或疲劳时易发生事故；其四，工具或作业对象选择错误，即工具的形状、配置或摆放等有缺陷，容易造成操作者误选、误按等；其五，疲劳状态下的行为失误，疲劳会使操控人员对判断失去理性，可能会在不自知的情况下作出不安全行为；其六，异常状态失误，当一定情境使人处于极度紧张状态时，人的注意会被眼前失误吸引而失去对正确信号的判断，结果导致错误行为产生。因此，平时应注重实况演习和自救训练。

人因事故具有其内在原因是因操控人员自身受心理、生理因素约束而与机器设备契合度低进而造成的失误。人因事故具有其外在原因是机器系统本身存在操作缺陷而不能很好地与操控人员契合而造成的失误。如图6.1所示，事故产生主要是由人引起的，个体特征和外在环境共同作用，进而影响人的安全行为。其中，人的内存失误机制、管理决策和组织过程失效在前面的章节已经介绍过，人—机界面和工作环境的匹配将是本章讨论安全生产行为演化认知机理的重点。

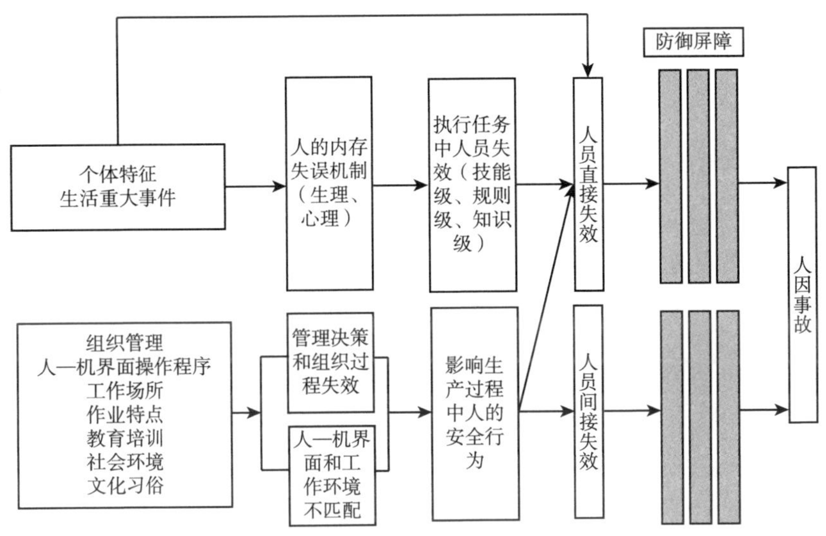

图6.1　人因事故成因模型[215]

研究发现，安全防护设施不齐全或防护设施过于复杂、不符合人机工程学的要求、信息传递不佳、设施操作培训不到位，都会使工作者不愿意按照给定的条件工作。此外，无意的不安全行为和有意的不安全行为都是在不良心态的基础上产生的，而良好的个性心态（如坚强的意志）有助于克服不安全行为。

6.1.3　工业自动化控制背景下的前注意加工

尽管大规模和现代化的人—机交互越来越可靠和自动化，安全事故仍然不可避免。工作场所事故真正的根源还在于人因失误。例如，某些高危工作场所，可能因一次人为疏失而造成危险物品泄露或爆炸，这将引发不可预测的严重后果。这之中的人为疏失一定是生产某环节的职责守卫者——安检人员、看守人员、操作人员或管理人员等，不论是哪类人员，都是在其岗位上肩举重要责任的安全生产人员。人因属于人的因素，即因人为失误而引发事故的因素的总和，因人因失误而引发安全事故的探讨使学者们将“人类工效学”和“神经人因学”引入安全生产领域的相关研究中。“Human Factors”和“Ergongmics”均用来指代“人因”。IEA（国际工效学会机构）给出“人因”的定义为：以生理学、心理学、医学等交叉领域理论知识为基础，探究人在特定工作情境下作出相应行为的影响因素、人—机器—环境协调作用机制以及人的生理心理与工作效率关系等一系列问题[216]。美国学者 Parasuraman 最早提出了“神经人因学”，它是一门研究工作中的脑与行为的科学，这门研究与实践相交叉的学科将神经科学和工效学（或称为人因学）相融合，以发挥两者的最大优势[217]。目前，神经人因学已经被广泛应用于航空、驾驶、脑电接口、虚拟现实、临床等领域，并取得了一定丰硕成果[217]。目前，对人因的研究主要在生理层次、认知层次和组织层次。神经人因学为人对报警信号的认知过程研究提供了崭新的视角。

值得注意的是，人对安全信号的反应是信息加工处理的过程。安全事故信号最先进入人脑感觉登记，然后经历知觉、反应选择等复杂过程，最后形成具现于形的应对安全事故信号的肢体动作。威肯斯（Wickens，2004）最先提出了这种行为产生的信息加工模型[218]。注意作为一种心理努力贯穿信息加工的全过程[219]。人的大脑能够接受外界各种各样不断变化的信息，但大脑有选择性地注意其中的某些信息，即注意的选择性[220]。正因为大脑具有注意选择性的特点，所以大脑对信息注意加工之前需要将信息进行短暂的登记，并选择出应该注意加工的信息，这种在大脑产生注意前对事物预判是否应被注意的大脑加工过程称为前注意[221]。前注意反映了大脑对信息变化的自动加工，它无须消耗过多的注意资源，人可以将主要注意力集中在执行重要任务上[222]。前注意处于信息加工模型的前位，感知与执行任务非相关的各种信号[223]。注意与前注意的区别在于：第一，前注意先于注意发生[224]；第二，前注意不受大脑复杂信息加工影响，是无意识加工的[225]；第三，前注意与人的感觉记忆能力、人对环境变化的自动探测有关[226]。自动化加工（automatic processing）是指人脑对不受意识控制的非注意对象的认知加工[227]。

自动化加工是不需要意识参与的心理操作，具有速度快、效率高、耗能少、不受意识控制等特性[228,229]。然而，人们仍然无法真正揭示人对工作任务非相关的报警信号的反应机理。目前，学者对人对报警信号反应的研究仍停留在主观评价、主任务测量、辅助任务测量、生理—心理测量的层面上，主要是研究人对报警信号反应的外显行为，而无法揭示人对报警信号反应的内隐行为。因此，有必要开创新的方法来打开人对报警信号反应机理的黑箱。

6.2　实验假设与流程

6.2.1　实验假设

如图 6.2 所示，首先进入信息加工模型的认知因素是前注意，其次感觉登记登录大脑，依次经历知觉、反应选择、反应执行，最终作出具体行为，其中工作记忆会影响信息加工过程[230]。基于此，可知对“前注意”的研究有利于揭开个体行为神经决策的黑纱，即个体在工作场所履行日常工作职责、实行日常工作任务时，对与工作任务不相关的安全报警信号的应急反应机理，有利于组织把控个体行为的认知神经规律、有利于组织安全绩效的提升。将个体信息加工模型引入对个体安全生产行为的研究中，能够具现行为发生发展的完整心理过程。事件相关电位技术（ERPs）能够科学、有效地测量行为具体实现前的前注意加工过程[231]。ERPs 应用到人因学相关问题的研究上，主要包括工作认知负荷、警戒下降机制评价、人—系统中操作者疲劳监控、应激源评价、在线自适应辅助对操作人员绩效的影响等研究[232]。作为人类生存的一项重要的认知功能，前注意变化检测发生在信息加工的早期阶段。有证据显示，事件相关电位（ERPs）中的一项成分——视觉失匹配负波（vMMN）是探索前注意加工的一个可靠的指标[233]。失匹配（mismatch negativity，MMN）是一项脑电指标，即为个体在对非注意信号处于无意识状态下面对大概率标准刺激时，因突然出现的小概率偏差刺激所诱导而激发出的一项脑电指标[234]。其中，大概率标准刺激指的是相同刺激的重复序列；小概率偏差刺激指的是突然出现的不匹配刺激。与P300受行为动机影响不同，MMN基本不受主观能动性的影响，但近年来的研究发现，尽管其在MMN波幅上没有体现显著差异，但在MMN发生前的潜伏期中找到了明显的证据。MMN是一项不受任务掌控和依赖的客观脑电指标，近年来被应用于许多疾病的研究。例如，在对抑郁症患者的研究中发现，MMN能反映抑郁症患者脑电图与正常人有显著差异的明显证据；同时，其还在对关于视觉、听觉、脑神经等的疾病的诊断和治疗上作出了贡献[235-239]。

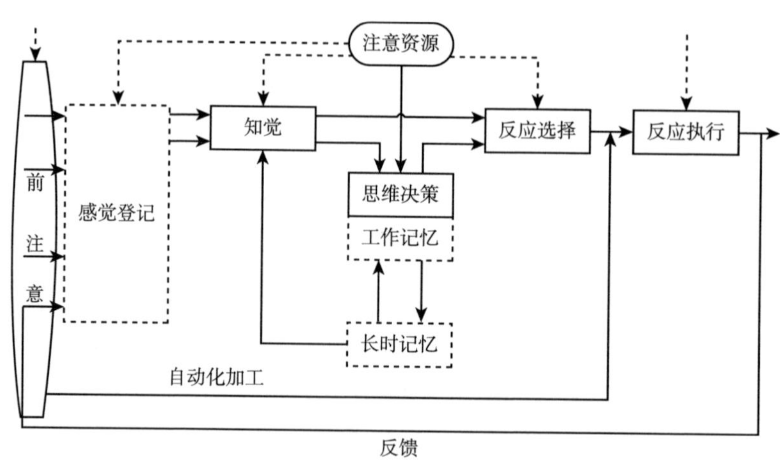

图6.2　个体信息加工模型[229]

早期MMN的研究局限在听觉通道，近年来，视觉MMN的研究得到了长足发展，研究发现，某些类型视觉刺激（如颜色、形状、移动物体、空间频率等）能诱发出vMMN[240]。本书将vMMN作为对不同主动性个体安全生产行为演化认知机理研究的主要脑电指标，模拟实际工作场所，自动化操作界面中两侧报警信号在通常状态（即非安全报警状态）下以绿色符号代表，在安全报警状态下以红色符号代表。在Oddball范式下引发vMMN

的因素备受争议，这种范式下，vMMN 可能是由不应效应或者感觉记忆失匹配引发的[241]，甚至可能是两者同时引发的[242]。齐格等采用 Oddball 序列和等概率 Control 序列进行 vMMN 实验研究发现，真正的 vMMN 应该是 Oddball 中的偏差刺激 ERPs 减去 Control 中的等概率刺激 ERPs 得到的差异成分，称其为 Control-MMN。最近，一个巧妙的实验设计揭示了 Oddball 范式下的 vMMN 由不应效应和感觉记忆匹配效应组成[243]。Oddball 范式下题区包括两个负成分：一个是在 100～150ms 的早期 Oddball-MMN，它反映的是偏差刺激和标准刺激不应效应的区别；另一个是在 200～250ms Control-MMN 的负成分，它是真正的基于感觉记忆的 vMMN。获取真正的 vMMN 的最可靠方式是在实验中同时使用 Control 序列和 Oddball 序列，利用 Oddball 序列中的偏差刺激 ERPs 减去 Control 中的等概率刺激 ERPs 排除不应效应后，对被试前注意自动加工进行研究[244]。为提高任务纯度和实验效果，安排屏幕中心放置任务相关符号，屏幕两侧放置任务不相关符号，使屏幕上同时呈现靶刺激（任务相关刺激）和非靶刺激（任务无关刺激），有主有次、有近有远，形成完整的工作场所操作界面，其中，相关任务与不相关任务之间无关联且以伪随机排列[245]。

根据以上分析，提出以下理论假设。

E1：人对安全报警信号的应急反应存在于前注意过程中。

E2：大脑能够对任务不相关的视觉信号刺激（安全报警信号）形成自动加工。

E3：不同安全信号刺激类型能够激发安全生产行为主动性水平的程度不同。

E4：不同主动性个体对不同报警信号反应不同。

根据以上分析，提出以下实验假设。

E5：人对报警信号的反应发生于刺激后 150～250ms。

E6：颜色、朝向和形状的报警信号能够诱发 vMMN，且波幅不同。

E7：相对颜色和形状刺激，朝向刺激能够诱发波幅更大的 vMMN。

E8：不同主动性个体产生 vMMN 的潜伏期不同。

6.2.2 实验流程

6.2.2.1 实验被试

参考以往视觉失匹配的相关论文[39,246-249]，被试数量要求一般为8~12名。实验选择12名健康普通被试（男性和女性各6名），右利手，年龄为18~28岁，平均年龄为23岁。对于每个被试，呈现刺激数均达到3240次，以便实验数据具有可靠性。被试在实验前24小时内均未服用镇静催眠药物和精神活性类物质。另外，所有被试具有正常的色彩分辨力和视觉敏锐度，裸视力或矫正视力均为1.0以上。本实验遵守《赫尔辛基宣言》，被试在主试指导下完全理解实验过程，并签署知情同意书，随后实验正式开始。

6.2.2.2 刺激与程序

实验刺激材料由Eprime2.0软件编写和呈现。实验主界面来源于实际海洋工程船拖揽机的自动化控制操作界面，如图6.3所示。操作界面完整呈现在19寸计算机显示器上。标准刺激为绿色长方形，偏差刺激为与之不同颜色、朝向和形状的长方形。为保证所有刺激的感官一致性，将图片对比度、大小、亮度和空间频率生调节成相同参数。由图6.3可知，界面中央的数字7.5m/min代表拖揽机在正常工作情况下的卷筒速度，界面两侧的图形符号代表拖揽机的系统压力报警信号（界面中心到侧面报警信号中心的视角为4.5°）。此界面布置符合理想的测量vMMN的实验范式要求[250]。正常状况下界面两侧的报警信号为绿色，异常报警时为红色（参照国际标准GB 2682）。如图6.3所示，（a）代表vMMN（视觉失匹配）的标准刺激，由界面两侧的绿色矩形符号表示（3cm×10cm）。（b）代表vMMN（视觉失匹配）颜色变化的偏差刺激，由界面两侧的红色矩形符号表示。（c）代表vMMN（视觉失匹配）朝向变化的偏差刺激，由界面两侧旋转

90°的红色矩形符号表示。(d) 代表 vMMN (视觉失匹配) 形状变化的偏差刺激，由界面两侧的红色六边形符号表示 (符合 IEC60073 标准)。

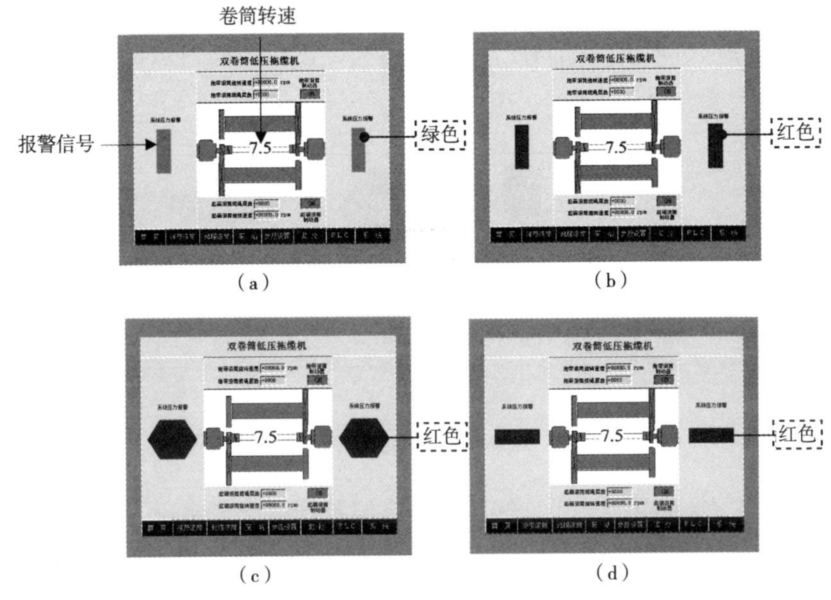

图 6.3　安全生产实验自动化界面

实验开始前调整被试舒适度，即着被试坐在软硬适中带靠背的椅子上，坐姿端正于距屏幕 1m 处，实验室灯光调节成柔和不刺眼模式，同时实验过程要求所有人员保持安静。被试被要求集中注意力监控界面中央的卷筒转速，正常状况下显示为 7.5m/min，若卷筒转速有变化，那么要求被试尽快和正确地作出反应动作，规则为：当卷筒转速增加到 7.9m/min 时左指快速按下 “Z” 键，当速度减小到 7.1m/min 时右指快速按下 “/” 键。被试通过按键可以对卷筒转速进行实时调整。另外，强调被试要专心对中央卷筒转速进行监测和调控，无视屏幕两侧的安全报警信号的变化。同时，实验前提前让被试知晓中央卷筒转速变化与两侧安全报警信号的变化无任何关联。此实验设计能够使被试对任务不相关的报警信号形成非注意状态，满足视觉失匹配的检测要求。

如图 6.4 所示，实验流程共包括 6 个 Block，其中包括 Oddball 范式的

3 个 Block 和 Equiprobable 范式的 3 个 Block。本书中的 Oddball 范式采用的是塔莱等（Tales et al.，1999）只做的经典范式的修正版[251]。Oddball 范式中每个 Block 包括 720 个 trail。Equiprobable 范式中每个 Block 包括 360 个 trail。相邻 Block 之间都有一个休息时间，休息时间由被试按空格键控制。整个实验大约 28 分钟。

刺激	绿色	红色	红色	红色	总数
随机概率范式	450	90	90	90	720
等概率范式	90	90	90	90	360

(Times/Block)

图 6.4　实验刺激材料

（1）在 Oddball 范式中，标准刺激与偏差刺激交替出现，标准刺激出现率为 50%，其他三种偏差刺激出现率均约为 16.7%，每个标准刺激后随机呈现一个偏差刺激。靶刺激与非靶刺激分别呈现在不同的序列中，但两者因同质偏差刺激禁止连续呈现而不具任何关联性。与此同时，为避免个体将屏幕上的所有刺激加工成一个统一整体，必须使靶刺激与非靶刺激不同时出现。本书的 Oddball 范式中每个刺激呈现时间为 50ms，间隔时间（SOA）为 600ms。

（2）在 Equiprobable 范式中，评估偏差减去控制和控制减去标准的 4 个波线，4 个等概率刺激替代了 Oddball 范式中标准刺激和偏差刺激，其中等概率刺激的物理属性和呈现方式分别与 Oddball 范式中标准刺激和偏差刺激完全相同。所有刺激出现概率均为 25%，每个刺激随机出现，相同类型的刺激不能连续出现。每个刺激呈现时间为 50ms，间隔时间（SOA）为 600ms。

正式实验前，被试需要进行 15 个 trail 的练习，主试给予详细指导，使被试充分理解实验的工程环境和意义。实验流程如图 6.5 所示。

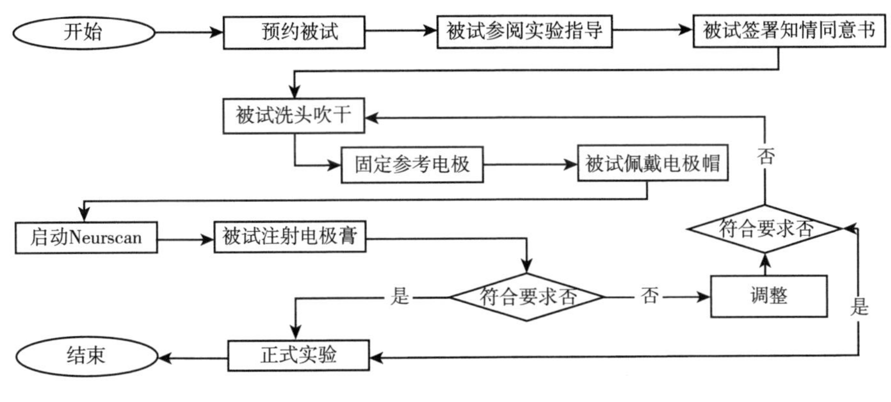

图 6.5　实验流程

6.3　EEG 结果及分析

6.3.1　数据分析方法

实验中的测量设备采用 Neuroscan 公司的脑电记录和分析系统。以按国际 10 - 20 系统扩展的 64 导 Ag/AgCl 电极帽记录 EEG（脑电数据），参考电极放置在鼻尖，水平眼电电极（HEOG）放置在双眼眼眦处，垂直眼电（VEOG）放置在左眼上下。每个电极与皮肤电阻保持 5kΩ 以下。采样率为 500Hz，滤波带宽为 0.1 ~ 100Hz。利用 Scan4.5 软件对记录的连续脑电数据进行离线分析。具体操作为：（1）进行 DC 校正，拒绝明显漂移或杂乱的脑电数据。（2）根据被试眼动的大小，去除眼电（HEOG）和（VEOG）对其他导联数据的影响。（3）进行脑电分段与基线矫正，选择时程在 - 100 ~ 400ms 之间，去除波幅大于 ± 100μV 的伪迹。（4）对脑电数据进行分类叠加平均。将所有被试左侧 7 个电极 M1、P5、P7、PO5、PO7、CB1、O1 的 Oddball 范式中偏差刺激、Equiprobable 范式中等概率刺激脑电数据分类叠加平均；将右侧 7 个电极 M2、P6、P8、PO6、PO8、CB2、O2 的 Oddball 范式中偏差刺激、Equiprobable 范式中等概率刺激脑电数据分类叠加平均。(5) 将 Oddball-MMN 中的偏差刺激减去 Control 序列中的等概率刺激得到视觉失匹配 Control-MMN (去除 Oddball-MMN 中的不应性,避免了 P1、N1、P2 成分混淆[252])。(6) 在参照已有文献的基础上[253],vMMN 在刺激发生后 100 ~ 300ms 间出现,以 50ms 时间窗口为区间取峰值,结果在 175 ~ 225ms 间取得峰值。

利用统计软件 SPSS20.0 对处理后的行为和脑电数据进行分析。(1) 行为数据。统计出被试卷筒转速超出范围情况时按键的反应时和正确率。(2) 脑电数据。对 vMMN 类型 (颜色、形状、朝向) 进行描述性统计;vMMN 波幅采用重复测量方差分别分析,因素分别为 vMMN 类型 (颜色、形状、朝向) × 大脑半球 (左 LOT、右 ROT),并采用 Greenhouse-Geisser 校正自由度。

6.3.2 数据结果分析

6.3.2.1 行为数据

通过对行为数据统计分析后可以得出,被试在监控界面中央的卷筒转速变化 (超出范围) 1s 内按键反应正确率约为 96.34%。此正确率表明,被试的注意力主要集中在监控卷筒转速变化的工作任务上,对界面上的报警信号形成了非注意状态,符合视觉失匹配中不相关任务的非注意要求。

6.3.2.2 ERPs 数据

如图 6.6 所示,为 LOT 和 ROT 合并脑电数据,Oddball 范式中的偏差刺激减去 Equiprobable 范式的等概率刺激得到视觉失匹配 Control-MMN 的脑波形图。在 175 ~ 225ms 时间窗口取得峰值,峰值从大到小分别为朝向、形状和颜色。

在 175 ~ 225ms 时间窗口内不同 vMMN 类型报警信号对应脑电地形图如图 6.7 所示。颜色类型报警信号引发视觉失匹配在前额叶位置较显著;形状类型的报警信号引发视觉失匹配在额叶和额上回位置较显著;朝向类型的报警信号引发视觉失匹配在顶叶和中央后回位置较显著。

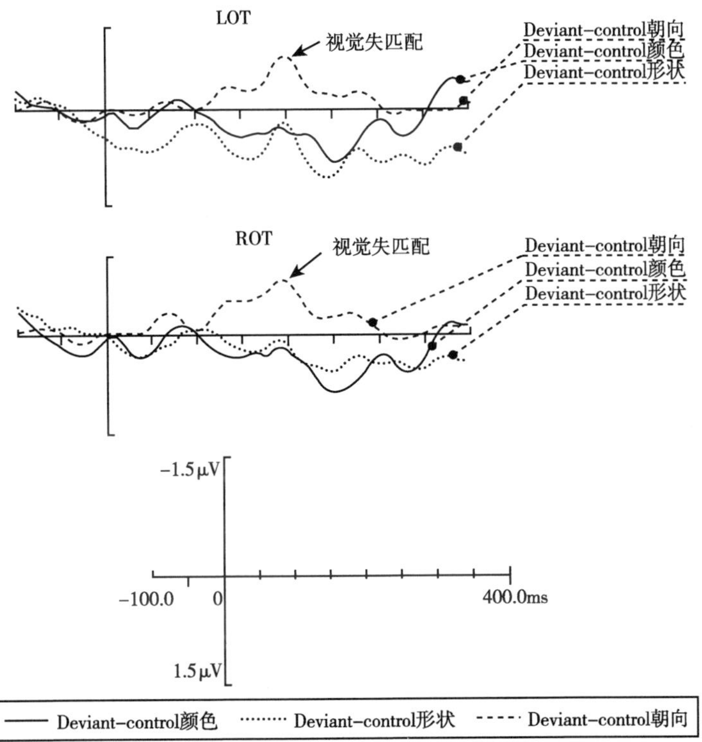

图6.6　不同类型视觉失匹配的脑波形图

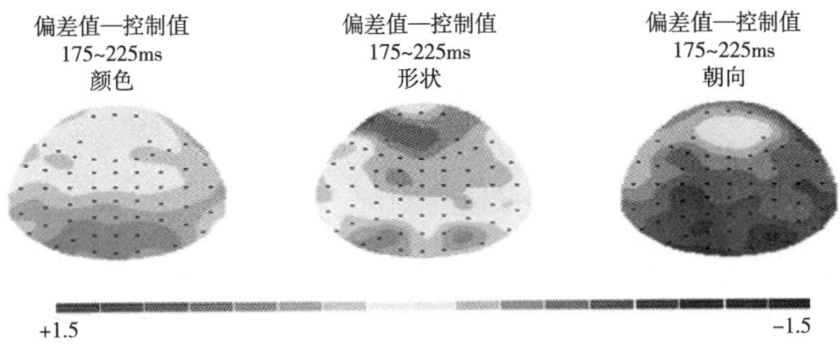

图6.7　不同类型视觉失匹配的脑电地形图

根据球形检验的统计结果，Mauchly 的 $W=0.451$、Sig. $=0.752$，球形假设可以被接受。研究结果表明，vMMN 类型脑电数据存在显著性差异（$F=4.106$、$P<0.05$）；半球间无显著性差异（$F=0.531$、$P>0.05$）；vMMN 类型与半球因素之间交互作用无显著性差异（$F=0.123$、$P>$

0.05)。描述性统计结果显示，vMMN 波幅由大到小顺序为朝向引起的视觉失匹配、形状引起的视觉失匹配、颜色引起的视觉失匹配。

6.3.3 参照组数据比对

按照以上实验流程、规则和分析方法，选取具有高主动性和低主动性特征的两类人分别参加实验，并对实验结果进行比对。高主动性个体和低主动性个体的划分标准采用弗里斯等（2005）设计的量表修缮后进行衡量。行为数据显示，1s 内高主动性个体的按键正确率约为 96.75%，低主动性个体的按键正确率约为 95.98%，表明被试的注意力主要集中在监控卷筒转速变化的工作任务上，对界面上的报警信号形成了非注意状态，符合视觉失匹配中不相关任务的非注意要求。脑电数据显示如图 6.8 ~ 图 6.11所示。

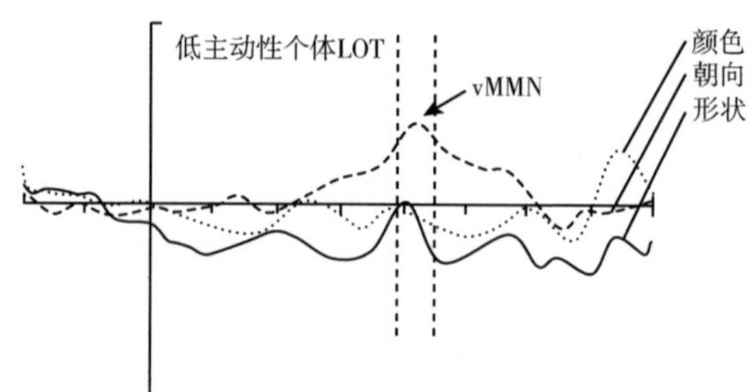

图 6.8　低主动性个体视觉失匹配脑波形图（左脑）

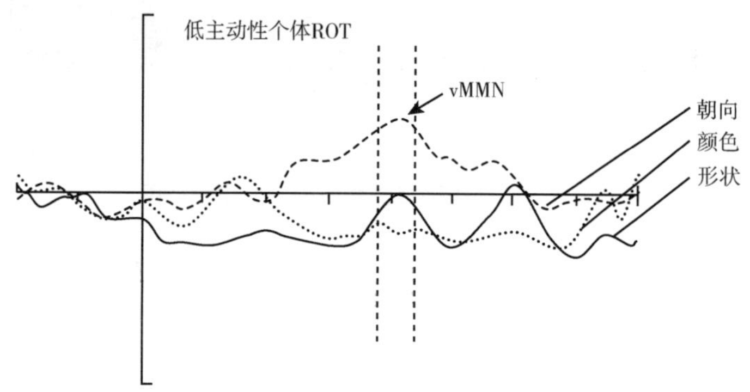

图 6.9　低主动性个体视觉失匹配脑波形图（右脑）

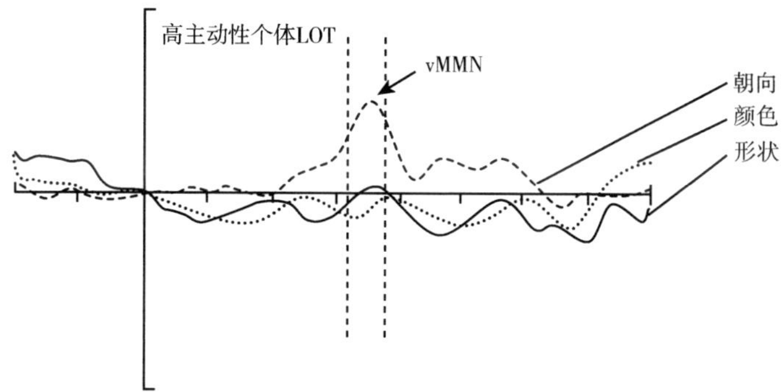

图 6.10　高主动性个体视觉失匹配脑波形图（左脑）

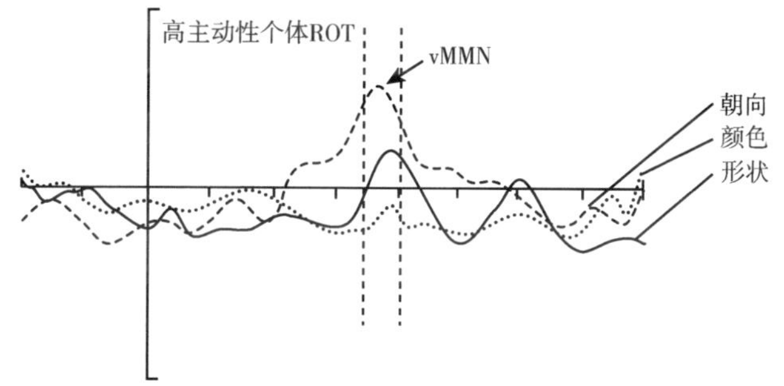

图 6.11　高主动性个体视觉失匹配脑波形图（右脑）

6.3.4　实验结果讨论

本实验的目的是利用神经人因学的理论和方法来探究人对自动化控制界面中报警信号反应机理。在实验过程中，采用最可靠的方式（Oddball 和 Control 两种范式）排除了不应效应以证实人对报警信号反应在前注意过程中是否存在、不同刺激类型的报警信号能否引起不同强度的视觉失匹配。实验证实，人在监控和操作自动化控制界面时，大脑确实能够对任务不相关的视觉信号刺激（报警信号）形成自动加工，即人对报警信号的反应确实存在于前注意阶段；不同刺激类型的报警信号引发的视觉失匹配的强度不同。

人对报警信号反应存在于前注意过程中。被试在监控和操作自动化界面时，报警信号属于物理刺激，它的变化诱发了 Oddball-vMMN 及 ControlvMMN，与以往结论相同。将 Oddball 中的偏差刺激 ERPs 减去 Control 中的等概率刺激 ERPs 得到的差异成分以 50ms 时间窗口为区间取峰值，结果在 175～225ms 区间取得峰值（即真正的前注意自动加工过程），证实了人对报警信号的反应确实存在于前注意阶段。三种刺激类型的报警信号引发的视觉失匹配的强度不同。实验证明，朝向类型的报警信号引发的视觉失匹配强度最大，依次为形状类型、颜色类型的报警信号引发的纯视觉失匹配。得到这种结果的原因可能是：朝向类型、形状类型报警信号引发的视觉失匹配均强于单一颜色类型的报警信号引发的纯视觉失匹配。这样的结果符合视觉信息编码规则，多维视觉刺激物属性的信息编码相对于单维视觉刺激物属性的信息编码显著降低了人的反应时间，增强了人的反应强度。值得注意的是，标准 IEC60073 规定在危险状态下，报警信号由安全状态下的绿色矩形（或正方形）变成红色的六边形，提示操作人员要立即对危险状态进行处理。而本实验清楚地表明，朝向类型的报警信号引发了更强的视觉失匹配，从而表明人对它的反应更为强烈，这对报警信号的设计提供一定的参考价值。有学者可能有疑问，自动化控制界面的空间是有限的，朝向类型的报警信号（旋转 90°的红色矩形）会占据较大的空间，不适合应用到自动化控制界面，但是在复杂的人—机系统中，存在大量的报警信号，设计者通常将最重要的报警信号放置在操作人员最容易看到的位置，采用主信号和二级信号显示的信号设计模式，主信号主要作用是提示操作人员有异常情况出现，二级信号可以帮助操作人员明确系统出现的具体错误。鉴于此，本书提出朝向类型的报警信号可以作为主报警信号来考虑，以便使操作人员迅速察觉到主报警信号的变化，及时作出其他控制反应。

实验证明，不存在不同个体对不同类型报警信号在颜色、形状和朝向上的差异。也就是说，朝向类型安全报警信号相较于颜色信号和形状信号在三类个体中均处于诱发 vMMN 最显著的地位，不论是哪类个体，朝向信号均能够引发前注意更多的注意，均能够提升个体在安全实际操作情景下安全生产行为主动性水平。这其中的不同在于，低主动性个体诱发 vMMN

的潜伏期更长一些，这具有理论上的合理性，即低主动性个体对安全报警信号的反应时间更长，而低主动性个体本来就是一类谨慎、被动、较迟钝、不积极、不善于抓住机会的个体，面对一些突发状况反应会相较于其他两类个体慢。高主动性个体在实际操作背景下对突发情况时诱发的 vMMN 潜伏期最短，这也符合理论上的合理性，即高主动性个体对安全报警信号反应时间最短，而高主动性个体本身就是一类积极主动、善于发现机遇、面对困难越挫越勇、善于挖掘和抓住机会的人，面对突发状况，他们更会积极主动地去关注和及时采取应对措施。

6.4　本章小结

实证分析并验证不同主动性个体安全生产行为演化认知机理。人因研究中的焦点主要在于生产人员的安全行为水平和安全应急能力。从认知角度出发，通过人的信息加工过程分析工业自动化控制背景下人脑的前注意加工特征。因此，设计基于人机交互的认知神经实验，运用海洋拖揽机的自动化控制界面来模仿真实操作场景。实验结果证明，人对报警信号反应存在于前注意过程中，三种刺激类型的报警信号引发的视觉失匹配的强度不同，朝向类型的报警信号引发的视觉失匹配强度最大，依次为形状类型、颜色类型的报警信号引发的纯视觉失匹配，不存在不同个体对不同类型报警信号在颜色、形状和朝向上的差异，即低主动性个体对安全报警信号的反应时间更长，低主动性个体诱发 vMMN 的潜伏期更长一些；高主动性个体在实际操作背景下对突发情况时诱发的 vMMN 潜伏期最短，即高主动性个体对安全报警信号反应时间最短。

第7章 不同主动性个体安全风险差异识别与分析

当前，虽然对安全生产行为的研究不断发展进步，但各国的安全生产事故仍然普遍存在。根据国际劳工组织（ILO）保守估计，全世界每年大约发生2.5亿起致使作业者丧失工作能力的安全事故，相当于每天发生68.5万起，每秒钟发生8起事故。近几年来，我国对安全生产工作予以高度重视，但形势依然十分严峻。据安全监管总局统计，我国每年约有1.5万人死于职业伤害，各类事故造成的经济损失在2000亿元以上，约占GDP的2%以上。2013年11月22日，青岛中国石化东黄输油管道泄露爆炸特别重大安全事故造成62人死亡、136人受伤；2014年上半年，我国发生安全生产较大事故644起，死亡2695人。目前，我国安全生产基础还比较薄弱，安全隐患比较突出，重特大事故还没有得到有效的遏制。随着科学技术的飞速发展，近几年重大事故仍然频发的情况使得人们更关注人因。海因里希（Heinrich）在对7万多例事故进行分析后指出，不安全行为约占事故因素的88%，并提出“88：10：2”规律，即在百起事故中，有88起纯属人为，有10起是人因和物的不安全状态造成的，仅有2起是人难以预防的。

个体具有相对稳定的个体特征，个体特征是个体经常、稳定表现的能力、性格和气质等特点的综合，决定个体对某种情况的态度和行为。以往国内外学者从人格特征（如“五大人格”）出发研究其对个体行为的引导，人格特质能影响人的学习学业成绩、职业认知和兴趣以及风险偏好等，性格越外向，风险偏好越高。主动型人格是一种稳定的主动行为倾向，是区别于“五大人格”的个体认知特征。研究表明，主动型人格与很多行为都有密切联系，包括工作绩效、领导能力、职业生涯和安全行为等。与高主动性个体对应的有一般主动性个体和低主动性个体，对不同主动性个体表现出来的差异越来越受到研究者的关注。在安全生产实践中，不同主动性个体所体现的认知特征具有相对稳定性，是影响个体安全行为的重要因素，但是如今在企业和员工方面均没有得到足够的重视。

风险决策研究探讨人类在风险情境下如何进行判断与选择，广受经济学家和心理学家关注，对风险决策进行研究是希望能够对人们的风险决策行为作出正确合理的解释，以帮助人们更好地在不确定条件下作出选择。长期以来，学者提出了各种理论模型对人的风险决策行为进行解释，也有大量学者研究了风险决策的影响因素，对于风险情境、框架效应等外部影响因素一定时，个体所知觉到的风险情景也不是单一的，因此要作出风险决策首先需要对风险进行认知。当前，ERPs 实验被广泛应用于研究人的行为。ERPs 是给定刺激而诱发的特殊的脑电位，反映了认知过程中大脑的神经电生理的变化。利用 ERPs 实验研究了语言转换、视觉注意、情绪等认知过程，随着脑成像技术（ERP）的发展，我们有机会了解在风险决策过程中我们大脑对信息的加工。因此，应从不同主动性个体风险的 ERPs 实验入手，分析差异总结规律，寻求与主动性个体特征相契合的安全生产管理方式，减少由人的个体特征引发的安全事故是当前急需解决的一个重要问题。

借助 ERPs 实验方法，通过对不同主动性个体安全生产行为风险差异进行研究，弥补三种不同主动性个体在安全行为风险理论不足。寻找符合不同主动性个体的企业安全生产管理方式，并提出相应的安全管理对策，以期能为缓解当前严峻的安全生产形势提供理论借鉴。

理论上，将 ERPs 的脑电信号分析方法引入对个体安全生产行为的研究中，有助于为进一步展开对安全生产中人的因素的研究开辟新的思路。归纳总结出不同主动性个体应对安全生产行为风险差异规律，为提高企业安全生产管理和员工规避安全风险提供理论依据。

实践上，根据不同主动性个体对安全生产行为的风险差异，提出企业安全生产管理具体对策，指导企业进行员工招聘、培训、职责分配等。员工根据自身主动性高低所表现的风险特征选择适合自己的安全生产管理模式，规避安全风险、减少自身的不安全行为。

7.1 关于个体安全行为与风险决策的理论研究

7.1.1 国外关于个体安全行为与风险决策的研究

（1）不同主动性个体的研究。贝特曼和科兰特在 1993 年首次提出了主动型人格的概念，并且进一步指出了主动性个体与非主动性个体的区别：主动性个体较少受环境的约束，能识别有利机会，并采取一系列主动行为；而不主动的个体却表现了相反的特征（Bateman & Crant, 1993）[254]。科兰特认为主动型人格是影响主动行为的稳定的个体差异变量。赛特等（2001）以 180 名全职员工为样本，发现主动型人格与创新、组织政治知识、职业主动有着较强的正向关系，此研究表明，主动性个体可以通过创造有利条件而获得职业生涯成功[255]。汤普森（2005）提出了主动型人格与工作绩效的影响机制模型，认为主动性个体会采取一些措施（如关系构建）来建立良好的工作关系，直接促进个体工作绩效的提高[256]。富勒等（Fuller et al.，2009）也研究表明，高主动性的员工更加具有工作中的创新意识[257]。杨等（Yang et al.，2011）结合社会资本理论，探索了主动型人格对员工离职和人际互助行为的影响[258]。

与主动型人格影响个体行为相区别的是非主动性个体，研究学者将其细分为被动型和常规型。著名的心理学家弗罗姆（Erich Fromn，2000）在他的社会性格理论中阐明，具接受倾向性格的个体失去了主动性，需要受刺激、受推动而处于被动状态中[259]。斯金纳（Skinner，2009）认为，消极的行为发生后，给予某些人不喜欢的对待或者取消某些喜爱的东西，消极行为就会感到危险而减少频率甚至消失[260]。有学者研究被动反应扩散网络延迟问题，揭示了反应扩散的被动和稳定性之间的关系网络。马丁等（Martin et al.，2012）定义常规型个体介于主动型和被动型之间，在人群中大量分布，有自身独特的认知特点[261]。同时，常规型个体最合适规制型管理模式并且普及程度最高。

（2）风险决策的研究。早期的风险决策理论是用期望效用理论解释的，之后于1979年开始运用前景理论，前景理论认为人的认知因素对决策有着至关重要的影响。莱温等（Levin et al.，2002）研究人格特质与不同损益条件、不同框架效应类型风险决策的关系发现，神经质倾向的个体更容易表现出框架效应，开放性、敢为者个体更倾向于选择高风险选项[262]。尼科尔森（Nicholson，2005）研究表明，个体跨不同生活领域表现出的总体冒险性与外倾性、开放性正相关，与神经质、愉悦性、严谨性负相关[263]。卡瓦纳和詹姆斯（Cavanagh & James，2012）通过做仿真气球风险任务，研究了年龄对潜在的认知过程的影响及对风险决策的影响[264]。

（3）个体安全行为和ERPs的研究。伯恩哈德和威尔伯特（Bernhard & Wilbert，1995）研究认为，事故的发生是由人的不安全行为和物的不安全状态引起的，但人的不安全行为是导致工业事故发生的最主要原因[265]。尼尔等（Neal et al.，2006）使用安全服从行为与安全参与行为这两个维度来揭示员工的行为安全绩效[266]。尼尔和格里芬（Neal & Griffin，2006）实验发现，安全氛围对安全绩效有重要影响，高的安全氛围感知能显著提升组织安全绩效[266]。"大五"人格模型揭示五个人格维度对建筑工人安全行为的影响，表明人格特质能够显著影响人的安全行为。狄龙等（Dillon et al.，2011）在一项研究中同样发现不同个体对临近事故情境的信息加工水平存在差异，也就意味着个体对临近事故的学习并非完全一致，最终会对后期风险决策产生截然不同的影响[267]。约翰斯通（Johnstone，2013）定义ERPs是大脑对听觉、视觉或触觉等外部刺激响应所产生的特定脑电信号，ERPs与外部刺激具有锁时关系[268]。加里多（Garrido，2013）指出，ERPs是研究人脑高级功能，如认知、记忆、理解、学习、判断、推理及智能等的重要方法，被广泛应用于各种人类认知研究和临床医学评估[269]。

7.1.2 国内关于个体安全行为与风险决策的研究

（1）不同个体主动性的研究。不同主动性特征的个体可分为主动型个体、常规型个体和被动型个体，常规型个体介于主动和被动之间，有其自身独特的认知特点，是人群中最普遍的存在[270]。有学者指出，除了主动和被动相互对立之外，两者中间还应有一个“应动”，并且“如果被动具有消极性，主动具有积极性，那么应动便具有中介性”。刘密等（2007）认为，常规型个体由于既不追求主动改变环境，又不轻易为环境塑造，他们追求一种独善其身的境界，在责任感、荣誉感、纪律性方面对自己有着更高的要求[271]。蒋琳锋和袁登华（2009）研究发现，无论是个体层面还是组织层面，在不同文化、领域背景下，主动型个体都展现出积极的效应[272]。温瑶和甘怡群（2009）以及黎青（2009）研究表明，主动型人格与工作绩效正相关，且对工作绩效有预测性[273,274]。在创业方面，刘万利等（2011）基于572个中国创业者的调查数据表明，创业机会在创业者主动型人格与创业意愿之间具有显著的部分中介作用[275]。邝磊等（2011）将主动型人格作为调节变量加以深入的研究。数据分析的结果表明：内外控制点与主动性型人格对大学生经济信息与职业决策自我效能感的关系分别都具有显著的调节效应，并且主动型人格的调节作用影响了内外控制点的调节作用[276]。张振刚等（2014）研究表明，员工的主动性人格对其创新行为具有显著的正向影响作用[277]。对于被动型的研究，有学者定义被动为主观上不够积极主动，要受人督促或者由于受客观情况的限制而使自己陷入不利的局面。非主动性个体往往消极、被动地对待工作任务，没有长期的目标，工作中遇到挫折和困难也不能自发主动地解决[278]。

（2）风险决策的研究。谢晓非和徐联仓（1995）定义风险决策为决策者在面临两个以上不确定的决策后果时的决策，强调从多种备择方案中作出最优的选择[279]。目前对风险决策的研究结果显示，人格特征与不同情境的风险决策是有关系的。刘涵慧等（2010）以 159 名大学生为被试，研究人格因素对框架效应下决策的影响，表明风险决策框架中，敢为者倾向于选择高风险选项，忧虑者倾向于选择低风险选项[280]。王青春等（2012）在不同乐观水平大学生的框架效应研究中发现，不同乐观水平的大学生在娱乐金钱及生命问题上所表现出的框架效应不同[281]。宋之杰等（2012）在探讨不同情境下风险决策的影响时发现，在面对生命问题时，总体上人们倾向于冒险；在面对财产问题时，总体上人们倾向于保守，这两方面均没有发现框架效应的存在[282]。

（3）个体安全行为与 ERPs 的研究。在个体安全行为领域的研究主要集中在人因失误、人的安全性、人的可靠性、安全感、安全认知、安全的人性化需求、人体生物节律、个体安全行为、安全激励理论等。学者从行为学、安全系统工程学、心理学的观点阐述了事故的致因，其中人的不安全行为是事故发生的主要原因，要做到安全生产更重要的是靠全体生产者的安全作业行为。杨敏（2009）认为个人的安全价值观、安全知识与技能、外界人文和物理环境物理影响个体安全行为能力的培养和发挥[283]。吴建金等（2013）通过建立安全氛围、个体安全认知和个体安全行为关系的分析模型，说明组织安全氛围成熟度越高，个体安全认知感越强，其对安全行为的正向影响越大[284]。张跃兵等（2013）研究分析安全行为的特征和规律，表明安全行为包括事故倾向行为和非事故倾向行为，应根据行为人各种需求的层次水平来确定相应的激励方式，激励安全行为[285]。ERPs 是当外加一种特定的刺激，作用于感觉系统或脑的某一部位，在给予刺激或撤除刺激时，在脑区引起的电位变化。ERPs 的内源性成分与认知过程密切相关，是“窥探”心理活动内容的一个“窗口”，又称为认知电位[286]。杨长华（2012）使用 ERPs 技术探讨了不同偏好的风险决策的神经机制，发现 P200 波幅上风险追求者显著高于风险回避者[287]。

近年来，安全生产行为及其影响因素的相关内容引起了国内外学者广泛关注和研究，取得许多有理论价值和实践意义的成果；对主动型、被动型和常规型个体特征及行为差异的相关研究成果颇多，尤其是在主动型个体方面已有研究证明主动型人格在工作绩效、职业生涯等方面对个人有积极的影响；关于风险决策及其影响因素的研究是组织行为学研究的热点。这些研究成果为本书进一步研究不同主动性个体安全生产行为风险差异奠定了扎实的理论基础和实践借鉴。但已有研究仍存在一些亟待继续完善改进和深入探讨的地方，不足之处主要包括以下几个方面。

（1）对于不同主动性个体认知特征，已有研究对主动型人格在适应环境、工作表现等方面对个人及组织方面有积极影响进行了分析；有学者对适合于常规型个体安全管理模式及被动型个体激励方式进行相关讨论、研究。但由于个体主动性高低不同，针对安全行为及风险预测需从心理或行为角度对不同主动性个体进行分类研究，只有清楚不同主动性个体的安全行为风险差异才能更好地规避安全风险，减少人因造成的安全事故的频发。

（2）风险决策理论的相关研究主要是以框架效应为基础，进而分析不同年龄、性别、情绪以及面对财产和生命等情境时的差异，对于个体认知特征对风险决策的影响是以五大人格进行区分的，根据个体主动性高低的不同来研究个体认知对行为及风险决策的影响，得到个体有效规避安全风险、企业合理安排人事的对策。

（3）国内外学者针对安全行为的研究集中于分析安全氛围、安全认知等外部因素的影响，未见到以个体主动性高低为依据来区分个体安全行为中的差异。ERPs 实验可以获取大量的客观脑电数据，被广泛应用于语言能力识别、情绪启动和调节、风险偏好等研究领域，借助 ERPs 实验研究不同主动性个体认知特征和行为差异之间的联系可以有针对性地提出个体规避安全风险建议，为寻求与个体认知特征相匹配的安全管理方式，提供客观的研究依据。

7.2 研究思路与方法

本书在查阅了大量文献资料的基础上，首先，介绍了不同主动性个体分类和特征、阐述了风险决策的内涵和影响因素；其次，在上述理论基础上设计 ERPs 实验，并对实验脑电成分进行了讨论分析；最后，针对不同主动性个体风险提出建议。研究思路框架结构如图 7.1 所示。

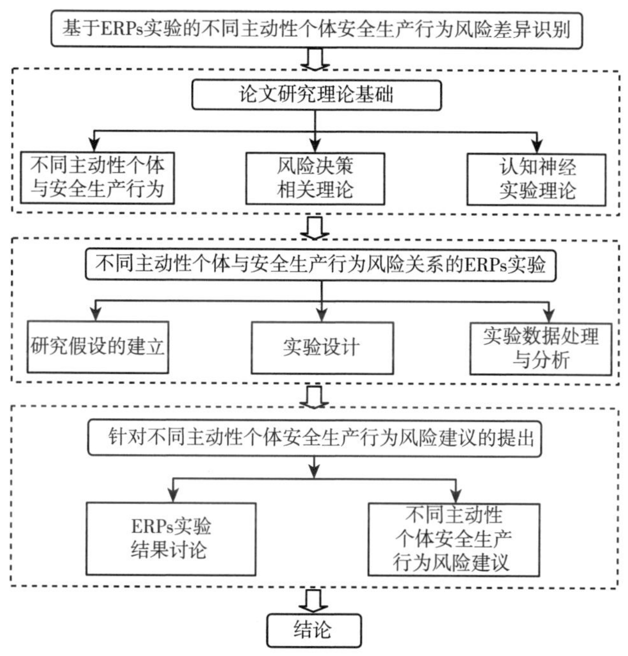

图 7.1　研究思路框架结构

7.2.1　研究方法

（1）ERPs 实验研究方法。ERPs 技术的主要原理是通过给予大脑一定的刺激，在脑区引起一定的电位变化，再通过分析 ERPs 波形特征来揭示大脑对刺激的加工强度和过程。本实验采用 Synamp2 - 64 导信号放大器对脑电波进行收集和选取，而且 E - prime 软件自带行为数据采集的功能，通过对行为数据的处理能从组织行为学的角度来分析个体的心理和行为，实验监测的各项生理指标作为分析依据更客观科学。

（2）统计分析方法。统计分析方法是指通过对实验数据的收集和整理并进行相关分析，来解释和反映所要研究的相关问题。本实验对不同主动性个体进行多次刺激得到大量脑电数据，对实验数据进行重复度量方差统计分析，总结分析出高主动性个体、一般主动性个体及低主动性个体行为差异。该分析方法精确、科学地得出差异比较，所得结果具有鲜明比较性。

7.2.2 研究内容

（1）构建了识别不同主动性个体安全生产行为风险差异的理论框架。本书以不同主动性个体特征及行为差异分析为基础，建立与个体安全生产行为之间的联系，并结合风险决策相关理论进行综合研究，得到本书基本理论框架。在以往的针对个体特征对安全生产行为的影响的研究中，集中研究的是单一特征类型个体的企业员工，而本书的理论研究框架面向的是包括主动型个体、常规型个体和被动型个体在内的各类主动性特征不同的企业员工，更具有普遍性和全面性。

（2）借助 ERPs 实验方法来探讨不同主动性个体的认知特征与安全生产行为的风险差异。本书结合认知神经学的经典范式，遵循事件相关电位实验程序，采用神经科学的研究方法，通过 ERPs 实验分析不同主动性个体的脑电成分，探索其对个体安全生产行为的注意选择、反应时间和主观评价的认知机理。传统的安全生产行为方面的研究大多采用调查问卷和访谈的方式，研究结果更为主观；本书则以 ERPs 所监测的各项生理指标作为依据来进行研究，剔除了数据主观性成分带来的干扰，得到的结果具有更高的客观性和科学性。研究时运用的认知神经科学与管理学结合的跨学科交叉研究方法是当前管理学领域很前沿的研究方法。

（3）提出针对不同主动性个体安全生产行为风险的建议。本书对不同主动性个体的客观脑电与行为数据进行统计分析，研究不同主动性个体认知特征与安全生产行为风险的差异，发现不同主动性个体在不同安全管理模式下安全生产行为风险不同，并以此为基础，有针对性地提出具有可操作性和实践意义的不同管理模式下企业员工安全生产行为的管理建议。

7.3　理论概述

7.3.1　个体行为与安全行为

弗里斯教授于20世纪90年代提出了个人主动性（personal initiative）的概念——个体自发地采取积极的方式，通过克服各种障碍和困难，去完成工作任务并实现目标的行为特征。它包括自发、率先行动和克服困难三个方面，之后系统地发展了这一概念的内涵、测量方法，研究了组织中该概念的前因或结果变量及其关系，并检验了个人主动性对各种重要组织变量的预测效度[288]。

个体主动性是一个普适性很强的概念，反映的是个体在各种领域中表现出来的行动风格。然而，主动性的具体内涵到底是什么，我们目前难以得出一个统一的结论。行动是目标导向行为，是由目标、信息整合、计划和反馈以独特的方式组织的，是由意识或习惯控制的。主动性顾名思义就是自主行动，主动性个体按照自己规定或设置的目标行动，不依赖外力推动，发挥自己的聪明才智，创造未来条件与利用已有条件，去最大限度地完成任务，实现目标的行为品质。在目标设定和计划实施上，个体具有差异性，会形成个体独特的行动风格，因而个体主动性是一种稳定的主动行为倾向。

大多数主动性行为定义都体现出自发性、前瞻性和变革性三种因素。其中，自发性意味着个体在没有被告诉、没有得到明确的指导或没有明确的角色要求的情况下完成了一些事情，其追求的是自我设置的目标而不是分配的目标。前瞻性包括在未来情境出现之前的表现，如对未来可能出现的问题、需求和变化提前反应。变革性，如掌控某种情境，进而主动引导事情的发生和改变而非等事情发生后被动应对。

按照个体主动性水平高低将个体主动性分为高主动性个体、低主动性个体和一般主动性个体。高主动性个体主动改变环境，能识别有利机会，并采取一系列主动行为，能带来有意义的改变；低主动性个体受环境的约束，被动地对环境作出反应，无法识别机会；一般主动性个体介于高主动性和低主动性之间，在人群中广泛分布，有自身独特的认知特点。

7.3.2 不同主动性个体安全行为差异

在安全生产中，个体的安全行为是复杂和动态的，具有多样性、目的性、计划性、可塑性，受个体安全意识水平的调节，受思维、意志、情感等心理活动的支配，同时也受社会心理和外界环境的影响。心理学研究指出，个体的态度、情绪、认知、行为是联系在一起的，态度、意识、知识、认知决定人的安全行为水平，因而人的安全行为表现出差异性。我们把个体按照其主动性高低分为高主动性个体、低主动性个体和一般主动性个体，讨论不同主动性个体在各影响安全生产行为因素方面是否不同，进而分析不同主动性个体安全生产行为差异表现。分析结果见表 7.1。

表 7.1　不同主动性个体安全行为差异

安全行为差异因素	高主动性个体	低主动性个体	一般主动性个体
安全意识	强	弱	一般
情绪	积极、波动大	易出现消极	稳定
自觉性	自主性	依赖性	纪律性
环境	主动适应环境	受环境影响大	与环境适应

7.3.3 风险决策相关理论

风险决策是心理学与经济学共同的研究领域，目的是解释并预测个体在特定的环境和条件下的风险决策。

风险是某种不确定性事件发生不利结果的可能性，具体包含三层含义，即不确定性是风险存在的必要条件，不确定性事件可能发生结果的双向性（有利结果和不利结果），风险事件不利结果发生的潜在性。风险对个体同时意味着损失与收益，一般而言，收益与概率呈负相关，与风险呈正相关，人们要获得较高的收益就必须承担较大的风险，因此完成的可能性较低；低风险则往往伴随着低收益，完成的可能性也较高。这就导致了人们内心的冲突，从而需要权衡各种可能的结果，作出决策，这就是我们所说的风险决策。

对于决策，通常存在两种决策情境：一种是确定性情境，该情境中的几种方案是确定的，个体根据主观价值判断作出决策；另一种是不确定性情境，该情境中的几个方案是不确定的，即每个方案的客观价值或获得概率是不确定的或两者都是不确定的。不确定情境中的决策又分为两类：一是概率已知的不确定性决策，通常称为风险决策；二是未知概率的不确定性决策，通常称为模糊决策。

耶茨和斯通斯（Yates & Stones，1992）提出风险要素理论，他们分析了风险在不同情景下的具体表现方式，指出风险由三个要素组成：损失或者赢利、损失或赢利的权重以及它们之间联系的不确定性。他们认为风险决策主要是在这三个因素中作出最佳的选择。谢晓非（1995）认为，风险决策是指决策者在面临两个及以上，不以决策者主观意志为转移的环境下，决策者根据自己的概率判断所作出的决策[279]。

风险决策应该满足以下四个条件：（1）决策者希望达到的目标明确；（2）存在两个及以上不同类型环境条件；（3）决策者在不能控制环境条件的前提下准确（或相对准确）地预知各种环境条件出现的概率；（4）存在两个或两个以上可供选择的方案。在风险决策中，各种环境的概率可以按经验或推理来确定[9]。

影响风险决策的因素。风险决策是人类赖以生存和发展的重大决策。国内外的研究者在风险决策理论的基础之上，逐渐关注和研究风险决策的影响因素。目前，影响风险决策的因素主要表现在两个方面：第一，框架效应、任务特征等的影响；第二，个体因素的影响，如风险偏好、决策风格、情绪和人格特质等。

（1）框架效应对风险决策的影响。人们在决策时会受到备择选项言语描述方式的影响，他们将这种由于描述方式的不同所导致的偏好逆转现象称为框架效应，且表现为受益时偏好保守而受损时偏好冒险的行为倾向。

（2）任务特征对风险决策的影响。任务特征（评估期与风险收益率等）对个体风险决策的影响中指出，评估期较长时，人们更偏好风险，风险收益率较高时，人们更偏好风险。谢晓非等（1995）发现，风险情景和个体对情景的可控程度会影响个体的决策行为，且成就动机作为较为稳定的个性特征对个体在风险情景中的反应方式和机会与威胁认知都有重要影响[279]。

（3）人格特质对风险决策的影响。研究者使用五大人格发现，人格和不同情境的风险决策有关。个体表现出来的总体冒险性和外倾性、开放性呈正相关，和神经质、宜人性、责任心则呈负相关。马奥尼等（Mahoney et al.，2011）的研究指出，经验直觉思维的个体比理性分析的个体表现出更强的风险偏好[289]。

（4）情绪对风险决策的影响。研究深入发现，情绪是个体决策的重要预知指标。研究发现，具有不同情绪的个体对风险知觉有不同的倾向。决策前已有的被诱发的情绪会对随后的风险决策行为产生影响，即使这些情绪与决策任务无关。毕玉芳（2010）考察具体情绪和框架效应对风险偏好的影响[290]，研究结果表明，正框架条件下悲伤比愉悦情绪诱发更强的风险偏好，负框架条件下则正好相反。

7.3.4 认知神经实验理论

（1）ERPs 原理。脑电（electroencephalogram，EEG）是由大脑皮层的神经元节律性电位改变引起的，有自发电和心理诱发之分，且多个神经元同步放电才可以被记录到。大脑放电过程不规则，脑电成分构成比较复杂。

ERPs 是一种特殊的脑诱发电位，是通过被赋予特定意义的给定刺激作用于感觉系统或脑的某一部位，在脑区引起的电位变化。它反映了认知过程中大脑的神经电生理的变化，也被称为认知电位，即人们对特定信息进行认知加工时，从头颅表面记录到的脑电位。ERPs 含有多种成分，不同的成分具有不同的生理、心理或认知含义。ERPs 信号微弱，其波幅通常小于 20 μV，隐藏在 EEG 中，通常通过叠加平均法从 EEG 中提取出来，ERPs 的波幅反映了认知过程的强度，潜伏期则反映了认知处理过程的时间进程[291]。

ERPs 有极高的时间分辨率，在时间精度可达到微秒级。ERPs 是刺激事件引起的实时脑电波，可以和反应时间（RT）很好地配合，所以 ERPs 与行为数据有密切关系，借此研究认知加工过程的规律，就可以对人的感知和认知过程进行直接测量。研究者们利用 ERPs 在受试执行某一行为方便地观察到与此活动相关的视觉或空间的神经活动化。

（2）与风险决策相关的脑电成分。ERPs 的电生理特征分析就是利用国际 10～20 扩展电极系统的 64 导电极帽从头皮表面进行脑电信号的采集，然后通过放大器将采集到的脑电信号进行放大、转化为数字信号，通过计算机记录下来，然后对记录下来的脑电信号进行降噪处理，得到相应对的 ERJP 成分，对 ERPs 成分的特征分析主要是从其头皮表面分布的位置、极性、潜伏期以及振幅四个方面进行描述。与心理因素关系最为密切的成分主要有 N1、P1、N2、P2、P3 和慢波（＞500ms，显著地持续基线偏差）。其中，N1、P1、P2 为 ERPs 的外源性（生理性）成分，受刺激物理特性影响；N2、P3 为 ERPs 的内源性（心理性）成分，不受刺激物理特性的影响，与被试的精神状态和注意力有关，且 P3 成分是 ERPs 研究领域中最典型、最常用的成分，它和认知过程密切相关，主要用于在决策过程中对认知功能的衡量（如对刺激评价和分类过程的反应等）。

P300 一般出现在刺激发生后 300ms 左右，因此而得名。最初的 P300 单波由萨顿等于 1965 年在 Oddball 实验模式下发现的。按照 ERPs 的成分划分方法，根据潜伏期的差异，P300 是一个晚期正相波，是被试在注意并辨认“靶刺激事件”时在头皮记录到的，在 Pz 点附近波幅最高。近年来发现 P300 不是一个单纯的成分，P300 波形可分为 P3a 和 P3b，P3a 反映了与信号评估的注意过程，是对信号的初始反映，而 P3b 反映了信号加工过程中的注意和记忆过程。P300 反映的是认知过程，由此产生两种解释：一种认为，P300 表示仅代表知觉任务的结束，另一种认为，P300 的潜伏期反映的是对刺激的评价或分类所需的时间，意味着 P300 用于研究脑的高级认知过程。由于 P300 相对较大的波幅以及较易诱发，被广泛应用于认知科学的研究中。大量的研究表明，P3 与风险决策的任务难度、主观概率、刺激的重要性、决策结果态度评价、决策信心、注意、记忆、情绪情感等因素有关[292]。在 P300 上，如果它体现了以赌注为参照点的相对数量的评价，且相对数量大的反馈比相对数量小的反馈诱发更大的 P300，表现出对于相对数量的敏感。

FRN 出现在刺激呈现后 250～300ms 达到最大值，是被试在结果反馈阶段观察到错误或者负性的反馈时在大脑前额叶区域出现的一个负极性的 ERP 波。研究表明，正性的反馈结果使得多巴胺增加，从而抑制前挺带回的活动，由此诱发出的 FRN 振幅就比较小；反之，出现负性的反馈结果不会使得中脑多巴胺神经细胞的电活动增加，ACC 活动较强，诱发了较大的 FRN 振幅电压值[293]。FRN 所反映的认知加工过程的探讨越来越多，目前主要理论解释是强化学习理论和情绪动机假说。大脑系统据此对正确反应和错误反应有一个提前的预警，然后根据反馈结果对预期进行调整反映了大脑活动对决策行为的一个动态学习过程，从而调整接下来试次中的决策行为。赌博实验中被测试不论输多还是输少，输钱的负性反馈都诱发了较大的 FRN，而反应正误引发的 FRN 很小或几乎没有负走向，说明了 FRN 对得失敏感，而对反应的正确错误不敏感。

本章从工业生产背景出发，引入了不同个体主动性的内涵，并从主动型、被动型和常规型三类不同个体主动性分析各自的特征，继而详细阐述了风险决策的概念及影响因素，在此基础上，建立了不同个体主动性与安全行为风险差异关系。通过对 ERPs 实验原理的介绍确定了借助 ERPs 实验进行研究不同主动性个体在相同刺激时作出的不同选择倾向。

7.4　不同主动性个体与安全生产行为风险关系的 ERPs 实验设计与实施

7.4.1　基于不同主动性个体特征的安全行为风险研究假设的建立

7.4.1.1　研究假设提出的依据

风险决策是指决策者在面临两个以上不确定的决策后果时，尤其是在面对伴有负面结果的可能性时所产生的复杂心理过程。1979 年，心理学家丹尼尔·卡尼曼和阿莫斯·特沃斯基在前人提出的期望效用理论的基础上通过大量心理学、社会学和经济学实验提出了现代决策研究领域中最具影响力的理论之一——“前景理论”，指出人类的理性是有限的，人们在判断与决策过程中存在着各种各样的主观偏差，决策者在判断、评价和决策过程中会受到心理、社会等因素的影响，进而产生情绪、认知等方面的偏差[1]。在面对安全生产风险决策时，个体在信息收集过程中会有选择性的接收相关信息，不同个体会有差异地选择重视某些信息，忽视某些信息，决策者对自认为重要的信息赋予了较高的权重，这会影响判断和最终决策；对于风险目标，不同的个体对于同一风险决策任务，具有不同的价值意义的风险目标，在对风险目标的主观效用与环境信息进行比较、评估之后，不同个体具有不同风险偏好，进而决定备择方案。

在风险情境中，影响风险决策的因素一方面基于任务特征、框架效应等环境条件，另一方面由决策者的人格特征、认知水平等决定。贝特曼和科兰特等在 1993 年的一项经典研究中指出，个体应分为主动型个体与非主动型个体。主动性个体较少受环境的约束，能识别有利机会，并采取一系列主动行为；而非主动性的个体却表现了相反的特征。在安全生产方面，个体对于不确定事件的行为倾向是不同的，即权衡各种可能的结果后，作出的决策是不同的[294]。

个体对风险事件或结果的倾向性是一种相对稳定的个性特征，Pratt 最早提出将风险决策偏好划分为三类：风险厌恶、风险中立和风险追寻。尼科尔森等发现，个体在不同情境决策下的冒险水平与人格的开放性、外向性呈正相关，不同主动性个体在对刺激信息的辨别、认知评价、记忆更新以及最终作出决策等认知加工过程存在明显差异：高主动性人格偏向于改变环境，具有积极努力的决策态度，而低主动性人格偏向于对困难妥协，有着消极被动的决策态度，不同主动性人格类型的被试在不同情绪状态下决策结果体现出明显差异。

由此，在基于不同主动性个体分类及特征的基础上，提出以下研究假设。

M1：高主动性个体更倾向于安全生产行为风险寻求。

M2：低主动性个体更倾向于安全生产行为风险规避。

M3：一般主动性个体更理性地分析身处环境，并作出中性选择倾向。

7.4.1.2 研究假设与实验假设的关系分析

风险决策行为受多种因素影响，个体主动性作为相对稳定的一种行为倾向，在安全生产中，主动性高低是影响个体作出风险决策的重要影响因素。个体主动性高低分为高主动性、低主动性和一般主动性，不同主动性个体行为存在差异，在风险情境下安全生产行为存在寻求或规避等不同倾向选择[295]。

本书将 ERPs 实验作为研究工具，选用与风险决策相关的 P300 和 FRN 进行研究。FRN 是在被试观察到错误反馈或者负性结果后、在 200 ~ 300ms、在前额叶出现的一个负性偏转的波形，主要分布在大脑的前额区，对负性反馈结果的评估敏感。在负反馈条件下，风险追求者和风险回避者在进行风险决策时诱发的 FRN 有差异，风险回避者的 FRN 波幅比风险追求者的更大，这是由于风险回避者在风险决策中倾向于回避风险，所以对负性反馈会更加敏感[296]。P300 是指出现在反馈相关负波之后

300 ~ 400ms 的晚期正电位，P300 对于反馈数量信息敏感而不受反馈的正负的影响，在风险决策中，大数量的反馈对风险追求者的吸引力可能会更大，因此 P300 的波幅会更大。研究假设与实验假设的关系如图 7.2 所示。

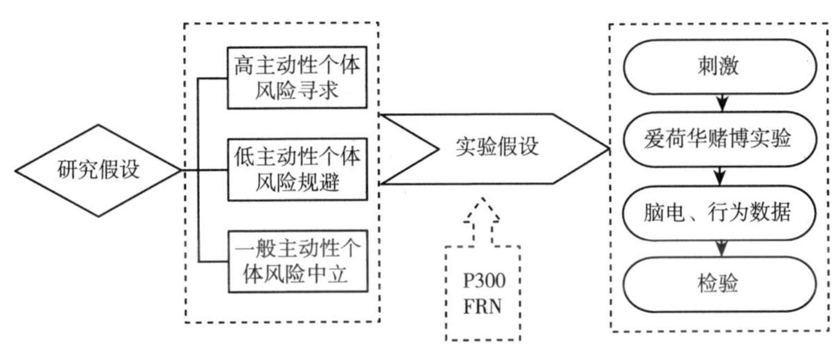

图 7.2　研究假设与实验假设的关系

7.4.2　实验设计

7.4.2.1　实验假设的建立

N1：不同主动性个体在风险情境下对正反馈激励时 P300 波形有差异，在低风险时表现更为突出。

N1.1：高主动性个体 P300 波形更显著。

N1.2：低主动性个体 P300 波形振幅较小。

N1.3：一般主动性个体 P300 波形介于两者之间。

N2：不同主动性个体在风险情境下对损失的负反馈激励激发的 P300 波形有差异，在低风险时表现更为突出。

N2.1：高主动性个体 P300 波形更显著。

N2.2：低主动性个体 P300 波形振幅较小。

N2.3：一般主动性个体 P300 波形介于两者之间。

N3：不同主动性个体在风险情境下对损失的负反馈激励激发的 FRN 波形有差异，在高风险时表现更为突出。

N3.1：高主动性个体 FRN 波形波幅较小。

N3.2：低主动性个体 FRN 波形波幅最显著。

N3.3：一般主动性个体波形差异介于两者之间。

7.4.2.2 实验范式设计

借助 ERPs 实验来研究风险决策，需要让实验参与者完成一项类似于游戏的简单任务，通过任务完成过程中被试的行为及脑电情况来分析参与者不同的反馈刺激。在经典心理实验范式中经常被研究者用到的是赌博式，神经科学领域爱荷华博弈任务（IGT）是一项检查情感性决策机制的常用实验范式。近期，大量研究在 IGT 究竟是模糊决策还是风险决策、与情绪和认知的关系、与工作记忆和陈述性记忆的关系以及 IGT 的神经网络与分子遗传机制等方面积累了丰富资料。已有研究表明，不同风险取向类型的个体在爱荷华赌博任务中的成绩和表现截然不同。典型风险趋向型个体在爱荷华赌博任务中倾向于更多地选择不利纸牌，其任务成绩显著差于典型风险回避型个体。

爱荷华赌博任务模拟现实生活决策情景设计的特点是既有奖励，也有惩罚，且奖惩具有不确定性。该任务包括四副纸牌，其中两副为即时奖励数量小、长远带来净收益的有利纸牌，两副为即时奖励数量大、长远带来净损失的不利纸牌。实验时屏幕中出现四副牌堆 1、2、3、4，要求被试在四副牌中任选一张点开，翻开的牌面上会显示收益或亏损，初始金额是 2000 金币，每次获得的收益会自动计入金额总数，每次损失也会计入金额总数。被试做此游戏的目的是尽可能多的获得金币，使自己的收益尽可能得多。被试不知道以下内容：第 1 副牌为亏损牌（期望为负），即每次点开都会获得 100 金币的收益，但是每 10 张牌中会随机出现一张牌来显示获得 100 金币的同时损失 1250 金币 < 概率 1/10 >；第 2 副牌为亏损牌（期望为负），即每次点开都会获得 100 金币的收益，但是每 10 张牌中会随机出现五张牌显示获得 100 金币的同时损失 250 金币 < 概率 1/2 >；第 3 副牌为赢利牌（期望为正），即每次点开都会获得 50 金币的收益，但是每 10

张牌中会随机出现五张牌显示获得 50 金币的同时损失 50 金币 <概率 1/2>；第 4 副牌为赢利牌（期望为正），即每次点开都会获得 50 金币的收益，但是每 10 张牌中会随机出现一张牌显示获得 100 金币的同时损失 250 金币 <概率 1/10>。牌 1 的损失频率高于牌 2，牌 3 的损失频率高于牌 4。实验以净收益、正负反馈后决策策略转换比例和不同奖赏金额及惩罚频率下的选牌数量等指标考察被试的决策行为特点，以实验过程中脑电数据为依据研究与决策有关的脑电成分 P300 和 FRN。实验程序如图 7.3 所示。

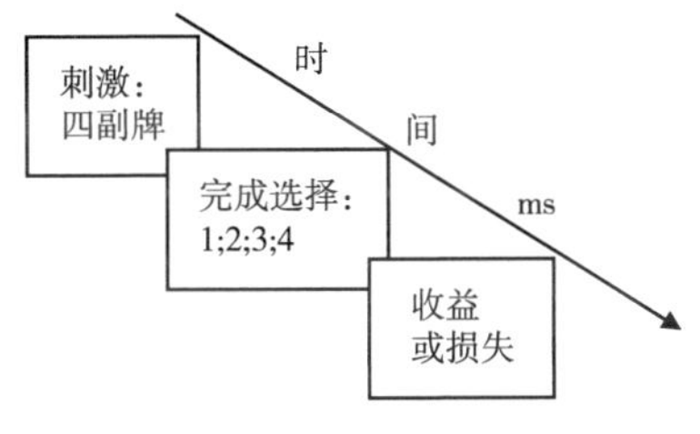

图 7.3　实验程序

7.4.2.3　实验流程设计

（1）被试。选择在校不同专业的学生 51 名，年龄为 17 ~ 25 岁，包括 32 名男性和 19 名女性。实验参与者均为右利手，无精神病史或大脑创伤，视力正常或矫正视力正常，所有实验参与者均为自愿，实验参与者在实验前阅读了实验指导，并签署了实验知情同意书，完成实验后获得相应报酬。

（2）实验准备工作。本实验的实验参与者首先需要填写 BIS-BAS 量表调查问卷以区分是高主动性、低主动性或一般主动性个体；实验之前，被试者在实验室洗漱间用专用的不含护发素的洗发水清洗头发，并将头发完全吹干；然后实验者将被试引入电磁屏蔽的实验间，被试坐于一张舒服的椅子上，佩戴电极帽、粘贴电极、注射导电膏，注射导电膏需要 15 ~ 30min，其间与被试聊天，使其放松心情，尽量保持心情平和，在不紧张的情况下开始实验；在等待的同时，给被试者提供实验过程的纸质解释文件，让其阅读，并向被试解释其任何疑问或问题；调整被试者视距在 1m

左右，将灯光调到被试舒服的程度。

（3）实验实施程序。实验指导语：现在你是某企业生产车间的一名员工，在工作过程中根据你对安全行为风险的识别和选择倾向进行奖励和惩罚，对应在翻牌过程中的收益和损失。准备好之后按“Enter”键开始实验。

练习：实验之前有 5 次翻牌的练习机会，使被试充分了解实验操作，需要重新练习键盘上的“5”键来返回初始练习界面，按“Enter”键进入正式实验。

正式实验：屏幕上方显示收益，初始金额 2000 金币，金额下方并排放置 4 副背面同色的牌，牌背显示数字“1、2、3、4”，按键盘上的数字 1、2、3、4 来对应每副牌，每次任意选择一副牌（按键同时翻页），牌翻开显示获得收益或损失，同时累计金额在屏幕上方，反馈界面呈现 600ms 自动进入下一次选牌。被试选够 50 次牌屏幕出现提示休息，按任意键继续实验。

实验结束：保存脑电数据，为被试摘除电极帽，感谢被试的参与。

7.4.3 实验数据处理与假设检验

7.4.3.1 脑电数据处理

实验时记录电极固定于 32 导电极帽，电极位置采用 10 ~ 20 扩展电极系统，同时记录左水平眼电和垂直眼电，鼻尖电极为参考，滤波带为 0.05 ~ 70Hz，采样频率为 500 Hz，实验时电极与头皮之间阻抗保持小于 5kΩ。对实验所得的脑电数据由 Scan4.5 软件进行放大和处理，对数据进行离线分析，分析时程设置为 500 ms，即刺激呈现前 100 ms 至刺激呈现后 400 ms。采用 Scan4.5 软件分析时包括以下步骤：去除坏段、去眼电、截取分析段（截取的是刺激呈现前 100ms 到刺激呈现后 400ms 的脑电数据）、基线校正、去伪迹、滤波（滤波参数设置为低通滤波，频率为 20Hz）、分类叠加平均等[45]。

基于文献研究风险决策所选 FZ、FCZ、CZ 电位分析 FRN、P300 电信号，FZ、FCZ、CZ 三个电极在脑部额区和中央顶区中线处，主要收集记录前扣带回和内侧前额叶位置产生的 P300 和 FRN 信号，脑电极如图 7.4 所示。将 FRN 定义为反馈刺激出现后 200 ~ 300ms 内出现的最大负波，如果 200 ~ 300 ms 内没有出现 FRN，或者只有正波的情况，则 FRN 值记为 0。将 P300 定义为 300 ~ 400 ms 内出现的最大正波。

采用 SPSS 15.0 统计软件进行显著性检验和采用重复测量方差统计分析方法对实验参与者的各种反应的行为数据进行处理与分析。

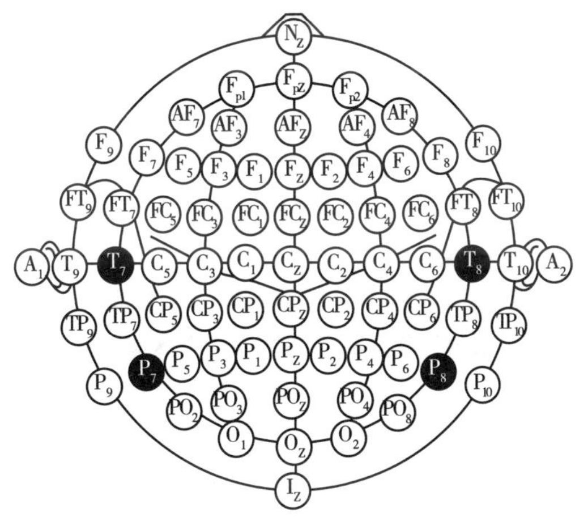

图 7.4　脑部电极

7.4.3.2　ERPs 数据输出

实验采用爱荷华赌博任务经典实验范式来研究不同主动性个体在风险情景下安全生产行为风险差异，以往学者借助此实验范式进行研究时大多设计 100 次选择，本实验对此进行改进增加到 400 次，主要是考虑被试在前期选择是对所处情境的模糊判断，即作出的是模糊决策。通过观察分析高主动性个体、低主动性个体和一般主动性个体在实验中的行为数据，被试平均在前 40 次选择时没有规律，为模糊决策判断。在风险决策选牌时，高主动性个体更倾向于选择风险较大同时获益比较大的；低主动性个体更多地选择保守即使获益较小的，而且一般不会连续选择损失的。一般主动性个体两者兼具，在经过更理性分析后作出选择。

如图 7.5 所示，实验结果为损失的不同主动性个体波形。其中，细线表示负反馈刺激诱发的脑电波形；粗线表示正反馈刺激诱发的脑电波形；刺激出行后 200～300ms 的负波为 FRN；刺激出现后 300～400ms 的正波为 P300。

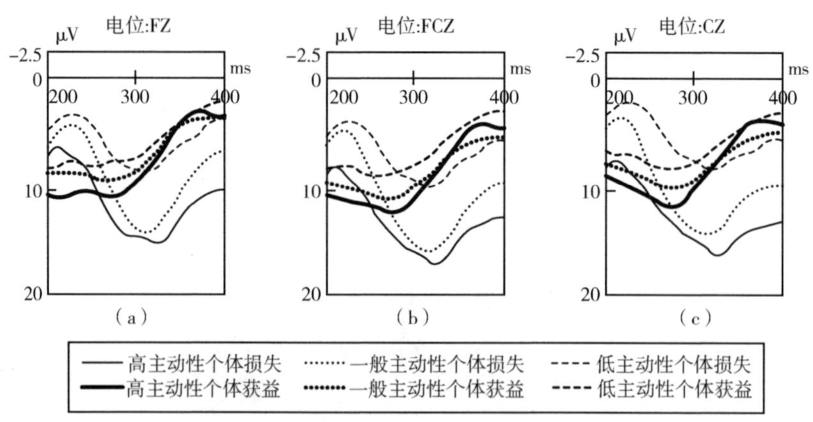

图 7.5　结果为获益的不同主动性个体风险差异比较

如图 7.6 所示，实验结果为获益的不同主动性个体波形。其中，细线表示负反馈刺激诱发的脑电波形；粗线表示正反馈刺激诱发的脑电波形；刺激出行后 200～300ms 的负波为 FRN；刺激出现后 300～400ms 的正波为 P300。

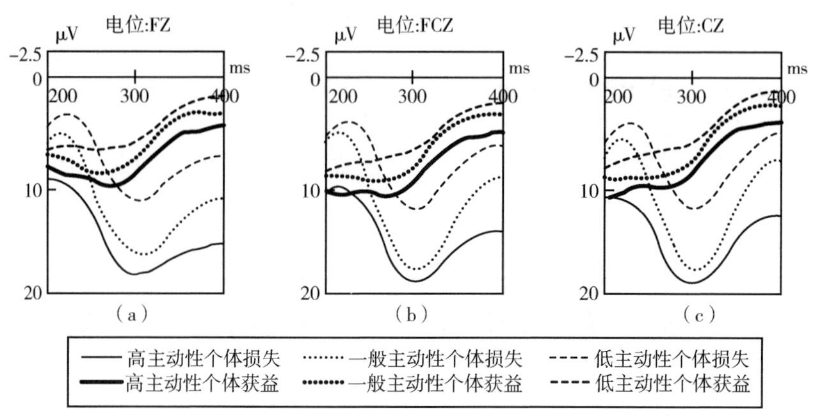

图 7.6　结果为损失的不同主动性个体风险差异比较

在实验过程中，高风险选择的不同主动性个体波形如图 7.7 所示。其中，细线表示负反馈刺激诱发的脑电波形；粗线表示正反馈刺激诱发的脑电波形；刺激出行后 200～300ms 的负波为 FRN；刺激出现后 300～400ms 的正波为 P300。

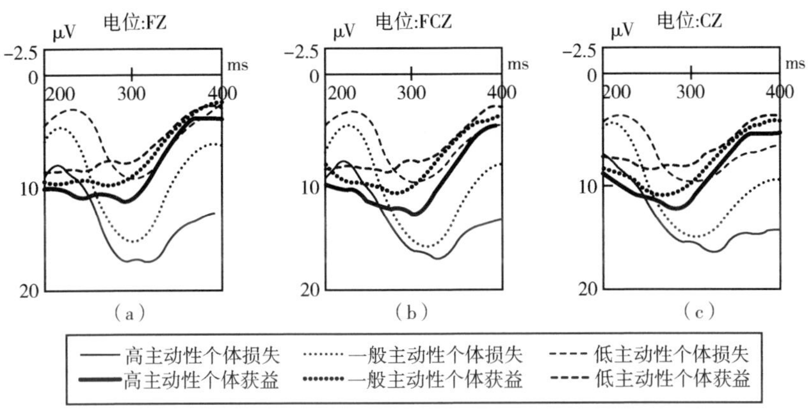

图 7.7　高风险情境下的不同主动性个体风险差异比较

在实验过程中，低风险选择的不同主动性个体波形如图 7.8 所示。其中，细线表示负反馈刺激诱发的脑电波形；粗线表示正反馈刺激诱发的脑电波形；刺激出行后 200～300ms 的负波为 FRN；刺激出现后 300～400ms 的正波为 P300。

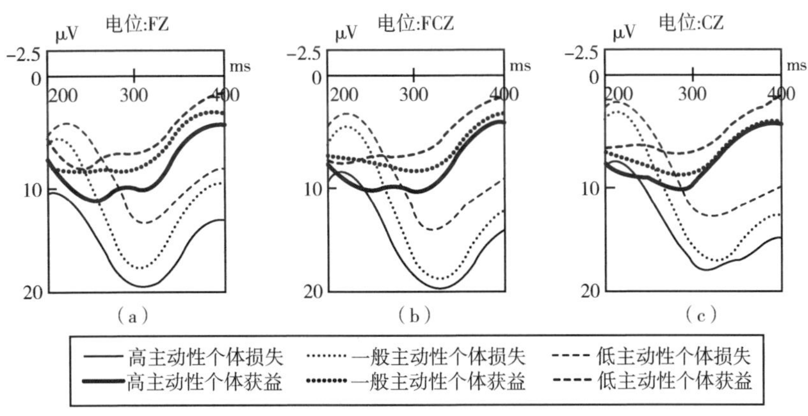

图 7.8　低风险情境下的不同主动性个体风险差异比较

7.4.3.3 假设检验

对实验中P300振幅的3（高主动性个体、低主动性个体、一般主动性个体）×4（刺激类型：正回报获益、负回报获益、高风险获益、低风险获益）×3（电极位：FZ、FCZ、CZ）的重复测量方差分析结果显示：刺激度的主效应显著（$F(1,16)=7.437$，$P=0.003<0.05$），相对不同主动性个体而言，高主动性个体对于正激励的反馈刺激引起更大振幅的P300，与假设N1.1相符，具体见表7.2。

表7.2　实验正反馈P300重复测量方差主体内效应检验结果

效应		Ⅲ型平方和	df	均方	F	Sig.	偏Eta方
刺激类型	采用的球形度	2876.104	2.000	1438.052	7.437	0.003	0.403
	Greenhouse-Geisser	2876.104	1.928	1491.965	7.437	0.004	0.403
	Huynh-Feldt	2876.104	2.000	1438.052	7.437	0.003	0.403
	下限	2876.104	1.000	2876.104	7.437	0.020	0.403

对实验中P300振幅的3（高主动性个体、低主动性个体、一般主动性个体）×4（刺激类型：正回报损失、负回报损失、高风险损失、低风险损失）×3（电极位：FZ、FCZ、CZ）的重复测量方差分析结果显示：刺激度的主效应显著（$F(1,16)=42.139$，$P=0.000<0.05$），相对不同主动性个体而言，高主动性个体对于负激励的反馈刺激引起更大振幅的P300，与假设N1.2相符，具体见表7.3。

表7.3　实验负反馈P300重复测量方差主体内效应检验结果

效应		Ⅲ型平方和	df	均方	F	Sig.	偏Eta方
刺激类型	采用的球形度	18107.701	2.000	9053.850	42.139	0.000	0.793
	Greenhouse-Geisser	18107.701	1.762	10277.597	42.139	0.000	0.793
	Huynh-Feldt	18107.701	2.000	9053.850	42.139	0.000	0.793
	下限	18107.701	1.000	18107.701	42.139	0.000	0.793

对实验中FRN振幅的3（高主动性个体、低主动性个体、一般主动性

个体）×4（刺激类型：正回报获益、负回报获益、高风险获益、低风险获益）×3（电极位：FZ、FCZ、CZ）的重复测量方差分析结果显示：刺激度的主效应显著（F（1，16）=10.339，P=0.001 <0.05），相对不同主动性个体而言，低主动性个体对于负激励的反馈刺激引起更大振幅的FRN，与假设 N1.3 相符，具体见表 7.4。

表 7.4　　实验负反馈 FRN 重复测量方差主体内效应结果

效应		Ⅲ型平方和	df	均方	F	Sig.	偏 Eta 方
刺激类型	采用的球形度	3891.175	2.000	1945.587	10.339	0.001	0.485
	Greenhouse-Geisser	3891.175	1.708	2278.653	10.339	0.001	0.485
	Huynh-Feldt	3891.175	1.990	1955.341	10.339	0.001	0.485
	下限	3891.175	1.000	3891.175	10.339	0.008	0.485

本章具体介绍了对实验脑电数据的处理方法，包括脑电数据的提取及分析、显著性检验等过程。通过对不同主动性个体的 P300 和 FRN 脑电成分进行分析，都通过了显著性检验，证明了以上所提的实验假设。在风险情境下，负反馈刺激能诱发更显著的 P300 和 FRN，且高主动性个体差异最显著；在高风险情境下，高主动性个体能诱发更大的 P300 正波和 FRN 负波；在低风险情境下低主动性个体能诱发更大的 P300 正波和 FRN 负波。这揭示了不同主动性个体在风险情境下行为和选择倾向的差异，对企业和员工个人的安全生产和安全行为研究提供了认知科学的理论依据。

7.5　针对不同主动性个体与安全生产行为风险关系建议

不同主动性个体在工作和安全生产中有不同的行为倾向，企业的安全管理对策必须根据员工自身的认知特征进行规划调整。因此，对不同主动性员工进行各自适合的安全管理，采取不同的方式规避安全风险是个体和企业安全工作取得成功的关键。

7.5.1 ERPs 实验结果讨论

（1）实验 P300 波形讨论分析。P300 是与注意、加工能力、动机以及任务难度相关的一个内源性成分，与个体认知活动关系密切，是对刺激信息进行认知评价、加以决策及记忆更新等认知过程密切相关的 ERP 成分。所以，P3 成分能够较为清楚地表明不同情境下不同风险决策行为的认知加工特点和差异。由脑电数据可知，在风险情境下，不管是获益的正反馈还是损失的负反馈均能在 300～400ms 间诱发较大的 P300 波幅，没有明显差异说明在风险决策中对奖赏的效价不敏感。

对正反馈下 P300 的峰值进行任务（高主动性个体、低主动性个体、一般主动性个体）、结果（正回报获益、负回报获益、高风险获益、低风险获益）和位置（FZ，FCZ，CZ）的三因素多重方差发现分析任务主效应显著，对负反馈下 P300 进行分析得出了一致的结果。由以往研究可知，在风险情境下，风险寻求 P300 波幅显著高于风险规避 P300 波幅，这是因为作出风险寻求决策时被试注意力更为集中，动机增强，付出的认知努力程度较高，对于可能性获益或损失有强烈的认知感。由上述分析知，高主动性个体的 P300 波幅大于低主动性个体和一般主动性个体的 P300 波幅，因此高主动性个体更倾向于风险寻求。

（2）实验 FRN 波形讨论分析。由脑电数据可知，在风险情境下，获益的正反馈没有诱发明显的 FRN；而在损失的负反馈出现 250～350ms 时诱发明显的 FRN，且在高风险情境下更为突出。根据以往研究可知 FZ、FCZ、CZ 能明显反应 FRN 的波幅，对 FRN 的峰值进行任务（高主动性个体、低主动性个体、一般主动性个体）、结果（正回报损失、负回报损失、高风险损失、低风险损失）和位置（FZ，FCZ，CZ）的三因素多重方差发现分析任务主效应显著，低主动性个体的 FRN 波幅大于高主动性个体和一般主动性个体的 FRN 波幅。FRN 对得失敏感，出现负性的反馈结果不会使得中脑多巴胺神经细胞的电活动增加，ACC 活动较强；在负反馈刺激下，一般的个体都会诱发出 FRN 成分，而风险回避者在风险决策中倾向于回避风险，负性反馈会更加敏感，低主动性个体诱发的更大波幅的 FRN 说明低主动性个体更倾向于风险规避。

7.5.2　针对不同主动性个体规避安全生产行为风险的建议

（1）基于不同主动性个体特征提出的员工招聘和组建团队的建议。在招聘员工时，应对员工主动性的高低有一个明确的了解。高主动性个体有活泼、好动、积极、工作热情饱满，安全意识较强的优势，但也存在容易盲目自信、情绪不稳定等不足，在选择职业时应该考虑自身特征，倾向于从事情绪波动对安全生产行为风险影响不敏感的工作。低主动性个体行为被动、行动犹豫，在工作中表现为缺乏主动探求机遇、规避挑战，但是不主动冒险也避免了因冲动而遭受的事故，适合于做一些细致、规矩的工作，所受到安全行为风险小。一般主动性个体可能表现为遵章守纪、动作及行为可靠安全，在工作中坚持不懈、有条不紊，但环境变化的适应性差。不同主动性个体特征对人的安全行为有很大的影响，每个人都有不同的特点和对安全生产工作的适宜性[298]。因此，在工种排班、班组建设时要根据实际需要和员工个人特点进行合理选择[299]。

（2）建立不同主动性个体企业人员安全生产培训制度。安全生产培训是以提高安全生产运作效率为目的的职业培训，主要为了增强企业人员安全生产风险知识和风险防范意识与技能，预防各类事故的发生；安全生产培训工作作为安全管理的重要环节，为企业安全工作的顺利进行提供有力保障[48]。但由于企业职位、员工具有多样化的特征，企业安全管理的培训工作存在培训模式比较单一。应根据不同主动性个体特征对其进行针对性培训，不仅要在员工的招聘环节中关注个体的主动性水平，在培训过程中也要对高主动性、低主动性及一般主动性进行侧重点不同的培训：对高主动性个体进行合理的引导培训，使得员工不断发掘自身的能动意识，提高自觉抵制不安全行为的能力；对于低主动性个体则以一旦发生不安全行为就会受到相应惩罚为线索，预防被动型员工在安全工作中有消极的表现，培训的内容应注重与员工进行交流与沟通，采用案例讲解、现场参观、事故分析、经验交流等方法，增加企业内部及同行业发生的事故教训分享内容，突出造成的损失后果及惩处结果[49]。由于一般主动性个体受规制型动力要素的作用最多，因此在安全生产培训过程中，应该有针对性地加强对企业人员安全本能的强化，尽量激发企业人员的原始安全需求，同时要加强企业人员的责任感、荣誉感和企业认同感的教育，使这些社会道德情感能够始终伴随企业人员的安全生产活动。另外在培训内容上，可以适当强化引导型动力要素的作用，通过教育培训，循序渐进，增强低主动性和一般主动性员工的主动性，使其向高主动性个体发展，使得员工整体安全风险意识增强，使企业的安全管理效率不断提高[50]。

7.5.3 针对不同主动性个体安全生产行为激励方式的选择

对于安全生产，如果仅采用制度化的方式，以规章制度来管理约束人，则只能解决部分问题。激励是指在人的行为规律的基础上，管理者运用行之有效的方法和措施，最大限度地激发人的积极性、主动性和创造性。并且，激励方式的选择对员工的工作表现及实现企业整体的安全管理目标起着决定性的作用[51]。由于不同主动性个体对于奖赏惩罚敏感性不同，在实行激励时对于不同主动性个体采取相应不同的激励方式取得的效果更好。针对主动性个体惊喜的激励方式更能引起注意，所以应因时制宜地、灵活地给予员工激励，调动其积极性。针对低主动性个体，应采取负激励，即大量违规行为必须受到惩罚以敦促员工更好地执行企业安全管理制度，对员工的不安全行为起到威慑与矫正作用，化消极为积极[300]。针对一般主动性个体，应采取积极的正激励方式，对其规范行为进行金钱和荣誉上的奖励。只有对不同主动性个体进行不同的激励方式才能使个体有效避免安全生产行为风险所引发的安全事故，提高安全生产效率[297]。

本章通过对脑电实验数据的分析讨论，以不同主动性个体风险差异为基础，从员工个体和企业两方面出发，为安全生产行为和安全管理实践提供参考和依据。由此建议员工在择业生产合作过程中，注重个体主动性水平，作出理性合适的选择。在企业中，建立不同主动性个体企业人员安全生产培训制度，针对不同主动性个体安全生产行为选择不同的激励方式。

7.5.4　关于不同主动性个体安全生产行为风险差异的研究结论

个体安全生产行为是企业安全运营的基础，针对不同主动性个体进行安全生产行为风险识别对有效预防安全事故的发生和促进我国企业安全生产管理的发展及完善具有重要作用。具体得出以下结论。

结论一：本书识别确认了在安全生产中主动性个体倾向风险寻求，被动型个体倾向于风险规避，一般主动性个体更倾向于中性选择的行为差异。在介绍不同主动性个体的分类依据、概念内涵和认知特点、风险决策的定义和影响因素等的基础上，总结了不同主动性个体在行为表现上的差异，从而得出不同主动性个体在面对安全生产风险时表现出的行为选择的倾向差异，进而为安全生产管理研究提供理论依据。

结论二：本书将爱德华赌博实验应用于安全生产情境下，借助 ERPs 实验并根据前人在神经认知实验领域的研究成果，确立了与风险决策相关的脑电成分——FRN 、P300，由研究假设抽象出实验的假设，通过对 ERPs 实验脑电数据的分析，以下实验假设被证实：不同主动性个体在风险情境下面对反馈激励时 P300 波形、FRN 波形有差异，高主动性个体 P300 波形更显著；不同主动性个体在风险情境下对损失的负反馈激励激发的 FRN 波形有差异，低主动性个体 FRN 波形波幅最显著，在高风险时表现更为突出。实验数据的处理结果都通过了显著性检验，由此确立了不同主动性个体在安全生产行为风险方面的认知差异。

结论三：本书提出了不同主动性个体识别安全生产行为风险及有效避免安全生产事故的对策建议。首先，对员工主动性水平高低应该有一个清醒的认识，安排适合其认知特征的岗位，并由此合理组建团队；其次，针对不同主动性个体，企业在安全管理培训制方面，对于高主动性个体进行合理的引导培训，对于低主动性个体进行发生不安全行为受相应惩罚的培训方式，对于一般主动性个体进行规制型安全生产培训。在此基础上，对高主动性个体采用惊喜的、灵活的激励方式，对低主动性个体采用以惩罚为主的负激励方式，对一般主动性个体则采用积极的正激励方式效果显著。

基于 ERPs 实验的不同主动性个体安全生产行为风险差异识别的研究为企业安全生产和风险管理奠定了理论基础，开辟了新的研究思路。选题是在实验条件下进行的安全生产管理激励研究，与真实的安全生产管理环境有出差别，实验结论更适用于解释实验条件下的安全生产行为风险建议。接下来可以从实证角度进行研究分析，对不同主动性个体安全生产行为风险建议的实施效果进行检验，在实践中完善。

第 8 章　提升个体安全生产行为主动性水平的管理建议

在不同主动性个体安全生产行为演化的过程中，划分了两个阶段：第一阶段安全被动行为向安全服从行为演化；第二阶段安全服从行为向安全主动行为演化。在演化的过程中，不同的个体行为是关键要素，个体心理特征决定其行为特征，安全主动行为被广为提倡和引导，安全服从行为和安全被动行为还具有提升和改进的空间，工业企业组织可以在导向、激励和应急等方面提升个体安全生产行为主动性水平。

8.1　不同主动性个体安全生产行为演化机理结果解析

个体与行为、行为与环境、个体与环境之间均存在关系，可形成一个闭环的态势。个体心理特征、个体安全行为、组织安全管理与外部环境因素可分别看作个体、行为、环境在安全生产中的延伸。

8.1.1　不同主动性个体安全生产行为演化影响机理结果解析

影响机理即通过内外要素影响关系来描述演化过程，是演化发生影响层面的理由和道理。影响机理研究处于“个体—行为—环境”关系中个体和环境对演化的影响分支上，即通过对个体层面因素和外部环境层面因素对不同主动性个体安全生产行为演化的影响作用开展研究。由第 3 章、第

4 章的分析及实证可知，不同主动性个体安全生产行为演化受到来自内部和外部相关因素的影响。

以个体主动性作为内部影响因素，解析结果：个体主动性对安全生产行为演化存在正向影响关系；计划行为三要素是个体主动性与行为意向间的中介变量；行为意向是计划行为三要素与安全生产行为演化间的中介变量；人—组织匹配增强个体主动性与安全生产行为演化间的正向影响关系。以扎根理论识别群体、组织、环境的关键外部影响因素，解析结果：除了工作压力源对演化第一阶段和管理者行为对演化第二阶段理论假设没有通过验证外，其余假设经检验后均成立。其中，群体规范对个体安全生产行为演化有影响作用；群体凝聚力对个体安全生产行为演化有正影响作用；组织关怀与怜悯对个体安全生产行为演化有正向影响作用；安全允诺对个体安全生产行为演化有正向的影响作用；安全规程对个体安全生产行为演化有正向的影响作用；安全激励对个体安全生产行为演化有正向的影响作用；安全交流对个体安全生产行为演化有正向的影响作用；安全培训对个体安全生产行为演化有正向的影响作用。

应当重视以个体主动性等内因和以群体、组织、环境等外因对演化的影响。注重在组织中对人区别管理，注重对外在环境因素的把控，注重外因通过内因起作用。不同主动性个体安全生产行为演化影响机理的研究着重把静态影响结构呈现出来，在工作场所中，应发挥这种静态影响结构的导向作用，指引员工和组织作出正确的选择。具体地，可从建设个体主动性监测机制和建立差异化人岗匹配机制入手，提升不同主动性个体安全生产行为主动性水平，提升企业安全生产绩效。

8.1.2 不同主动性个体安全生产行为演化动态机理结果解析

动态机理即通过个体与组织动态关系来描述演化过程，是演化发生动态层面的理由和道理。动态机理研究处于“个体—行为—环境”关系中个体行为和组织管理对演化的影响分支上，即通过对具有主动性差异的员工个体行为与企业安全管理模式互为作用对演化过程的影响进行研究。

解析结果：对于演化第一阶段，个体采取安全行为决策比例与组织采取规制型安全生产管理模式决策比例相关。个体是否采取安全服从行为会直接受到组织是否采取规制型安全生产管理模式的影响。组织惩罚型安全生产管理模式需要支付罚金的数学期望大于安全生产管理模式转化的实际投入与转化后的安全效应增量的差值；个体安全服从行为受到消极心理效应小于其安全收益。组织、个体利益相关者能够达到理想状态，组织规制型安全生产管理模式、个体实施安全服从行为的理想安全生产状态。对于个体安全服从行为积极心理效应，在一定范围内，个体获得积极心理效应增加，促进两方向理想状态演化。但是积极心理效应太大时，两方无法达到理想状态。对于演化第二阶段，个体采取安全主动行为决策比例与组织采取激励型安全生产管理模式决策比例相关。组织规制型安全生产管理模式需要支付罚金的数学期望大于安全生产管理模式转化的实际投入与转化后的安全效应增量的差值；个体安全主动行为受到消极心理效应小于其安全收益。组织、个体利益相关者能够达到理想状态，即组织激励型安全生产管理模式、个体实施安全主动行为的理想安全生产状态。对于个体安全主动行为积极心理效应，在一定范围内，个体获得积极心理效应增加，促进两方向理想状态演化，但是积极心理效应太大时，两方无法达到理想状态。

应重视个体不同安全生产行为与组织不同安全生产管理模式的交互作用对演化的影响。组织应注重员工在安全绩效中的收益，注重了解员工安全心理状态积极与否，注重安全生产管理模式变革；员工行为随组织安全生产管理模式变革下的行为变化。应当从不同主动性个体安全生产行为演化动态机理中总结激励手段，在约束型安全管理模式下改进安全被动行为，在规制型安全管理模式下提升安全服从行为，在引导型安全管理模式下保持安全主动行为。

8.1.3　不同主动性个体安全生产行为演化认知机理结果解析

认知机理即通过人脑前注意与自动化加工认知关系来描述演化过程，

是演化发生认知层面的理由和道理。认知机理研究处于“个体—行为—环境”关系中个体和行为对演化的影响分支上，即通过工作场所实际模拟操作实验来探究脑神经机理、安全报警信号对不同主动性个体安全生产行为演化的影响。

人对报警信号反应存在于前注意过程中，相对于单维视觉刺激物属性的信息编码，多维视觉刺激物属性的信息编码显著降低了人的反应时间，增强了人的反应强度，三种刺激类型的报警信号引发的视觉失匹配的强度不同，朝向类型的报警信号引发的视觉失匹配强度最大，依次为形状类型的报警信号引发的纯视觉失匹配、颜色类型的报警信号引发的纯视觉失匹配，不存在不同个体对不同类型报警信号在颜色、形状和朝向上的差异，低主动性个体诱发 vMMN 的潜伏期更长一些，即低主动性个体对安全报警信号的反应时间更长，高主动性个体在实际操作背景下对突发情况时诱发的 vMMN 潜伏期最短，即高主动性个体对安全报警信号反应时间最短。

应重视安全生产实际操作环境中个体心理与个体行为变化对演化的影响。组织应当注重对工作场所操作环境的改善，使人工作时在人体工程学、工效学等方面与环境的产生较好地契合。选择适当安全报警信号能够提升个体应对突发状况的应急能力，提升其应急中安全生产行为主动性水平。应当组织应急培训与演练，事前准备和控制安全事故的发生，使员工在学习中提升自身安全生产行为主动性水平，有利于组织安全生产建设。

8.2 不同主动性个体安全生产行为演化的导向建议

8.2.1 实施个体主动性考察监测机制

个体主动性水平是安全生产行为演化的关键内因；群体、组织和环境影响是安全生产行为演化的关键外因。在安全生产行为缓慢复杂的演化过程中，组织应时刻关注组织成员个体主动性水平的高低，这有利于组织安全生产的顺利进行和长久发展。当员工普遍出现较低主动性的工作态度及行为时，可能会对组织安全生产置若罔闻，可能会作出不安全行为或安全被动行为。组织应当采用适宜方式来遏制不良循环，在“以人为本”的现代化安全管理趋势下，安全生产行为应向充分发挥人的主动性方向演化。安全生产行为演化是在员工主动性水平提升的前提下发生的，也就是说，个体心理特征的变化带动个体行为的变化。

实施个体主动性考察监测机制。企业对员工设立可对其主动性水平进行测量和监控的智能设施，采用电脑智能模块建立大测量平台，收集不同主动性个体在监测下的大数据并保存，进而优化和完善数据库，为提升个体安全生产行为主动性提供助力。智能系统对企业员工特征进行测量，可将测量分为总体测量和分体测量，其中，分体测量包括分体区域测量和个体测量。总体测量是指对企业内部所有员工进行行为主动性水平的测量；分体区域测量是指对企业内各部门员工进行行为主动性水平的测量；个体测量是指对企业内员工个体进行行为主动性水平的测量。测量系统将从个体到部门到整个组织获得的数据纳入一个强大的后台计算系统，可做图表和数据分析。该测量系统能够使组织及时掌握现有情况，观察组织内员工个体安全生产行为水平的变化，依据实际作出相应决策，有利于不同主动性个体安全生产行为演化的顺利进行。

8.2.2　建立差异化人—组织匹配调节机制

建立基于差异性人—组织匹配调节机制。基于个体的主动性水平推动工作人员与工作岗位的关联性。员工调节机制是指按照工作岗位的实际状况以及工作人员的主动性水平，针对工作人员进行划分、筛选等，以促进工作人员与工作岗位相匹配。不同主动性个体被要求与不一样种类的主动性个体安全生产活动存在高水平的互动，就要求企业针对不同个体设立不同的管理目标。依据员工主动性水平高低，进一步明晰其应在岗位安全生产活动中所应承担的工作内容和责任，这就需要一个高效率、科学、合理的安全生产管理方式。大多数企业的内部工作人员在进行很大的程度上都比较注重员工所拥有的工作常识、工作经验、应急反应等，对员工的选择应当依据企业工作特性（如高危企业的工作特性要求员工时刻保持警觉和时刻准备应对突发状况），此时应选择安全主动行为水平较高的人来匹配特定岗位，关键来考核应聘工作人员的有关知识水平以及专业性技能水平。然而，这样的选择在很大的程度上忽视了工作人员自身的特点，特别是个体的主动性能够针对安全的生产活动产生非常严重的作用，这会给企业进行的安全生产管理工作带来非常巨大的风险。

基于差异性工作人员调整匹配来驱使个体安全生产互动。关键涵盖了下面几点：根据主动性的水平来针对工作人员的划分、按照工作人员的主动性水平和工作岗位的匹配情况进行评估、审核，连续的针对工作人员的主动性水平和工作岗位的工作内容所存在的匹配情况进行完善与调动。在工作人员的划分之中，企业能够根据工作人员的主动性检测水平以及现实的需求针对求职人员的招聘。为了确保企业的安全生产活动的管理水平与安全生产内容的达成能够在进行招聘的时候设立标准，也就是满足条件的直接录用，不满足的直接筛掉。工作人员进入企业工作之后需要在很长的时间里进行持续性的考核，针对企业安全生产活动中所存在的主动性水平进行评估，而且按照工作人员的主动性水平及自身的安全生产活动的关键因素进行不断地激励与培训。这在很大的程度上可以确保工作人员自身的主动性水平得到快速的提升，进一步匹配所处岗位的工作内容，还有就是可以使工作人员的主动性上升到更高的水平。如果工作人员的主动性水平在很大的程度上不可以适应这一个工作岗位的工作内容，则要针对该情况将工作人员调动到与之匹配的工作岗位之中。差异性的工作人员调整与匹配能够把工作人员的主动性水平和工作岗位的内容进行匹配，按照工作人员的主动性水平承担和自身水平相当的工作岗位，确保了工作人员自身的特点可以和所处的工作岗位进行对应，不仅规避了资源的浪费，还保证了安全生产的管理效果，进而推动不一样的主动性工作人员进行安全生产活动的过程。

8.3　不同主动性个体安全生产行为演化的激励建议

8.3.1　约束型安全管理模式下改进安全被动行为

低主动性个体在组织中是不太被看好的，这主要源于其心理消极、被动的特征。因其不愿活跃于组织的各项安全建设，甚至可能触及组织安全规范底线，势必阻碍安全生产的高效进行，使得组织更应重视对其的管理。尽管这类个体的存在并不多，但为应对其行为给组织带来的影响应当探寻有效的管理方式。安全被动行为是安全生产中不提倡的一类行为，其是在安全生产活动中实施的与安全主动行为相反的，受到强制压力而被动采取的、满足安全生产行为最低要求的行为。约束型安全生产管理模式以德国、美国、荷兰有关企业为代表，它们在管理方式上主要突出了惩罚约束手段，如以法治企、安全生产活动先与组织其他活动，被放置于企业运行最重要的地位，可见企业对安全的重视、对员工安全行为的重视、对员工安全管理的严格。约束型安全生产管理模式以严厉的约束和惩处为主要手段，对“以人为本”理念体现的并不充分，而低主动性个体倾向于安全被动行为，在惩罚约束型安全管理模式下能够改进其安全行为，强压下迫使低主动性个体替身安全生产行为主动性水平。该模式要求对低主动性个体的行为始终处于监控之中，发现其懈怠散漫就要对其实施一定的惩罚加以为戒，而低主动性个体在严厉的管理手段下只能被迫遵从。尽管严格的批评与打击可能会造成员工自尊损伤，而且约束惩罚也不是对低主动性个体的唯一管理方式，但此模式对于消极被动的员工来说的确能对其产生安全被动行为的收敛，并趋向于安全服从行为，只有这样才能免于受到更多的严厉惩处，此时低主动性个体会自觉地寻求出路使自己心理舒适，这个出路就是将自己的安全被动行为向安全服从行为转化。

8.3.2 规制型安全管理模式下提升安全服从行为

一般主动性个体在工作中表现为冷静、谨慎和独善其身，不主动不被动，代表了当今社会大多数工作场所的员工特性。个体在组织日常安全生产活动中能够严格按照既定安全规章和规范达成组织安全目标，并保证安全生产顺利进行的行为。通常情况下，安全服从行为能够确保企业安全生产的有序正常运行，但是若一些条件发生改变，安全服从行为也可能倒退，向安全被动行为演化，如一些企业安全规制松散、安全规章制度不明确、安全责任不明晰、安全奖惩混乱等。在企业安全管理不善的条件下，安全服从行为缺少了服从依据，可能会带来糟糕的后果。规制型安全管理模式遵从对科学、规范的规章制度的制定，而被管理的安全工作人员严格遵守企业的规章制度。这种模式要求企业高层要依据法律法规和企业实际安全生产情况制定科学、合理、规范的安全章程。职业安全健康管理体系将企业安全活动相关人员职责进行划分，要求安全管理者以身作则，制定章程、按章执行，安全监督者公平监管公正奖惩，安全被管理者以安全规章为准实行日常工作任务，安全评审者评价规章实施效果和企业安全建设效果，完善相关规定。这样一个具有动态新的管理方式能够保证企业安全生产的顺利进行。有章可据、有法可依，对一般主动性个体来说是最好的管理方式。国际劳工局同时呼吁企业对日常安全生产应做到三类检查：其一，对违章行为的事实时时监控，遏制其发展；其二，减少消极被动安全行为产生并发展；其三，降低工作场所人物协调风险。规制型安全管理模式下，提升安全服从行为是合适的、科学的。为了避免安全服从行为的倒退演化，良好的规制型模式可以让一般主动性个体在工作场所的工作更加舒适，让其在与环境相契合、自愿遵守安全生产行为的同时，激发其行为主动性，参与到企业安全生产建设中，使其安全服从行为逐渐向安全主动行为演化。

8.3.3 引导型安全管理模式下保持安全主动行为

高主动性个体是不需要外力推动提前或超额完成工作任务、勇于面对困难并具有主动采取行动以适应或创新外部环境的行为倾向性和较高主动性水平的一类个体。组织必然提倡的安全生产行为即为安全主动行为。引导性安全生产管理模式的主要代表是以杜邦零缺陷为目标的安全管理模式，其核心价值观在于“对人的尊重、职业道德、健康和环保、安全”。引导型安全生产管理模式是所有管理模式中较为先进的管理模式，而高主动性个体是能够作出安全主动行为的先进个体。引导高主动性个体从事这种安全生产管理模式是合适的科学的。在引导型安全生产管理模式下，保持安全主动行为要求给予高主动性个体充分的权利、奖励、发展空间、自我价值提升等，使高主动性个体能够获取组织归属感和自豪感，更好地宣传和发挥其带头作用，与其他类型个体互帮互助，共同促进安全生产行为向良好的方向演化。

近年来，安全生产管理模式的巨大变革有迹可循。传统的安全生产管理模式将人看作是机械化的产物，没有看到一些个体潜存的巨大能动性，有时会打击其积极主动性与自尊。现代安全生产管理模式逐渐将机械中心转移到人的重心上，逐渐开始针对不同个体采取不同的管理模式，组织成员也因与组织的协调契合为组织创造更多的安全价值。人性化管理即将管理对象需求、能力、价值观与组织相契合，员工充分发挥其知识储备与经验，参与与组织文化组织氛围提升活动，把自己当作组织的代言人，并以身作则地践行组织安全规定，参与组织安全建设。高主动性个体即能动性较高的个体，倾向于作出安全主动行为，对其行为进行引导，对其成果做到奖罚分明，鼓励高主动性个体继续保持其安全主动行为；同时，他们的以身作则也会影响企业中的其他个体。

8.4　不同主动性个体安全生产行为演化的应急建议

8.4.1　安全报警信号选择

实验证明，朝向类型的报警信号引发的视觉失匹配强度最大，依次为形状类型报警信号引发的纯视觉失匹配、颜色类型报警信号引发的纯视觉失匹配。得到这种结果的原因可能是：朝向类型、形状类型报警信号引发的视觉失匹配均强于单一颜色类型的报警信号引发的纯视觉失匹配，这样的结果符合视觉信息编码规则，多维视觉刺激物属性的信息编码相对于单维视觉刺激物属性的信息编码显著降低了人的反应时间，增强了人的反应强度。值得注意的是，标准 IEC60073 规定在危险状态下，报警信号由安全状态下的绿色矩形（或正方形）变成红色的六边形，提示操作人员要立即对危险状态进行处理。而本实验清楚地表明，朝向类型的报警信号引发了更强的视觉失匹配，表明了人对它的反应更为强烈，这对报警信号的设计提供一定的参考价值。有学者可能有疑问，自动化控制界面的空间是有限的，朝向类型的报警信号（旋转 90°的红色矩形）会占据较大的空间，不适合应用到自动化控制界面。但是在复杂的人—机系统中，存在大量的报警信号，设计者通常将最重要的报警信号放置在操作人员最容易看到的位置，采用主信号和二级信号显示的信号设计模式，主信号主要作用是提示操作人员有异常情况出现，二级信号可以帮助操作人员明确系统出现的具体错误。鉴于此，朝向类型的报警信号可以作为主报警信号来考虑，以便使操作人员迅速察觉到主报警信号的变化，及时作出其他控制反应。

不论是哪类个体，朝向信号均能够引发前注意更多的注意，均能够提升个体在安全实际操作情景下安全生产行为主动性水平。这其中的不同在于，低主动性个体诱发 vMMN 的潜伏期更长一些，这具有理论上的合理性，即低主动性个体对安全报警信号的反应时间更长，而低主动性个体本来就是一类谨慎、被动、较迟钝、不积极、不善于抓住机会的个体，面对一些突发状况反应会相较于其他两类个体慢。高主动性个体在实际操作背景下对突发情况时诱发的 vMMN 潜伏期最短，这也符合理论上的合理性，即高主动性个体对安全报警信号反应时间最短，而高主动性个体本身就是一类积极主动、善于发现机遇、面对困难越挫越勇、善于挖掘和抓住机会的人，面对突发状况，他们更会积极主动地关注和及时作出应对措施。

8.4.2　应急培训与演练

8.4.2.1　应急预案的培训

只有人员接受了计划的所有内容、实施时的作用以及各行动之间如何配合的培训后，计划才会变得有效。应急组织内制定和执行培训计划对整个应急准备过程是至关重要的。有关领导、应急反应小组和医疗人员必须全部经过培训。课堂讲座、观摩演示和参加训练可以检验计划的充分性，保持应急反应人员的良好准备性。为减少培训量，应急组织职位应该与个人的日常职责尽可能一致。每个参与机构或组织应准备自己的工作任务分析，包括主要职能、支持性任务、每项任务的输入、分析和输出、每项任务的负责人、获得和报告结果的衔接、成员完成各自任务所需要的设备、物资和设施。工作任务分析可提供培训课程计划的基本内容。在确定谁需要什么培训时，可编制一个类似应急功能职责表的图表。许多培训计划的共同缺点是对应急组织人员变化的关注不够充分，这些变化包括地方选举、任命和增加新人及人员的调动等。对自愿应急反应人员的培训也因时间限制和缺乏经费而比专职应急人员更加困难。

培训计划的目的是保证参加者充分了解他们的计划和程序，培养在复杂情况下从容决策的领导才能和通信联络技术。培训计划必须完善和相互协调。应急反应人员培训次数极大地影响模拟或实际紧急情况下的反应能力。一个良好的培训计划的主要内容包括：（1）确定培训计划目标；（2）确定各培训小组；（3）建立各小组、各任务的培训目标；（4）准备学员培训指南和直观道具；（5）准备个人授课计划，如果允许则可包括实战经验；（6）确定培训日程；（7）评估和校正培训计划。良好的培训计划提供所有任务的最初培训，也应该提供定期回顾培训，以考察接受初期培训后的人员，还应提供新增人员的培训。

目前，最好的应急处置能力培训是参加模拟事故场景的演习和训练，这样有助于获得良好的经验，也可加强公共关系。训练演习可以让人们充分认识应急计划在发生紧急事故时的作用，还可以辨识出需要改进的地方。对于所有人员和资源的应急能力的演习，应该在准备和实施的过程中除考虑表现应急反应设施和设备的准备状况的场景外，还应该考虑建立有能力、知识丰富和高效的计划和协调训练委员会的问题，以及使演习参加人员完全展示他们的知识和能力。训练不可能总是计划好的。突然发生的危险物质泄漏事故就是一次没有计划的训练，应急计划者应提供该情况下事故回顾和评估的程序。经常检验应急计划的内容是必要的，可以通过会议模拟训练和微型演习来检验某些重要方面，如应急通报和通信联络。建议每年举行工厂和社区应急反应人员参加的全体演习。

无论训练是针对应急计划的局部还是针对全国的操作检验，其制定程序都是相同的，但全面训练的计划过程要做更周密的考虑。作为计划过程的一部分，应特别注意：（1）确定目标；（2）确定参加人；（3）设立场景；（4）完善场景；（5）安排后勤；（6）进行训练和评审。

8.4.2.2 应急预案的演练

为提升不同主动性个体安全生产行为主动性水平及安全应急能力，降低安全事故发生率，从源头杜绝事故带来的恶性后果，企业应当根据工作场所的实际情况事前制定应急预案，并安排科学、系统的应急演练。对应急预案进行演练的优势在于：第一，发现设备或系统缺陷，及时淘汰或补救；第二，提升预案参与人员应急能力和信心，面对危险能够冷静处理；第三，提升应急人员操作熟练度，面对危机做到轻车熟路；第四，提升团队协调能力，提升各队组、各部门共同应对突发状况时的团队合作，联合消灭安全隐患。

应急预案演练的类型包括：第一，口头演练，即模拟工作场所安全应急情境，召开应急小组会议模拟相关紧急情况及人员安排与调度；第二，功能演练，即对特定的应急功能的考察，如考察应急系统或设备的应急功能（房顶灭火器在火灾时是否会及时启动）或应急人员的岗位功能（应急情况发生时能否做好应急本职工作）；第三，完全演练，即召集应急演练的全体成员，组织大型现场或跨现场应急演练工作，调动尽量多的人力物力、开展长时间、多角度、多配合的真实演练，以提升应急响应能力。此外，应急预案演练要注重包括资源、资金、风险、法规、合作等在内的相关情况。

应急预案演练的参与人员：第一，参与人员类型应当包括参演、控制、模拟、评价、群众等，明确其具体任务和职责，协调一致、环环相扣；第二，参与人员类型应当包括高主动性个体、一般主动性个体和低主动性个体，明确其分工，设置差异化应急岗位，实行差异化应急管理；第三，参与人员类型应当包括底层员工和高层领导，明晰权责划分，适时听令放权，使组织各层人员协调一致。

应急预案演练的过程：演练实施全程应遵循法律依托、人身保障的原则，协同各机构开展全面工作，建立包括各行专业人士（医疗、火警、匪警、记者、政府专员、官兵等）在内的演练专门规划小组。

应急预案演练的评价：详细整合应急预案演练资料，并做评价报告，总结演练中存在的长处与不足并发扬或改进，以此为警、以此为戒，注重安全生产，保卫人身财产安全。

8.5　基于个体主动性特征的安全生产管理构建过程

8.5.1　建立融入个体主动性特征的招聘制度

基于个体主动性的安全生产管理合理性的实现需要锁定特定的管理对象，前面通过生物反馈实验验证个体在面对安全生产管理时，其主动性个体的心理认可度和接纳度都较被动型个体高，且能够达到更为显著的管理效果。鉴于此，对安全生产管理招聘活动提出以下建议：

在制定招聘制度时，根据合理性判据选择员工。管理层在确定了安全生产管理模式后，为确保管理效果的显著性，就要在甄选员工时制定相应的流程与规章。组织应该对个体主动性强弱进行判断，并根据个体主动性变化采用因地制宜的管理模式。安全生产管理模式面向的是组织人员整体的主动性特征的组织，因此，安全生产管理模式对于个体主动性情况具有选择适用性。因此，在招聘环节对员工的主动性情况进行控制能够大幅度提升安全生产管理的管理效果，保证本组织的管理目标的实现。同时，尽管组织整体的主动性呈现出常规性，但主动性还是在一定范围内波动，处在高主动性与常规性或者低主动性与常规性的中间地带，因此在进行安全生产管理时，首先满足管理模式的匹配性，其次要时刻注意在个体主动性的变动情况，并根据主动性所处的中间地带，辅以一定的安全生产约束型管理模式、安全生产引导性管理模式，以扩大管理的合理性。在运用管理手段时，管理层应该对组织个体主动性强弱进行判断，并根据个体主动性变化采用因地制宜的管理模式。综上，安全生产管理模选择和应用是一项需要因地制宜、不断发展的工作，通过组织的不断引导，转变组织模糊状态由低主动性向常规性转化，再进一步向高主动性转化。否则，不顾个体主动性的变化而固化地进行管理不但起不到安全生产管理模式应有的效果，还可能引发其他问题。

8.5.2 设置基于个体主动性的安全生产管理培训制度

在进行员工的招聘和培训时，应该注意多种方式并用，引导组织成员由低主动性向高主动性转变。人是世界上最为复杂的动物，其思想和行为的复杂是任何一种生物都无法达到的。组织由单个的人组成，尽管表现出趋向于某一特征，但其成员的组成并非完全纯净，个体主动性、常规型个体、被动型个体在一个组织内都或多或少地存在，因此对于这种混合状态，安全生产管理者要观察细微处，在进行管理时，可以辅以一定的其他管理手段，以保证组织员工对组织管理手段的认可，促进管理目标的达成。

8.5.2.1 培训内容的设置

首先，针对规制型管理模式下组织人员的安全生产培训，除了展开应急基本常识、工作流程的基本操作等知识外，根据组织个体主动性的不同有针对性地强化对其影响效果最为显著的安全生产管理也尤为关键。安全生产规制型管理的应用对象是整体呈现常规性特征的组织，基于个体主动性特征的安全生产管理模式的培训内容应该根据组织内个体的主动性强弱来制定。

其次，常规型个体主动性强弱程度各有不同，个体主动性还受到环境等诸多因素的影响，呈现不断变化等特征。通过本书研究背景可知，安全生产管理模式的演变是从约束被动型个体开展安全生产到规制常规型个体开展安全生产，再到引导主动性个体开展安全生产的发展趋势，规制常规型个体的安全生产规制型管理最终仍是朝着更高效的安全生产引导型管理转变。因此，在对该类群体进行培训时，不仅应该注意管理模式的选择，强化常规型个体自我管理、自我规制等安全本能，还要适时地进行引导常规型个体主动性从低向高进行转变，这可以在以安全生产规制型管理为主的过程中因地制宜的、辅以一定的安全生产约束型管理、安全生产引导性管理的管理手段，通过教育、培训强化组织员工的责任意识、荣誉感等，引导其向个体主动性发展。这样才能让组织的安全管理效率不断提高，创新组织安全管理模式。

8.5.2.2　培训时间的设置

首先，强化员工入职前的培训。安全生产管理制定的一系列标准和规范在一定程度上，能够有效规范员工行为，抑制不安全生产行为的产生。因此，在员工入职前，有必要对其及时地进行岗前培训，做到预防为主。在培训时，要尽量让组织员工在最短时间内清楚组织不同的安全生产管理模式中各项规范制定的意义和作用，增强员工在本组织的归属感和认同感，在此基础上，通过组织各机构各人员的密切配合，实现安全生产的目标。

其次，注重事中培训。若组织员工已经发生了不安全生产行为，则要及时总结经验教训，开展安全生产管理的事中再培训。安全生产管理强调员工对规章制度的遵守，在发生了不安全生产行为后，不仅要对相关人员进行教育，还要及时总结不安全行为背后的安全隐患，让组织中其他人员引以为鉴，遵守安全规章，强化员工安全意识，以防范此类事故的再发生。在事故发生后，及时培训员工可以使组织内其他不安全行为得到有效抑制。

最后，及时反馈培训效果并进行改善。在培训之后，通过有效的沟通手段调查和收集组织员工对培训效果的评价，并结合组织员工的培训情况和培训建议进行总结，不断完善组织培训体系，提升培训效果。

8.5.3 做到“以人为本”和“从严治企”的辩证统一

“以人为本”以员工的需求为出发点，充分发挥员工的积极性，采用管理学中的 Y 理论，属于引导型动力要素的概念范畴；而“从严治企”是用各种各样严格的规章制度来限制员工的行为、束缚员工自由发挥的能力与空间，是在 X 理论或者是科学管理学派思想的指导下采用的管理模式属于约束型动力要素的概念范畴。两者看似根本不相融合，但是实际上“以人为本”和“从严治企”之间实际存在着高度的辩证统一。

一定意义上，“从严治企”在现阶段就是最好的“以人为本”。这是因为，一方面，由于有令不行、有章不依，本身较为完善的安全管理规章根本无法落到实处，在日常的生产过程中存在大量安全隐患，而各种安全事故更是时有发生。应当说，对人的最大的关心就是人的生命安全。但是，在这种情况下，人身的安全无法得到有效的保障，“以人为本”也就无从谈起。从这个角度来看，“从严治企”就是“以人为本”，“无情”的管理才是真正“有情”的关照。另一方面，组织执行力的薄弱不但造成安全生产形势的严峻，而且对组织的生存与发展也产生了极大的负面影响。只有加强制度管理、从严治企，才能在根本上改变这种局面。而从组织发展的趋势和前景来看，“以人为本”是“从严治企”方略的发展方向。这是因为，完全依靠制度的硬约束，管得又死又严，员工的抵触情绪反而会越来越大，制度反而越来越难以实施。而且从人性化的角度出发，只有激发员工工作的积极性和主观能动性才能够实现更大意义上的工作效率的提升。因此，要做到引导型动力要素、规制型动力要素和约束型动力要素三者相结合的综合性动力管理，使得组织安全生产管理的趋势逐步从制度管理向员工的自主管理转变，也就是前面所说的由规制常规型人进行安全生产的管理模式向引导主动型人进行安全生产的管理模式的转变。

8.5.4　建立安全生产行为干预机制

根据主动型个体安全生产行为引导机制应用系统的矫正功能，当主动型个体的“积极状态”不符合组织目标要求时，对其施加制动力，矫正其过分的积极行为，使之“积极状态”保持在一定控制范围内。

安全生产行为干预机制是指通过对员工实际工作状态的测评来决定对其施加何种方式的激励以及何种程度的激励，需要建立一个安全生产行为测评的干预平台。对主动型个体来说，测评平台的主要目的是衡量其行为状态是否处在可接受范围内。组织对员工工作状态的需求是有一定阈限范围的，低于或超过这个限值都会对组织目标产生不利影响。主动型个体在安全生产过程中容易出现表现过于积极的情况，并高估自己的能力和价值，从而可能会出现经验限制或技术尚不成熟而导致的这种积极性出现反作用的效果。因此，有必要对员工的生产行为过程进行干预，建立一个测评平台，应注意以下两点。

（1）制定科学的考评办法。公平理论表明，人人都有一种寻求公平的心理需要，主动型个体会由于自己的多付出而期望多回报，却有时忽略自己的行为能力与任务要求的匹配程度；而对于常规型个体和被动型个体来说，同样需要一种心理公平感，他们是生产过程中的潜在监督者，他们会关注管理者对主动型个体的态度，当主动型个体作出的积极行为与组织目标发生冲突时，管理者同样要对其进行干预甚至惩罚，一方面遏制主动型个体的异常积极性，另一方面兼顾其他类型个体的心理公平感，使考评办法处于公平状态。

（2）制定合理的分配制度。将贡献率和需要率两个指标相结合，作为安全生产行为干预机制测评平台的执行标准。如何能做到公平的考核是困扰管理者的一个重要问题。公平感是一个比较的过程，需要一些比较指标对其进行满足。贡献率，也称功劳率和比利率，强调贡献与报酬保持一致。需要律，强调报酬的分配是根据人的需要进行的。将贡献率和报酬率两个测度指标相结合，一方面，从组织获得的角度出发可以干预主动型个体的异常积极状态，强调实际贡献，而不是无谓付出；另一方面，在这种强制的公平性中兼顾人性化关怀，从个体需要出发，基于适当补偿，使勤于付出的主动型个体不失正常的积极状态。

8.6 基于个体主动性特征的安全生产管理再造过程

8.6.1 跃迁条件建设

8.6.1.1 提升安全生产管理模式跃迁质量

安全生产管理模式的跃迁是安全生产管理模式在基态、激发态和定态之间的状态转移过程。如图 5.11 所示，针对安全生产管理模式跃迁的对策建议首先按照跃迁的三个状态展开。在安全生产管理模式跃迁的基态，关键问题是如何确定安全生产管理模式跃迁的时机，建议通过安全生产管理模式运行状态的风险分析来正确判断安全生产管理模式跃迁的时机。在安全生产管理模式跃迁的激发态，关键问题是如何提升安全生产管理模式跃迁的效率，建议从安全生产管理模式跃迁的动力、有效寻找安全生产管理模式跃迁的安全生产管理模式要素两个方面入手来提升安全生产管理模式跃迁的效率。在安全生产管理模式跃迁的定态，关键问题是如何提高安全生产管理模式跃迁后的稳定性，建议从选择合适的相容模式和采用过程改进的相容操作入手，通过安全生产管理模式的相容，使安全生产管理模式尽快达到跃迁后的稳定状态。

另外，在安全生产管理模式跃迁的全过程中，人的因素是贯穿安全生产管理模式跃迁的核心因素，本书通过实验研究揭示了员工的个体主动性影响机理。如图 5. 11 所示，根据个体主动性对安全生产管理模式跃迁的影响机理，需要解决相应的关键问题：针对员工的主动性特征选择问题，应当根据安全生产管理模式跃迁机理优化员工的选拔与培训工作，做到安全生产管理模式与工作任务的匹配；针对员工的主动性调配问题，应当通过实验研究进一步深入探讨员工的个体主动性特征，做好相应的安全生产管理模式的调配工作。

8. 6. 1. 2　准确把握安全生产管理模式跃迁时机

安全生产管理模式跃迁时机的确定是跃迁中首要的关键问题，安全生产管理模式跃迁的时机是发生在当事故灾难的风险超出了基态安全生产管理模式所能承受的范围，使得安全生产管理模式无法通过现有的应急免疫防御抵抗事故抗原的侵袭。在这种状态下，组织应启动安全生产管理模式的跃迁，以突变的方式从本质上变革安全生产管理模式要素，达到有效防御事故抗原的目的。

为了提高基态下安全生产管理模式跃迁时机的准确性，组织应当强化对安全生产管理模式运行状态的监控工作，实时地观测应急系统防御事故风险的能力，通过明确的操作程序和可量化的风险指标来诊断安全生产管理模式的水平。同时，根据组织自身对安全生产管理模式的要求，确定安全生产管理模式跃迁时机的准则。最后，根据跃迁时机的准则确定安全生产管理模式跃迁的时间点。

为了有效监控安全生产管理模式的运行状态，观测应急系统防御事故风险的能力，组织可以在安全生产管理模式基态下使用 FMEA 分析方法，该方法明确给出了安全生产管理模式运行状态监控的操作程序和可测量的风险指标，以风险综合指数为指针，结合组织安全生产管理模式运行的实际情况，确定安全生产管理模式跃迁的时机。

在判断安全生产管理模式跃迁的时机时，首先，衡量 FMEA 中风险综合指数的严重度指标。其次，考察频度数和不易探测度指标。当涉及组织安全生产的关键安全生产管理模式要素的这些指标分布在危害性矩阵的高风险区域，风险程度超出了组织对安全生产管理模式的要求时，组织应当及时进行安全生产管理模式的跃迁。

8.6.2 跃迁过程管理

为了提高安全生产管理模式的跃迁效率，一方面，组织应当积极利用促成安全生产管理模式跃迁的推力和拉力，克服妨碍跃迁的阻力，有效利用安全生产管理模式跃迁的动力驱动安全生产管理模式的跃迁；另一方面，在跃迁的过程中关键是要快速、有效地寻找参与安全生产管理模式突变的要素，顺利完成安全生产管理模式在跃迁过程中的遗传变异。

8.6.2.1 跃迁动力管理

安全生产管理模式跃迁的动力既包括有利于跃迁的、来自组织内部和外部的推动力，来自市场的和来自社会的拉动力，也包括不利于跃迁的安全生产管理模式缺陷、应急管理惰性和安全生产管理模式跃迁过程中的不确定性。组织在安全生产管理模式的跃迁过程中，应当积极利用有利的动力因素，克服不利的动力因素，顺利完成安全生产管理模式的跃迁。

对于来自组织内部的推动力，一方面，组织应当利用最新的安全管理技术，更新安全工作的设备，完善安全管理的平台，采用最新的安全生产管理理论和安全生产管理模式评估工具；另一方面，组织应当加强管理者安全意识和社会责任感，从组织内部推动安全生产管理模式的跃迁。对于来自组织外部的推动力，一方面，组织应当按照政府对于组织的安全生产应急管理的要求开展安全生产管理模式的建设工作；另一方面，组织应当听取行业协会和本领域专家的建议进行安全生产管理模式的提升工作，利用组织外部的推动力来促成安全生产管理模式的跃迁。

对于来自市场的拉动力，组织应当满足与组织相关的买方或者投资方对组织安全生产管理模式的要求，成为能抵抗生产事故影响的优秀供应商和具备健康地永续经营的优秀组织。对于来自社会的拉动力，组织应当提升自身的安全生产管理模式，有效控制生产事故可能造成的社会影响，接受社会公众的监督。

对于妨碍安全生产管理模式跃迁的阻力，组织应当弥补当前安全生产管理模式与目标安全生产管理模式之间的缺口；克服组织成员墨守成规，不愿积极进行应急管理变革的惰性；沉着、科学地应对安全生产管理模式跃迁过程中的不确定性因素，努力消除安全生产管理模式跃迁的阻力带来的影响。

8.6.2.2　跃迁要素管理

在安全生产管理模式跃迁的突变过程中，安全生产管理模式的更新是通过安全生产管理模式要素的变异来完成的。安全生产管理模式要素能否顺利变异并满足安全生产管理模式跃迁的要求，关键在于是否能快速、有效地寻找到新的参与安全生产管理模式变异的要素。

组织要想有效寻找新的安全生产管理模式要素，前提是应当系统地对当前的安全环境进行态势感知。通过组织内外部安全环境的感知来挑选需要理解的安全环境信息，通过安全环境信息的理解来决定安全生产管理模式要素需要变异的内容，通过安全环境的预测来确定安全生产管理模式要素变异的方向。

通过上述对安全环境的态势感知，组织在寻找新的安全生产管理模式要素时，一方面，应当搜索同类型安全生产的优秀组织，将他们先进的安全生产管理模式要素按照态势感知中确定的变异内容和变异方向进行改造，形成适合安全生产管理模式变异的新的安全生产管理模式要素；另一方面，在搜索不到可资借鉴的组织时，可以通过应急管理理论的研究进行自主创新，设计出新的适应安全环境变化的安全生产管理模式要素来参与安全生产管理模式要素的变异。

8.6.2.3 跃迁模式相容性管理

安全生产管理模式相容的基本模式主要有选择相容、全面相容、扩展相容、内部相容和复合相容。组织可以根据自身安全生产管理模式的现状采用一种或者多种模式来完成新旧安全生产管理模式要素的相容。

对于安全生产管理模式本身就较为成熟的组织，可以采用选择相容的模式，有选择地从组织外部挑选需要相容的安全生产管理模式要素，通过安全生产管理模式的局部更新来完成安全生产管理模式跃迁中的相容工作。对于安全生产管理模式比较薄弱的组织，应当采用全面相容的模式，对安全生产管理模式中的所有安全生产管理模式要素进行检查和评估，根据不足和需要改进之处全面引入新的安全生产管理模式要素，通过安全生产管理模式的全局更新来完成安全生产管理模式跃迁中的相容工作。对于安全生产管理模式较为成熟，但还需要增加新的应急环节的组织，应当采用扩展相容的模式，从组织外部挑选需要增加的安全生产管理模式要素，通过扩展原有的安全生产管理模式来完成安全生产管理模式跃迁中的相容工作。对于在相容工作中无法从外部找到合适的安全生产管理模式要素的组织，可以采用内部相容的模式，通过组织自身的学习与总结，创造出新的安全生产管理模式要素，通过安全生产管理模式要素的自我更新来完成安全生产管理模式跃迁中的相容工作。对于相容性情况复杂的组织，可以将上述选择相容、扩展相容和内部相容的多种模式根据组织安全生产管理模式要素相容的需要进行有机组合，通过采用复合相容的模式来完成安全生产管理模式跃迁中的相容工作。

在选择了合适的相容模式之后，组织应当制定规范的安全生产管理模式相容的程序，用以指导安全生产管理模式在定态阶段的相容工作。建议组织采用过程改进的理论来开展安全生产管理模式的相容工作。

组织在安全生产管理模式相容的初始阶段，第一步，应当设立相容的目标，明确相容工作的目的，为目标设立可度量的方法，确认目标的可完成性，设立目标完成的时间，分配目标的责任。第二步，应当为完成相容工作组建相应的团队，确定团队的工作权力，保证团队在开展工作时能获取必需的资源，规定团队工作的流程。第三步，通过调查当前应急工作的流程，发现应急工作中存在的问题，明确安全生产管理模式的状态。第四步，对当前工作中存在的问题进行根源分析，找到产生问题的直接原因、间接原因和根本原因，进行有针对性的纠正措施。第五步，通过组织内部和外部的搜寻，发现新的安全生产管理模式要素。第六步，选择的安全生产管理模式相容的模式。第七步，按照所选择的安全生产管理模式的相容模式开展相容工作。第八步，检查相容工作的成效，衡量安全生产管理模式相容的目标是否达到，相容后的新安全生产管理模式要素是否能使安全生产管理模式在应急工作中达到稳态。如果未达到预期的目标，则开展新一轮的相容工作，直至相容目标的实现。第九步，当相容工作达到预期目标后，组织应当将安全生产管理模式相容的工作成果标准化，成为今后安全生产管理模式相容工作的指南。

通过上述采用过程改进理论的安全生产管理模式的相容操作，安全生产管理模式的相容可以使整个安全生产管理模式稳定在新的运行水平上，组织的安全生产管理模式将完成最终的跃迁。

8.6.3　跃迁后调试

组织可以通过行为要求和行为矫正来促进个体适应新安全生产管理模式。当员工所处的组织安全生产管理环境发生突变时，会造成员工脱嵌入新模式中，不适应新模式。在新安全生产管理模式运行初期，组织可以通过行为要求促进个体适应新模式；在新安全生产管理模式运行一段时间后，对于抵触和无法适应新模式的个体，组织可以通过行为矫正，以促进其适应新模式。依据行为适应过程理论可知，组织可以利用安全培训和安全文化进行员工行为要求。依据行为矫正激励理论可知，组织可以利用安全激励进行员工行为矫正。

8.6.3.1　通过行为要求促进个体行为进化适应新安全生产管理模式

组织可以通过动态安全培训来促进个体适应新安全生产管理模式。安全生产管理模式跃迁属于组织环境突变，造成个体脱嵌入新环境，新安全生产管理模式会造成部分员工的不适应，存在抵触心理。依据行为适应过程理论可知，动态安全培训是保证新安全生产管理模式有效运行的重要手段，组织应该实施合理、有效的动态安全培训工作，为组织安全生产管理模式跃迁的顺利进行提供有力保障。动态安全培训的内容和方法是随着安全生产管理模式跃迁不同阶段的特征发生变化的。动态安全培训重点是使员工意识到安全生产管理模式不同阶段跃迁的必然性和益处，利用动态安全培训使员工行为能力与不同阶段模式的行为要求相匹配，最大限度地使员工行为能力符合不同阶段模式的要求，从而逐渐形成行为要求规范。这种行为要求规范促使人形成意念性的行为取向，以规章制度和心理公允的形式成为众人的行为要求规范。动态安全培训可以使员工改变固化的安全思维定式，增强安全主观能动性，从而自觉地接受新安全生产管理模式，按照新模式要求来规范自身行为。除此之外，组织可以进行新安全生产管理模式的前期试点工作，及时发现问题和解决问题，以便后续推广工作的顺利进行。组织还可以将短期动态安全培训和长期动态安全培训相结合，向员工传递新模式的要求、特征和优势，促使个体尽快适应新模式。

组织可以通过安全文化促进个体适应新安全生产管理模式。安全生产管理模式跃迁的最终目标是组织实现引导型安全生产管理模式。以往员工主要接触到惩罚型安全生产管理模式和规制型安全生产管理模式，而引导型安全生产管理模式作为一种较新概念，可能会导致员工无法及时理解其核心内容和思想。依据行为适应过程理论，若想实现安全生产管理模式跃迁，组织还必须重视动态安全文化建设。动态安全文化根植于提升个体主动性水平的共同愿望上，安全生产管理模式不同阶段跃迁对应不同的共同期望。

只有当不同阶段的安全生产管理模式建立在人的共同愿望基础上，新模式才能被接受，成为人的行为的准则。动态安全文化作为一种共同期望控制机制，能够引导和塑造员工的态度和行为。在新安全生产管理模式运行初期，动态安全文化比人的行为更复杂，它是行为发生的深层机制，当员工在动态安全文化的熏陶下对新模式产生认同感时，就会努力按照新的模式要求自身行为。除此之外，组织可以利用各种手段和措施来宣传新安全生产管理模式的思想和优势。动态安全文化宣传工作既可以借助手册、画册及文集等文本形式进行，也可以利用员工的“视觉系统”，将新安全生产管理模式的核心内容和思想转化为视觉刺激材料，形成视觉冲击和气氛感染。组织还可以利用语义名称、形象感染及色彩三方面冲击，做到传播与美化相结合、多样性与统一性相结合，动态安全文化宣传工作使员工时时感受到新安全生产管理模式倡导的核心安全理念，通过潜移默化和循序渐进的方式，形成行为要求规范。

8.6.3.2　通过行为矫正促进个体适应新安全生产管理模式

通过行为矫正激励理论促进个体适应新安全生产管理模式。新模式带来组织环境的新变化，组织中那些固守陈规、安于现状的个体会成为最直接的抵触者。在新安全生产管理模式运行一段时间后，仍然有部分员工倾向于采取消极的态度和行为来对待新模式，可以利用行为矫正促进员工适应新安全生产管理模式。组织行为学理论指出，人的行为可以用过去的经验来解释，人们会通过过去的行为结果来影响将来的行为。若行为结果对他有利，他就会趋向于重复这种行为；若行为结果对他不利，这种行为就会趋向于改变。这种情形被称为强化，强化可以延伸至激励理论。在激励理论中，行为矫正激励理论的重点是改造和转化人的行为，变消极为积极。行为矫正激励主要包括正激励、负激励、情感激励三种方法。正激励是指对正确的行为及时加以肯定或奖励，正激励可以导致行为的继续，条件是所给予的奖励必须符合员工心理需求；负激励是指对错误的行为及时加以否定或惩罚，负激励可以导致行为的转化或消失，条件是威慑和震撼员工的内心；情感激励是指对人的某种行为给予情感支持和鼓励，使其向更积极的行为转变，条件是所给予的情感支持必须符合员工的心理情感需求。无论运用哪种激励方法都要因人而异，由于人的心理特征不同，采取的激励方法也要有所不同。被动型个体、常规型个体及主动型个体的不同心理特征决定了激励方法的不同，应该采取不同的激励方法来矫正不同主动性个体的行为，使其适应新安全生产管理模式。

组织可以通过惩罚激励矫正被动型个体的行为。由 ERPs 实验结果可知，负激励中的物质惩罚和精神惩罚两种方式均可以矫正被动型个体的消极行为，但与精神层面相比，被动型个体更关注于物质层面。物质惩罚中的金钱惩罚符合被动型个体的主观评价，额度适中的金钱惩罚与被动型个体的认知心理更契合。金钱惩罚过重会使被动型个体感到不公平，或者失去对组织的认同，甚至会产生怠工或破坏的情绪；金钱惩罚过轻会使被动型个体轻视消极行为的负面作用，从而不会矫正行为。因此，在对被动型个体进行金钱处罚时，应该把握合理强度。另外，精神惩罚也符合被动型个体的脑部内源信息，组织可以实施通报批评、警告、记过等精神惩罚方式。总之，对被动型个体的负激励应该选择额度适中的金钱惩罚为主、精神惩罚为辅的方式，从而矫正被动型个体的行为，使其从消极行为转化为积极行为，从而接受新安全生产管理模式。

组织可以通过情感激励矫正常规型个体的行为。由 ERPs 实验结果可知，对于常规型个体来说，情感因素相比其他因素尤为重要。人非草木，孰能无情，情感需求是人的基本需求，人的任何认知和行为，都是在一定的情感推动下完成的。常规型个体更希望和同事们保持友谊，希望能够得到信任和友爱，一旦这些需求得不到满足，就会影响常规型个体的态度和行为。作为组织的管理者，应该意识到情感因素是常规型个体的激励源。对于常规型个体的情感激励，则可以通过领导的关怀、员工间和谐人际关系来完成。领导关怀激励是指领导者通过对下属多方面的关怀来矫正员工的行为。领导关心和帮助常规型个体，会其更有信心和勇气矫正自身行为来适应新模式。和谐人际关系激励是指组织应该创造良好的人际交往关系，使常规型个体对组织产生归属感，激发常规型个体实现主动性行为的动机。总之，常规型个体的情感激励应该选择领导关怀和和谐人际关系两种激励方式，使其从消极行为转化为积极行为，从而接受新安全生产管理模式。

组织可以通过奖励激励矫正主动型个体的行为。通过 ERPs 实验结果可知，正激励中物质奖励和精神奖励均能引导主动型个体的行为，但与物质层面相比，主动型个体更关注精神层面。精神奖励符合主动型个体的心理需求，精神奖励程度会直接影响奖励的效果，精神奖励过重会使主动型个体产生骄傲和满足的情绪，失去进一步提高主动性的欲望；精神奖励过轻会起不到激励效果，或者让主动型个体产生不被重视的感觉。在实施正激励过程中，组织要善于把榜样树立、表扬、鼓励及评先进等激励方式结合起来。精神奖励中榜样的力量是无穷的，组织应该选准一个榜样作为主动型个体行为引导的指向标，使主动型个体敢超目标，起到激励引导作用。领导在组织内选择的榜样应当敢于挑战、易于接受新的事物。另外，组织可以对主动型个体实施与贡献相当的物质奖励，物质奖励要及时，过时的物质奖励不仅削弱了奖励的激励作用，而且可能导致主动型个体对奖励产生漠然视之的态度，物质奖励程度要同主动型个体的贡献程度相当。总之，对主动型个体的正激励应该选择适度的精神奖励为主、与贡献相当的物质奖励为辅的方式，使主动型个体保持积极行为或向更积极的行为转变，从而适应新安全生产管理模式。

8.7　面向被动型个体的安全生产管理运行

8.7.1　面向被动型个体的安全生产行为激励机制调整

安全生产管理工作与一般管理工作不同，安全生产工作无小事，即使是微小的安全生产隐患都可能带来不可估量的损失与恶果。因此，在现代安全生产管理中，负激励是一种基本手段。其目的是让员工体验到安全生产管理制度不可侵犯，更是敦促员工更好地执行安全生产管理规划。在安全生产管理实践中，大量违规行为和不良现象必须受到惩罚。原国家安全生产监督管理总局为了制裁组织的安全生产违法行为，制定了《安全生产违法行为行政处罚办法》。组织则通常根据相关法规，结合组织的实际安全生产管理状况来制定适用于本组织的处罚条例。但组织进行安全生产管理时，对惩罚手段的运用尚不够准确和灵活，即使每个组织都有安全生产管理的处罚条例，但惩罚没能“精确制导”，也就失去了它本来应该起到的效果。

与传统的激励方式相比，面向被动型个体的安全生产行为激励机制更突出惩罚约束性。安全生产管理者在安全生产管理工作中，只有采取与被动型个体认知特征相匹配的负激励方式（惩罚），才能对低主动性员工的不安全生产行为起到纠偏与威慑作用，改善他们在工作中的表现。惩罚方式和惩罚强度的选择关乎惩罚能否达到管理者预期的目的，决定着惩罚是否会成功降低低主动性员工的违规行为。因此，它们是影响惩罚激励效果的关键因素和首要因素。在认知神经实验的帮助下，得到了被动型个体对高强度的惩罚和物质惩罚更为敏感的结论，因此，安全生产管理者在惩罚低主动性员工时，针对其违规行为采取高强度的物质惩罚可以有效减少他们的违规行为，使他们从消极的工作状态转变为积极的工作状态。

8.7.2　面向被动型个体的安全生产行为责任机制调整

安全生产管理责任机制通常是根据政府制定的安全生产法规制度建立起来的。组织通常制定的安全生产管理责任机制都是领导负责机制，即组织中的法人代表是安全生产管理工作的第一责任人，需要对组织的财产、全体人员的人身安全负全责，管理者除了负责生产环节中的产品的生产问题外，还需要对安全生产活动进行严格的看管，及时发现可能存在的安全生产隐患；对于从事生产环节的员工的要求是必须严格遵守以岗位责任制为主的安全生产制度。欧洲一些发达国家制定的安全生产管理责任制度则已经将雇主与雇员的责任分开划分，做到职责明确。可见，现有的安全生产管理责任机制对于员工的要求仍然以岗位职责制为主。

安全第一，责任为首。组织中呈现出低主动性特征的员工对于工作的积极性往往较低，需要有外力强制其去从事安全生产活动。针对被动型个体的安全生产管理则应更加严格，然而现有的安全生产责任制度存在严重的责任主体不明确、对相关责任人的惩罚过轻的问题。因此，面向被动型个体的安全生产行为责任机制的创新主要体现在以下三个方面。

（1）责任主体设置的调整。面向被动型个体的安全生产行为责任机制是一项明确区分安全生产管理人员和从事生产的低主动性员工职责的制度。与一般的安全生产管理责任机制中的领导负责制度有所不同，面向被动型个体的安全生产行为责任机制则更注重对低主动性员工的安全生产工作责任的追究。除了组织中安全生产管理者需要为安全生产环节出现的纰漏负责任，组织中呈现出低主动性特征的所有工作人员均应该对安全生产过程中出现的问题负责任。面向被动型个体的安全生产行为责任机制中的主体不仅有组织领导与管理，所有从事生产的低主动性员工也成为安全生产管理工作的责任主体，从而把低主动性员工从之前的被动地接受管理过渡到自己参与安全生产管理上来。面向被动型个体的安全生产行为责任机制的建立会提升低主动性员工的安全生产责任感，避免低主动性员工在工作中出现懈怠、消极从事生产的行为。明确低主动性员工应负的责任，使其知道安全生产人人有责的道理，使组织安全生产顺利开展，从而达到预防并减少安全生产事故发生的目的。

（2）责任机制内容的调整。现有的安全生产管理责任制度都是针对不同岗位职责制度定相应的安全生产职责。然而，低主动性员工在了解、学习相关责任机制时，本身的性格特点导致他们无法积极主动地识别条款中应该注意的事项、关注点。因此，低主动性员工很有可能忽略与自己岗位相关的其他方面的安全生产注意事项，产生安全生产职责的隧道视野，没能很好地发挥出安全生产责任机制应有的作用。基于此，面向被动型个体的安全生产行责任机制在内容上应该明确规定与某一岗位的安全生产活动相关的其他安全生产职责，并且详细阐明两者之间为何存在关联性。通过建立安全生产责任网络体系，确保面向被动型个体的安全生产行为约束机制责任制度的效用。

（3）责任机制设置形式的调整。现有的安全生产管理责任制度一般是分开制定员工的岗位职责和违反岗位职责应收的处罚，这种岗位职责与处罚条款分开设置的安全生产管理责任制度很难引起低主动性员工对安全生产工作职责的重视。面向被动型个体的安全生产行为责任机制在条款的设置上充分考虑了低主动性员工对惩罚刺激更为敏感的特点，在制定每一位低主动性员工的岗位职责的同时，也同样给出违反岗位职责所面临的相应惩罚，将岗位职责与违反岗位职责应当受到的处罚条款结合在一起。这样的设置形式更能发挥面向被动型个体的安全生产行为职责机制的作用，使低主动性员工对安全生产职责的产生足够的重视。面向被动型个体的安全生产行为责任机制的功能主要体现在对由于低主动性员工安全生产责任感差所引发的违章行为的纠偏和威慑作用上。

根据认知神经实验得出的结论，面向被动型个体的安全生产行为责任机制与现存的一般安全生产管理责任机制相比的优越性主要体现在：更加关注被动型个体自身的岗位责任，使其感受到主人翁的地位，深知安全生产人人有责、岗位职责和违反规范的处罚方式连成一体，时刻提醒低主动性员工违反安全生产规章制度会受到严厉的惩罚。对于低主动性员工，面向被动型个体的安全生产行为责任机制相当于一种外力，实现使他们从被动地接受到积极参与管理的角色转换，使其更加积极的从事安全生产活动，减少违章行为。

8.7.3　面向被动型个体的安全生产行为培训机制调整

组织建立安全生产管理培训制度的目的是增加员工安全生产方面的知识和技能，从而有效降低安全生产事故发生的频率。培训内容一般包括安全生产理念、安全生产知识、安全生产文化和安全生产技能等方面。安全生产管理培训制度的作用表现在两个方面，即可以增强员工的岗位技能和安全生产意识。由于从事生产环节的员工不可能均具备防范安全生产隐患，规避风险源的素质，即使有些员工在上岗之前曾经从事过生产工作，但是随着时间的推移，以前的知识和方法可能早已失效，所以安全生产管理者经常开展岗位培训可以增加员工的安全生产技能和风险规避意识，防止各类安全生产事故的发生，真正实现零伤亡、零事故。因此，建立安全生产管理培训制度就是为组织安全生产撑起一个保护伞。

由于多数组织内部结构非常复杂，故从事安全生产的员工的知识技能水平和性格特点也不尽相同，这就导致组织制定的安全生产培训的内容和形式都比较单一，面向所有员工，针对性不强。

基于以上存在的问题，面向被动型个体的安全生产行为培训机制更加关注三个关键点，即怎样可以使得低主动性员工更好地理解安全生产的重要性，管理者通过什么样的方式来传达安全生产宗旨以及怎样才能收效更好的培训效率。建立面向被动型个体的安全生产行为培训机制是想让被动型个体通过培训充分了解安全生产环节关乎着多数人的人身安全问题以及组织能否进行可持续性发展的问题，并且让低主动性员工充分了解相关的惩处措施，先给他们打个预防针，达到有效预防违章行为发生的目的。

建立面向被动型个体的安全生产行为培训机制可以为组织建立起了一道坚实有力的安全生产屏障。面向被动型个体的安全生产行为培训机制的特点主要体现在以下两个方面。

（1）培训内容设置的调整。首先，对负责安全生产的管理者进行的培训。对安全生产管理者的培训内容不仅涉及与安全生产有关的法制条款，更应该将员工的主动性的概念及其特征分类和管理者应该怎样辨别员工主动性特征类型的相关内容纳入安全生产培训内容当中去。建立面向被动型个体的安全生产行为培训机制是为了有效解决组织中呈现出低主动性特征的员工产生的不安全生产行为的问题，管理者应该对从事安全生产的员工的个体主动性特征了如指掌。随着面向被动型个体的安全生产管理培训机制的全面落实，低主动性员工的违章行为会得到改善，组织的安全生产绩效会普遍提高，此时低主动性员工在安全生产工作方面的表现可能已经得到改善，甚至他的主动性特征已然发生了变化。如果低主动性员工在工作中的表现明显得到改善，那么管理者应该对面向被动型个体的安全生产行为培训机制中的培训强度作出相应调整，如可以降低培训的强度、多关心一下生活层面的东西；更理想的情况下，低主动性员工的性格特征已经发生蜕变，转变成其他个体特征（如常规型或个体主动性特征），则安全生产管理者应该马上调整培训的内容，建立起符合该员工当前工作状态的培训方案。因此，安全生产管理者应该时刻关注着低主动性员工的心理变化，尤其是从不成熟到成熟的过渡期。

其次，对低主动性员工培训的内容设置上应该特别明确违反纪律的惩罚措施。面向被动型个体的安全生产管理培训机制是为低主动性特征的员工定制的。它的关键点并不只是传达安全生产管理规章制度、安全生产操作流程以及安全生产注意事项，更应该营造一个良好的通过平台，及时传播组织安全生产文化，并且积极听取员工的意见和建议，同时与之分享组织内部已经发生的安全生产事故及其造成的原因和同行业发生的其他安全生产事故，突出由于低主动性员工的不安全生产行为而引起的事故所造成的损失后果及相应的惩罚方式，使得安全生产管理工作能够深入低主动性员工的内心，从而减少低主动性员工不安全生产行为。

（2）培训时间的调整。首先，对低主动性员工的培训一定要提前下手，特别要重视对低主动性员工入职前的培训。让低主动性员工早些领会到组织建立安全生产规章制度的初衷是什么，并不是为了惩罚而惩罚，根本目的在于保障所有人的生命财产安全，在这一前提下，才能收获更大的利润。组织应该通过培训让低主动性员工迅速融入约束型的安全生产管理文化中，从而达到约束低主动性员工的不安全生产行为及在工作中的消极表现的目的。

其次，应该对岗位技能培训后不久的低主动性员工进行强化培训，由于被动型个体的接受能力比较差，需要管理者不断地进行强化，加深他们对安全生产重要性的印象。在培训期间不忘将经验教训分享给低主动性员工们，让此类不安全生产事件带来的严重后果起到约束其他员工不安全生产行为的作用。

最后，管理者需要从培训人员处掌握第一手资料，通过反馈的资料，充分了解当前培训方案的利弊，根据已存在的问题作出相应的调整。

8.8　本章小结

在不同主动性个体安全生产行为演化的过程中，划分了两个阶段：第一阶段安全被动行为向安全服从行为演化；第二阶段安全服从行为向安全主动行为演化。在演化的过程中，不同的个体行为是关键要素，个体心理特征决定着其行为特征，安全主动行为被广为提倡和引导，安全服从行为和安全被动行为还具有提升和改进的空间，工业企业组织可以在导向建议、激励建议和应急建议等方面考量如何提升个体安全生产行为水平。实施个体主动性考察监测机制、建立差异化人—组织匹配调节机制、在约束型安全管理模式下改进安全被动行为、规制型安全管理模式下提升安全服从行为、引导型安全管理模式下保持安全主动行为。同时，工业企业应选取鲜明适用的工作场所安全报警信号，并日常通过应急培训与演练提升企业人员的应急能力与水平。

第9章 结　　论

为了揭示不同主动性个体安全生产行为演化机理，本书按照“理论研究—实证验证—管理建议”的研究思路，展开了研究理论框架构建、研究理论假设模型建立、演化影响机理分析、演化动态机理分析、演化认知机理分析及建议提出等一系列研究，得出以下结论。

（1）个体主动性影响不同主动性个体安全生产行为演化。按照个体主动性水平可将个体划分为低主动性个体、一般主动性个体及高主动性个体。按照行为主动性水平可将安全生产行为划分成安全被动行为、安全服从行为和安全主动行为。个体主动性对行为演化存在正向影响关系；计划行为三要素是个体主动性与行为意向间的中介变量，其中，行为态度是个体主动性与行为意向间的中介变量，主观规范是个体主动性与行为意向间的中介变量，知觉行为控制是个体主动性与行为意向间的中介变量；行为意向是计划行为三要素与行为演化之间的中介变量；人—组织匹配增强个体主动性与行为演化之间的正向影响关系，其中，价值观匹配增强个体主动性与行为演化正向影响关系，需求—供给匹配增强个体主动性与行为演化的正向影响关系，需求—能力匹配增强个体主动性与行为演化的正向影响关系。

（2）外部关键因素影响不同主动性个体安全生产行为演化。外部因素包括群体规范、群体凝聚力、工作压力源、管理者行为、组织关怀与怜悯、安全允诺、安全规程、安全激励、安全交流、安全培训。通过对它们以及安全生产行为之间关系的分析得出结论：除了工作压力源对演化第一阶段理论假设没有通过验证、管理者行为对演化第二阶段理论假设没有通过验证外，其余假设经检验后均成立；群体规范对个体安全生产行为演化有显著正影响作用，群体凝聚力对个体安全生产行为演化有显著正影响作用；组织关怀与怜悯对个体安全生产行为演化有正向影响作用；安全允诺对个体安全生产行为演化有正向影响作用；安全培训对个体安全生产行为演化有正影响作用；安全规程对个体安全生产行为演化有正向影响作用；安全激励对个体安全生产行为演化有正向的影响作用；安全交流对个体安全生产行为演化有正向的影响作用；安全培训对个体安全生产行为演化有正向的影响作用。

（3）员工安全生产行为与企业安全生产管理模式互相影响演化过程。依据个体与组织各自损益，构建2×2动态演化博弈模型。演化第一阶段结论：个体采取安全行为决策比例与组织采取规制型安全生产管理模式决策比例相关。个体是否采取安全服从行为会直接受到组织是否采取规制型安全生产管理模式的影响。组织惩罚型安全生产管理模式需要支付罚金的数学期望大于安全生产管理模式转化的实际投入与转化后的安全效应增量的差值；个体安全服从行为受到消极心理效应小于其安全收益。组织、个体利益相关者能够达到理想状态，组织规制型安全生产管理模式、个体实施安全服从行为的理想安全生产状态。积极心理效应在适度范围内，积极心理效应增加会促进两方向理想状态演进，但积极心理效应增大到一定程度，组织给予个体的尊重过多，使个体产生骄傲、自满等心理状态，个体安全服从行为相应减少，使两方越来越脱离理想状态。演化第二阶段结论：个体采取安全主动行为决策比例与组织采取激励型安全生产管理模式决策比例相关。组织规制型安全生产管理模式需要支付罚金的数学期望大于安全生产管理模式转化的实际投入与转化后的安全效应增量的差值；个体安全主动行为受到消极心理效应小于其安全收益。组织、个体利益相关者能够达到理想状态，组织激励型安全生产管理模式、个体实施安全主动行为的理想安全生产状态。无论个体安全主动行为积极心理效应如何增加，都会促使个体与组织两方向理想状态演化，组织应当鼓励员工积极心理效应的积极性的增加，以使两方快速演化达到理想状态。

（4）朝向类型安全报警信号提升应急人员安全生产行为主动性水平。实验结论：人对报警信号反应存在于前注意过程中，多维视觉刺激物属性的信息编码相对于单维视觉刺激物属性的信息编码显著降低了人的反应时间、增强了人的反应强度，三种刺激类型的报警信号引发的视觉失匹配的强度不同，朝向类型的报警信号引发的视觉失匹配强度最大，依次为形状类型的报警信号引发的纯视觉失匹配、颜色类型的报警信号引发的纯视觉失匹配，不存在不同个体对不同类型报警信号在颜色、形状和朝向上的差异，低主动性个体诱发 vMMN 的潜伏期更长一些，即低主动性个体对安全报警信号的反应时间更长，高主动性个体在实际操作背景下对突发情况时诱发的 vMMN 潜伏期最短，即高主动性个体对安全报警信号反应时间最短。

（5）基于 ERPs 实验的不同主动性个体安全生产行为风险差异的识别和分析。将爱德华赌博实验应用于安全生产情境下，借助 ERPs 实验并根据前人在神经认知实验领域的研究成果确立了与风险决策相关的脑电成分——P300、FRN。由研究假设抽象出实验的假设，通过对 ERPs 实验脑电数据的分析，以下实验假设被证实：不同主动性个体在风险情境下面对反馈激励时 P300、FRN 波形有差异，高主动性个体 P300 波形更显著；不同主动性个体在风险情境下对损失的负反馈激励激发的 FRN 波形有差异，低主动性个体 FRN 波形波幅最显著，在高风险时表现更为突出。实验数据的处理结果都通过了显著性检验，由此确立了不同主动性个体在安全生产行为风险方面的认知差异。

（6）从导向、激励和应急层面出发提出的提升不同主动性个体安全生产行为主动性水平的管理建议。安全生产行为演化是在员工主动性水平提升的前提下发生的，也就是说，个体心理特征的变化带动个体行为的变化。企业对员工设立可对其主动性水平进行测量和监控的智能设施，采用电脑智能模块建立大测量平台，收集不同主动性个体在监测下的大数据进行保存，并优化和完善数据库，为提升个体安全生产行为主动性提供助力。智能系统对企业员工特征进行测量，可将测量分为总体测量、分体测量，其中分体测量包括分体区域测量和个体测量。在员工分类的基础上，组织可依照个体主动性测验结果及实际需求对求职者进行筛选。约束型安全生产管理模式要求对低主动性个体的行为始终处于监控之中，发现其懈怠散漫就要对其实施一定的惩罚加以为戒，而低主动性个体在严厉的管理手段下只能被迫遵从。规制型安全生产管理模式要求企业对日常安全生产应做到三类检查：其一，对违章行为的事实时时监控，遏制其发展；其二，减少消极被动安全行为产生并发展；其三，降低工作场所人—物协调风险。引导型安全生产管理模式要求要求给予高主动性个体充分的权利、奖励、发展空间、自我价值提升等，使高主动性个体能够获取组织归属感和自豪感，更好地宣传和发挥其带头作用，与其他类型个体互帮互助，共同促进安全生产行为向良好的方向演化。此外，为适应安全应急管理要求，应当制定详细的应急预案并多次进行应急预案改进，全员参与提高安全生产主动性水平的行动中。

对不同主动性个体安全生产行为演化机理研究尚处于有理论与实践的探索阶段。在研究内容的普遍适用性、实地调查的样本多样性和不同行业研究的差异性方面存在不完善之处，未来需要对这些问题进行更进一步的跟踪研究。研究焦点在于：其一，不同主动性个体划分的显著界限是否存在介于三类不同主动性个体之间的特征类型的个体及个体行为；其二，以不同主动性个体安全生产行为演化机理理论研究为基础，结合具体安全生产管理实际案例进行梳理与分析；其三，选择更加广泛的研究样本，突破数据地域性和行业性的束缚，使研究兼具特殊性和普适性。

附录 A　神经工业工程实验调查问卷

****

基本资料

姓名：　　　　　　　　性别：　　　　　　　　年龄：

单位：

学历：　　　　　　　　专业：

联系方式：

************************************ 保密声明 ************************************

尊敬的先生/女士：

为了保护你的隐私，我们作出以下声明。

本调查问卷所收集的个人数据都会进行匿名处理，不会透露你的个人相关信息。如果因为本实验室的过失导致你的资料外泄，我们愿意承担相关法律及民事责任。请你放心！

哈尔滨工程大学经济管理学院

神经工业工程实验室

************************************ 问卷填写说明 ************************************

尊敬的先生/女士：

你好！感谢你来参与我们的实验。本调查的目的是了解你对惩罚和奖赏的敏感程度。

本次问卷均为单选，请阅读问卷的每一道问题，并在与你情况相符的选项上画“√”。如果问题中所描述的事项总是在你身上发生，请选“A 非常符合”；如果经常在你身上发生，请选“B 很符合”；如果随机在你身上发生，请选“C 基本符合”；如果偶尔在你身上发生，请选“D 不符合”；如果从未在你身上发生，请选“E 完全不符合”。希望你能真实反映情况，谢谢你的配合。

了解上述答题规则后，下面请你开始进行问卷调查。

************************************ 问卷正文 ************************************

1. 如果我认为一些不愉快的事情会发生，我通常会变得非常激动。

A. 非常符合 B. 很符合 C. 基本符合 D. 不符合 E. 完全不符合

2. 我担心犯错误。

A. 非常符合 B. 很符合 C. 基本符合 D. 不符合 E. 完全不符合

3. 批评或责骂对我伤害很大。

A. 非常符合 B. 很符合 C. 基本符合 D. 不符合 E. 完全不符合

4. 当我认为或知道别人对我生气时我感觉非常担心或沮丧。

A. 非常符合 B. 很符合 C. 基本符合 D. 不符合 E. 完全不符合

*5. 即使一些坏事即将在我身上发生，我也很少有恐惧或紧张情绪产生。

A. 非常符合 B. 很符合 C. 基本符合 D. 不符合 E. 完全不符合

6. 当我认为我在某些事上做得很差时我会感到忧虑。

A. 非常符合 B. 很符合 C. 基本符合 D. 不符合 E. 完全不符合

*7. 与我的朋友相比我很少有害怕的感觉。

A. 非常符合 B. 很符合 C. 基本符合 D. 不符合 E. 完全不符合

8. 当我得到我想要的东西时，我会激动和受激励。

A. 非常符合 B. 很符合 C. 基本符合 D. 不符合 E. 完全不符合

9. 当我做某些事情做得很好时，我会一直坚持把这些事做下去。

A. 非常符合 B. 很符合 C. 基本符合 D. 不符合 E. 完全不符合

10. 当好事发生在我身上时，对我影响很强烈。

A. 非常符合 B. 很符合 C. 基本符合 D. 不符合 E. 完全不符合

11. 赢得比赛会让我很激动。

A. 非常符合 B. 很符合 C. 基本符合 D. 不符合 E. 完全不符合

12. 当我看到有机会从事我喜欢的事，我会立刻变得很激动。

A. 非常符合　B. 很符合　C. 基本符合　D. 不符合　E. 完全不符合

13. 当我想要某样东西时，我通常会竭尽所能去得到它。

A. 非常符合　B. 很符合　C. 基本符合　D. 不符合　E. 完全不符合

14. 我会用能力范围以外的其他方式来得到我想要的东西。

A. 非常符合　B. 很符合　C. 基本符合　D. 不符合　E. 完全不符合

15. 如果发现有机会能够得到我想要的东西，我会立刻行动。

A. 非常符合　B. 很符合　C. 基本符合　D. 不符合　E. 完全不符合

16. 为我所追求的，我会一往无前。

A. 非常符合　B. 很符合　C. 基本符合　D. 不符合　E. 完全不符合

17. 我经常会仅仅因为非常有趣而做一些事。

A. 非常符合　B. 很符合　C. 基本符合　D. 不符合　E. 完全不符合

18. 我渴望兴奋和新的感觉。

A. 非常符合　B. 很符合　C. 基本符合　D. 不符合　E. 完全不符合

19. 我总是愿意尝试一些我认为它可能非常有趣的新事物。

A. 非常符合　B. 很符合　C. 基本符合　D. 不符合　E. 完全不符合

20. 我经常会对某些事短时间内心血来潮。

A. 非常符合　B. 很符合　C. 基本符合　D. 不符合　E. 完全不符合

附录B　不同主动性个体安全生产行为演化影响机理相关问卷

****

尊敬的先生/女士：

你好，感谢你在百忙之中抽空参与我们的问卷调查。

我们正在做关于“不同主动性个体安全生产行为演化影响机理”的研究，旨在为提升不同主动性个体安全生产行为主动性水平提供有价值的借鉴。本次调查问卷匿名填写，仅用作科学研究，绝不会泄露你的任何隐私，请用你客观和公正的态度对待此次调查，谢谢！

一、基本信息

1. 你的职位：

A. 高层管理人员　　B. 中层管理人员　　C. 员工

2. 你的性别：

A. 男　　B. 女

3. 你的年龄：

A. 30周岁以下　　B. 31~45周岁

C. 46~60周岁　　D. 60周岁以上

4. 你的学历：

A. 大专及以下　　B. 本科

C. 硕士　　D. 博士及博士后

5. 你的工作年限：

A. 5年及以下　　B. 6~15年

C. 16~30年　　D. 30年以上

6. 你的婚姻状态：

A. 未婚　　B. 已婚

二、公司信息

1. 员工数：

A. 100 人以下　　B. 100～500 人

C. 500～1000 人　　D. 1000 人以上

2. 成立年限：

A. 1～3 年　　B. 3～5 年　　C. 5 年以上

3. 所有制类型：

A. 国有/国有控股　　B. 私营/民营控股

C. 其他

4. 企业规模：

A. 大型企业　　B. 中型企业　　C. 小型企业

三、问卷题项

请根据贵公司的实际情况对以下题项的同意程度作出判断，评分 1 分到 7 分表示认可程度逐步增加：完全不同意（1 分），一般不同意（2 分），有些不同意（3 分），不确定（4 分），有些同意（5 分），一般同意（6 分），完全同意（7 分）。请在你认为最符合实际的评分上画“√”。

（一）个体主动性

测量题项	1	2	3	4	5	6	7
1. 你总能持之以恒地坚持到最后，直到实现你的工作目标							
2. 你总能第一时间处置工作中遇到的麻烦							
3. 你总能立刻找寻方法来应对工作中的差池							
4. 你总能抓住当下机会以达成工作目标							
5. 你总能抓住当下机会去主动参加企业相关日常事宜							
6. 你愿意积极作出工作任务和目标之外的企业相关事宜							
7. 你愿意积极参与企业相关事宜，即便其他人并不会参与							

（二）人—组织匹配

测量题项	1	2	3	4	5	6	7
1. 你个人的价值观与组织的价值观非常相似							
2. 你个人的价值观和组织的文化和价值观近似匹配							
3. 组织的价值观和文化非常符合我个人在生活中的价值观							
4. 你的工作能力提供给你的物质资源和精神资源与你现在的工作非常符合							
5. 你现在的工作能很好地展现你想谋求的工作性质							
6. 你现在参加的工作几乎能带给你想要从工作当中获得的一切							
7. 工作要求与你个人所具有的技能相匹配							
8. 工作要求与你的能力和所受训练相匹配							
9. 工作要求与你的能力和所有教育相匹配							

（三）计划行为三要素及行为意向

测量题项	1	2	3	4	5	6	7
1. 你觉得你的安全生产行为水平提升有利于安全生产							
2. 提升安全生产行为水平能够给你带来便利或者好处							
3. 你认为提升安全生产行为水平是有必要和值得的							
4. 你觉得主动作出安全生产行为会让你付出一定成本							
5. 你的同事支持你尝试提升你的安全生产行为水平							
6. 你的上级支持你尝试提升你的安全生产行为水平							
7. 你的家人支持你尝试提升你的安全生产行为水平							
8. 你的同事也会尝试提升自己的安全生产行为水平							
9. 你的上级也会尝试提升自己的安全生产行为水平							
10. 对你而言，提升安全生产行为水平不是一件困难的事							
11. 你确信你可以成功提升自己的安全生产行为水平							
12. 工作中，你有能够提升安全生产行为的时间、条件							
13. 你有或者有过提升自己安全生产行为水平的想法							
14. 未来2个月，因为某些原因，你可能会尝试提升自己的安全生产行为水平							
15. 你不喜欢尝试那些具有挑战性的事情							

（四）安全生产行为演化

测量题项	1	2	3	4	5	6	7
1. 你从前不愿作出安全行为，现在可以自觉作出安全行为							
2. 现在你按照安全规章制度规定佩戴安全防护装置							
3. 你会按照规定定期检查相关设备是否存在安全隐患							
4. 你会完全服从组织安排并按时完成安全管理者交代的任务							
5. 你遵守并配合安全监管者对安全工作的检查							
6. 你从前只是按照规定作出安全行为，现在可以主动要求自己作出安全行为							
7. 你积极参与组织安排的各项安全活动，并愿意就当前安全形势和存在的问题发表意见							
8. 你会主动巡查可能存在于工作场所的安全隐患，并提前向上级反映							
9. 你鼓励组织中其他成员积极参与到安全建设中来							
10. 你主动参与安全培训，学习新的安全知识							

（五）群体规范

测量题项	1	2	3	4	5	6	7
1. 你的朋友知道你没有作出安全行为也并不会指责你							
2. 你的家人知道你没有遵守安全章程，会严厉指责你							
3. 在工作中你的领导和同事偶尔也会违章							

（六）群体凝聚力

测量题项	1	2	3	4	5	6	7
1. 部门中的每个员工对部门安全工作的完成都是不可或缺的							
2. 每个员工都以作为本部门的一员而感到无比骄傲							

（七）工作压力源

测量题项	1	2	3	4	5	6	7
1. 你承担的安全项目或任务数量较多							
2. 你所体验到的时间压力较大							
3. 政治而非绩效影响组织决策的程度较大							
4. 你无法清楚理解对你在工作中的期望							
5. 你没有工作安全感							

（八）管理者行为

测量题项	1	2	3	4	5	6	7
1. 你的领导经常安排员工参加安全教育培训							
2. 你的领导很重视对员工的安全监督							

（九）组织关怀与怜悯

测量题项	1	2	3	4	5	6	7
1. 组织内员工能察觉到他人的痛苦							
2. 组织内成员能建立与遭受痛苦者之间的情感连接							

（十）安全允诺、安全规程、安全激励、安全交流、安全培训

测量题项	1	2	3	4	5	6	7
1. 你的企业致力于改善安全现状							
2. 你的企业提供安全防护设施用品							
3. 你的企业会制定详细的作业规程							
4. 出现任何安全问题，企业有关部门都有应对的解决途径与方法							
5. 企业安全奖惩明晰，奖罚分明							
6. 企业人员及晋升机会与安全绩效挂钩							
7. 员工间日常沟通交流频繁							
8. 员工需要定期参加安全会议							
9. 企业组织安全培训的次数较多							
10. 员工对安全培训参与程度较好							

参考文献

[1] FRESE M, TENG E, WIJNEN C J. Helping to Improve Suggestion Systems: Predictors of Making Suggestions in Companies [J]. Journal of Organizational Behavior, 1999, 20 (7), 1139 -1155.

[2] BAER M, FRESE M. Innovation is Not Enough: Climates for Initiative and Psychological Safety, Process Innovations and Firm Performance [J]. Journal of Organizational Behavior, 2003, 24 (1): 45 -68.

[3] THOMPSON J A. Proactive Personality and Job Performance: A Social Capital Perspective [J]. Journal of Applied Psychology, 2005, 90 (5): 1011 -1017.

[4] SEIBERT S E, KRAIMER M L, CRANT J M. What Do Proactive People Do? A Longitudinal Model Linking Proactive Personality and Career Success [J]. Personnel Psychology, 2006, 54 (4): 845 -874.

[5] FRITZ T, JENTSCHKE S, GOSSELIN N, et al. Universal Recognition of Three Basic Emotions in Music [J]. Current Biology Cb, 2017, 19 (7): 573 -576.

[6] SHI L P, TENG Y. A Study of the Impact of Personal Initiative on Safety Production Management Mode Transition: based on the Perspective of Social Cognitive Theory and Anthropology Embeddedness Theory [J]. Revista De Cercetare Si Interventie Sociala, 2015, 50 (3): 122 -142.

[7] GERHARDT M, ASHENBAUM B, NEWMAN W R. Understanding

the Impact of Proactive Personality on Job Performance [J]. Journal of Leadership & Organizational Studies, 2016, 16 (1): 61 -72.

[8] VINODKUMAR M N, BHASI M. Safety Management Practices and Safety Behavior: Assessing the Mediating Role of Safety Knowledge and Motivation [J]. Accident Analysis & Prevention, 2016, 42 (6): 2082 -2093.

[9] GARY J A. Perspectives on Anxiety and Impulsivity: A Commentary [J]. Journal of Research in Personality, 1987, 21: 493 -509.

[10] GRANT A M, ASHFORD S J. The Dynamics of Proactivity at Work [J]. Research in Organizational Behavior, 2008, 28 (28): 3 -34.

[11] BERTOLINO M, TRUXILLO D M, FRACCAROLI F. Age as Moderator of the Relationship of Proactive Personality with Training Motivation, Perceived Career Development from Training, and Training Bahavioral Intentions [J]. Journal of Organizational Behavior, 2014, 32 (2): 248 -263.

[12] GUPTA V K, BHAWE N M. The Influence of Proactive Personality and Stereotype Threat on Women's Enterpreneurial Intentions [J]. Journal of Leadership and Organizational Studies, 2007, 13 (4): 73 -85.

[13] BROWN S, O'DONNELL E. Proactive Personality and Goal Orientation: A Model of Directed Effort [J]. Journal of Organizational Culture Communications & Conflict, 2011, 15 (1): 103 -119.

[14] ERKUTLU H, CHAFRA J. The Impact of Team Empowerment on Proactivity: The Moderating Roles of Leader's Emotional Intelligence and Proactive Personality [J]. Journal of Health, Organization and Management, 2012, 26 (4 -5): 60 -77.

[15] YANG J X, GONG Y P, HUO Y Y. Proactive Personality, Social Capital, Heloping, and Turnover Intentions [J]. Journal of Managerial Psychology, 2011, 26 (8): 739 -760.

[16] STEVE H, CAROLINE B, DALE S. Proactive Personality as a Moderator of Outcomes for Young Workers Experiencing Conflict at Work [J].

Personality and Individual Differences, 2006, 40 (5): 1063 - 1074.

[17] GARY G, ROBBINS J, GOLDEN C. Variability in a Sample of Conventional Individuals with at Least 16 Years of Education [J]. Archives of Clinical Neuropsychology, 2012, 27 (6): 677 - 678.

[18] KRAIMER M L, SEIBERT S E, WAYNE S J, et al. Antecedents and Outcomes of Organizational Support for Development: The Critical Role of Career Opportunities [J]. Journal of Applied Psychology, 2011, 96 (3): 485 - 500.

[19] LI N, LIANG L, CRANT J M. The Role of Proactive Personality in Job Satisfaction and Organizational Citizenship Behavior: A Relational Perspective [J]. Journal of Applied Psychology, 2016 (95): 395 - 404.

[20] GEREDE E. A Study of Challenges to the Success of the Safety Management System in Aircraft Maintenance Organizations in Turkey [J]. Safety Science, 2015, 73 (3): 106 - 116.

[21] NEAL A, GRIFFIN M A. A Study of the Lagged Relationships Among Safety Climate, Safety Motivation, Safety Behavior, and Accidents at the Individual and Group Levels [J]. Journal of Applied Psychology, 2006, 91 (1): 946 - 953.

[22] MOHAMED S, ALI T H, TAM W Y V. National Culture and Safe Work Behaviour of Construction Workers in Pakistan [J]. Safety Science, 2016, 47 (1): 29 - 35.

[23] NEAL A, GRIFFIN M A, HART P M. The Impact of Organizational Climate on Safety Climate and Individual Behavior [J]. Safety Science, 2000, 34 (1 - 3): 99 - 109.

[24] MOTOWIDLO S J, SCOTTER J T. Evidence that Task Performance Should be Distinguished from Contextual Performance [J]. Journal of Applied Psychology, 2015, 79 (4): 475 - 480.

[25] RENIERS G, GIDRON Y. Do Cultural Dimensions Predict Preva-

lence of Fatal Work Injuries in Europe? [J]. Safe Science, 2013, 58: 76 - 80.

[26] ROBSON L S, CLARKE J A, CULLEN K, et al. The Effectiveness of Occupational Health and Safety Management System Interventions: A Systematic Review [J]. Safety Science, 2017, 45 (3): 329 - 353.

[27] CHEYNE A, COX S, OLIVER A, et al. Modeling Safety Climate in the Prediction of Levels of Safety Activity [J]. Work and Stress, 1998, 12 (3): 255 - 271.

[28] HASHEMI S M K, NADI H K, HOSSEINI S M, et al. Agricultural Personnels Proactive Behavior: Effects of Self efficacy Perceptions and Perceived Organizational Support [J]. International Business and Management, 2012, 4 (1): 83 - 91.

[29] FLEMING M, LARDNER R. Strategies to Promote Safe Behaviour as Part of a Health and Safety Management System [M]. HSE Books, 2012: 55 - 56.

[30] VINODKUMAR M N, BHASI M. A Study on the Impact of Management System Certification on Safety Management [J]. Safety Science, 2016, 49 (3): 498 - 507.

[31] KOOP S, DEREUT F. Sociodemographic Factors, Entrepreneurial Orientation, Personal Initiative and Environmental Problems in Uganda [M]. Success and Failure of Microbusiness Owners in Africa: A Psychological Approach, 2010: 55 - 76.

[32] BOTTANI E, MONICA L, VIGNALI G. Safety Management Systems: Performance Differences Between Adopters and Non-adopters [J]. Safety Science, 2015, 47 (2): 155 - 162.

[33] ZOHAR D. Safety Climate and Beyond: A Multi-level Multi-climate Framework [J]. Safety Science, 2008, 46 (3): 376 - 387.

[34] JANE M. Investigating Factors that Influence Individual Safety Be-

havior at Work [J]. Journal of Safety Research, 2014, 35: 275-285.

[35] HOFMANN D A, STETZER A. A Cross Level Investigation of Factors Influencing Unsafe Behaviors and Accidents [J]. Personnel Psychology, 2016, 49 (2): 307.

[36] LU S, YANG S. Safety Leadership and Safety Behavior in Container Terminal Operations [J]. Safety Science, 2010, 48 (2): 123-134.

[37] RENIERS G L L, CREMER K, BUYTAERT J. Continuously and Simultaneously Optimizing an Organization's Safety and Security Culture and Climate: The Improvement Diamond for Excellence Achievement and Leadership in Safety & Security (IDEAL S &S) model [J]. Journal of Cleaner Production, 2017, 19 (11): 1239-1249.

[38] MCCOMICK, JOSEPH. Engineering Psychology and Human Performance [M]. Psychology Press, 2012.

[39] LI J Y. The Pre-attentive Processing under Background of Industrial Automatic Control: Evidence from the vMMN [J]. Eurasia Journal of Mathematics Science and Technology Education, 2017, 13 (8): 5735-5745.

[40] BRYAN F J, LAURA E M. Change Driven by Nature: A Meta-analytic Review of the Proactive Personality Literature [J]. Journal of Vocational Behavior, 2009, 75 (3): 329-345.

[41] ASHFORD B E, SLUSS DM, SAKS AM. Socialization Tactics, Proactive Behavior, and Newcomer Learning: Integrating Socialization Models [J]. Journal of Vocational Behavior, 2017, 70 (3): 447-462.

[42] DAVID M D, BRYAN S S, MARK G W, et al. Creating safer Workplaces: Assessing the Determinants and Role of Safety Climate, 2014, 35 (1): 81-90.

[43] [瑞士] 库尔特·多普弗. 经济学的演化基础 [M]. 锁凌燕, 译. 北京: 北京大学出版社, 2011.

[44] SPRUNG J M, BRITTON A R. The Dyadic Context of Safety: An

Examination of Safety Motivation, Behavior, and Life Satisfaction Among Farm Couples [J]. Safety Science, 2016, 85 (1): 1 -8.

[45] OHN A, CARLA S, JOY S, et al. Behavioral Activation and Inhibition, Negative Affect, and Gambling Severity in a Sample of Young Adult College Students [J]. Journal of Gambling Studies, 2012, 28 (3): 437 -449.

[46] [英] Robin D, [英] Louise B, [英] John L. 进化心理学 (从猿到人的心灵演化之路) [M]. 万美婷, 译. 北京: 中国轻工业出版社, 2017.

[47] DAVID J T, GARY P, AMY S. Dynamic Capavlities and Strategic Management [J]. Strategic Management Journal, 1997 (18): 509 -553.

[48] HILL M R, ROBERTS M J, ALDERSON M L, et al. Safety Culture and the 5 Steps to Safer Surgery: an Intervention Study [J]. British Journal of Anaesthesia, 2015, 114 (6): 958 -962.

[49] STRAUSS K, GRIFFIN M, PARKER S, et al. Building and Sustaining Proactive Behaviors: The role of Adaptivity and Job Satisfaction [J]. Journal of Business and Psychology, 2013 (7): 1 -10.

[50] [美] 米尔腾伯格. 行为矫正: 原理与方法 (第五版) [M]. 石林, 等译. 北京: 中国轻工业出版社, 2015.

[51] GONG Y, CHEUNG S, WANG M, et al. Unfolding the Proactive Process for Creativity: Integration of the Employee Proactivity, Information Exchange, and Psychological Safety Perspectives [J]. Journal of Management, 2012, 38 (5): 1611 -1633.

[52] FENG Q, CHEN H. The Safety-level Gap Between China and the US in View of the Interaction Between Coal Production and Safety Management [J]. Safety Science, 2013, 54 (2): 80 -86.

[53] DIANA N C, LAI M L, FLARENCE Y, et al. A Comparative Study on Adopting Human Resource Practices for Safety Management on Construction Projects in the United States and Singapore [J]. Safety Science. 2017, 29

(11): 1018 - 1032.

[54] CHENG C W, LEU S S, CHENG Y, et al. Applying Data Mining Techniques to Explore Factors Contributing to Occupational Injuries in Taiwan's Construction Industry [J]. Accident Analysis Prevention, 2015, 48 (12): 214 - 222.

[55] SANFEY. The Greening of Industry: A Rese-arch Approach of Industrial Environmental Geography [J]. Geographical Research, 2003, 22 (5): 601 - 608.

[56] BARTUSSEK D, COLLET W. Introversion Extraversion and Event Related Potential (ERP): A Test of J. A. Gray's theory [J]. Personality and Individual Differences, 2013 (14): 565 - 574.

[57] BOKSEM M A S, TOPS M, WESTER A E, Meijman T F, Lorist M M. Error-related ERP Components and Individual Differences in Punishment and Reward Sensitivity [J]. Brain Research, 2012, 1101 (9): 92 - 101.

[58] KIMURA M, KATAYAMA J, MUROHASHI H. Probability-independent and-dependent ERPs Reflecting Visual Change Detection [J]. Psychophysiology, 2016, 43 (2): 180 - 189.

[59] KATO Y, ENDO H, KIZUKA T. Mental Fatigue and Impaired Response Processes: Event-related Brain Potentials in a Go/NoGo Task [J]. International Journal of Psychophysiol, 2014, 72 (2): 204 - 211.

[60] SULYKOS I, CZIGLER I. One Plus One is Less Than two: Visual Features Elicit Non-additive Mismatch-related Brain Activity [J]. Brain Research, 2011, 1398: 64 - 71.

[61] NAATANEN R, PAAVILAINEN P, RINNE T, et al. The Mismatch Negativity (MMN) in Basic Research of Central Auditory Processing: A Review [J]. Clinical Neurophysiology, 2007, 118 (12): 2544 - 2590.

[62] LIPING S, JUN W. Visual Mismatch Negativity in the "Optimal" Multi-feature Paradigm [J]. Journal of Integrative Neuroscience, 2013, 12

(2): 247 - 258.

[63] ERKUTLU H, CHAFRA J. The Impact of Team Empowerment on Proactivity: The Moderating Roles of Leader's Emotional Intelligence and Proactive Personality [J]. Journal of Health Organisation & Management, 2016, 26 (4 - 5): 560 - 577.

[64] 叶新凤，李新春，王智宁. 安全氛围对员工安全行为的影响——心理资本中介作用的实证研究 [J]. 软科学，2014，28 (1): 86 - 90.

[65] 苏文平，苏嘉，张哲，等. 大学生个体主动性研究 [J]. 北京航空航天大学学报 (社会科学版)，2014 (4): 109 - 113.

[66] 梁果，李锡元，陈思. 领导—部属交换和心理所有权中介作用的感恩对个体主动性的影响 [J]. 管理学报，2014，11 (7): 1014 - 1020.

[67] 孙灯勇，王倩，王梅，等. 个人成长主动性的概念、测量及影响 [J]. 心理科学进展，2014，22 (9): 1413 - 1422.

[68] 刘小禹，刘军，许浚，等. 职场排斥对员工主动性行为的影响机制——基于自我验证理论的视角 [J]. 心理学报，2015 (6): 826 - 836.

[69] 颜世富. 管理心理学 [M]. 北京: 北京大学出版社，2016.

[70] 腾云. 个体主动性对安全生产管理模式跃迁影响机制研究 [D]. 哈尔滨: 哈尔滨工程大学，2016.

[71] 谢俊，严鸣. 积极应对还是逃避? 主动性人格对职场排斥与组织公民行为的影响机制 [J]. 心理学报，2016，48 (10): 1314 - 1325.

[72] 孙贺强. 面向低主动性个体的安全生产行为约束机制研究 [D]. 哈尔滨: 哈尔滨工程大学，2015.

[73] 贾亚男. 高主动性个体安全生产行为引导机制研究 [D]. 哈尔滨: 哈尔滨工程大学，2016.

[74] 温瑶，甘怡群. 主动性人格与工作绩效: 个体—组织匹配的调节作用 [J]. 应用心理学，2008，14 (2): 118 - 128.

[75] 赵小兵. 前瞻性人格对员工工作绩效的影响研究 [D]. 南京: 南京理工大学，2010.

[76] 刘万利，胡培，许昆鹏. 创业机会真能促进创业意愿产生吗——基于创业自我效能与感知风险的混合效应研究 [J]. 南开管理评论，2011 (5)：83 - 90.

[77] 叶新凤，李新春，王智宁. 安全氛围、工作压力与安全行为 [J]. 技术经济与管理研究，2014 (10)：44 - 50.

[78] 吴康俊. 规制型管理模式下企业人员安全生产动力研究 [D]. 哈尔滨：哈尔滨工程大学，2014.

[79] 白学军，朱昭红，沈德立，等. 奖惩线索条件下内外倾个体的自主唤醒和行为反应 [J]. 心理学报，2009，41 (6)：492 - 500.

[80] 周济全，刘国华，王逸尘，罗予然，周娟. 大学生主动性人格、社会支持和自我同一性的关系 [J]. 中国健康心理学杂志，2018，26 (02)：264 - 268.

[81] 刘效广，杨乃定，韦铁. 基于NK模型的组织复杂性情境下管理者认知表征作用的仿真研究 [J]. 管理学报，2012 (4)：516 - 521.

[82] 赵红丹，江苇. 双元领导如何影响员工职业生涯成功? ——一个被调节的中介作用模型 [J]. 外国经济与管理，2018，40 (1)：93 - 106.

[83] 牛雪[illegible]，苗建中，殷桂芳. 人本性管理与激励管理的比较分析 [J]. 中国软科学，1999 (9)：120 - 123.

[84] 刘全龙. 中国煤矿安全监察监管系统演化博弈分析与控制情景研究 [D]. 北京：中国矿业大学，2016.

[85] 杨帆. 基于被动型个体特征的企业约束型安全管理研究 [D]. 哈尔滨：哈尔滨工程大学，2013.

[86] 张跃兵，张超，王志亮. 安全行为特征的研究及其应用 [J]. 中国安全科学学报，2013，07：3 - 7.

[87] 叶龙，李森. 安全行为学 [M]. 北京：清华大学出版社，2005.

[88] 曹庆仁，李凯. 各种煤矿安全管理行为及其相互影响作用研究 [J]. 安全与环境学报，2015，15 (1)：6 - 10.

[89] 罗云. 现代安全管理（第三版） [M]. 北京：化学工业出版

社，2016.

[90] 邵辉. 安全心理与行为管理（第二版）[M]. 北京：化学工业出版社，2017.

[91] 罗成琳，李向阳. 突发性群体事件及其演化机理分析 [J]. 中国软科学，2009 (6)：163－171，177.

[92] 魏玖长，韦玉芳，周磊. 群体性突发事件中群体行为的演化态势研究 [J]. 电子科技大学学报（社会科学版），2011，13 (6)：25－30.

[93] 牛莉霞，刘谋兴，李乃文，黄敏. 基于 ABMS 的矿工习惯性违章行为演化仿真 [J]. 中国安全科学学报，2015，25 (11)：34－40.

[94] 黄俊婷. 矿工违章行为形成机制与演化机理研究 [D]. 沈阳：辽宁工程技术大学，2014.

[95] 李乃文，黄俊婷，牛莉霞. 基于 Multi-agent 的矿工违章行为演化模型 [J]. 中国安全科学学报，2013，23 (11)：10－15.

[96] 王丹. 矿工违章行为形成、演化与治理研究 [D]. 沈阳：辽宁工程技术大学，2010.

[97] 刘吉祥. 基于系统动力学的航空维修人员违章行为动态演化仿真研究 [J]. 劳动保障世界，2017 (29)：26.

[98] 牛莉霞. 习惯性违章行为演化机理与治理研究 [D]. 沈阳：辽宁工程技术大学，2013.

[99] 刘素霞，梅强，张赞赞. 中小企业员工安全遵守行为演化路径 [J]. 系统管理学报，2012 (2)：275－282.

[100] 李静忠. 杜邦的企业安全文化 [J]. 安防科技与安全管理者，2005 (3)：6－7.

[101] 吴河. HSE 管理体系信息化探讨 [J]. 安全、健康和环境，2014，4 (1)：20－22.

[102] 刘素霞，梅强. 中小企业员工安全参与行为演化路径研究 [J]. 中国安全科学学报，2012 (2)：164－169.

[103] 赵兴卫. 面向高主动性个体的安全生产管理目标引导机制研究

[D]. 哈尔滨：哈尔滨工程大学，2015.

[104] 马庆国，王小毅. 认知神经科学、神经经济学与神经管理学[J]. 管理世界，2006 (10)：139－149.

[105] 施让龙，张珈祯，黄良志. 员工主动性人格特质、工作热情、知觉组织支持及职涯满意的实证研究 [J]. 管理评论，2017，29 (2)：114－128.

[106] 刘素霞，徐建飞，梅强，等. 产业集群企业安全生产行为演化与监管 [J]. 工业工程与管理，2016，21 (1)：52－59，66.

[107] 林崇德，杨治良，黄希庭. 心理学大辞典 [M]. 上海：上海教育出版社，2003.

[108] FRESE M，FAY D，HILBURGER T，et al. The Concept of Personal Initiative：Operationalization，Reliability and Validity in Two German Samples [J]. Journal of Occupational and Organizational Psychology，2005，185 (2)：167－178.

[109] SEIBERT S E，KRAIMER M L，CRANT J M. What Do Proactive People Do? A Longitudinal Model Linking Proactive Personality and Career Success [J]. Personnel Psychology，2010，54 (4)：845－874.

[110] 中国社会科学院语言研究所词典编辑室. 现代汉语词典（第7版）[M]. 北京：商务印书馆，2016.

[111] 施俊琪，管理心理学 [M]. 北京：北京大学出版社，2013.

[112] 杨静，王重鸣. 基于多水平视角的女性创业型领导对员工个体主动性的影响过程机制：LMX 的中介作用 [J]. 经济与管理评论，2016，32 (1)：63－71.

[113] 刘永芳. 管理心理学 [M]. 北京：清华大学出版社，2016.

[114] LEWIN K. The Conceptual Representation and the Measurement of Psychological Forces [M]. Duke University Press，Durham，N. C. 1938.

[115] 傅贵. 安全管理学—事故预防的行为控制法 [M]. 北京：科学出版社，2017.

[116] 田水承，景国勋. 安全管理学 [M]. 北京：机械工业出版社，2016.

[117] 罗云. 安全行为科学 [M]. 北京：北京航空航天大学出版社，2012.

[118] 栗继祖. 安全行为学 [M]. 北京：机械工业出版社，2016.

[119] 曹庆仁，李凯. 各种煤矿安全管理行为及其相互影响作用研究 [J]. 安全与环境学报，2015，15 (1)：6-10.

[120] 刘素霞，朱雨晴，梅强. 损失认知、安全态度与企业安全生产行为关系研究 [J]. 中国安全科学学报，2017，27 (10)：123-129.

[121] ZOHAR D, LURIA G. The Use of Supervisory Practices as Leverage to Improve Safety Behavior: A Cross-level Intervention Model [J]. Journal of Safety Research, 2013, 34: 567-577.

[122] KOLASA T R, BLADER S L. Can Businesses Effectively Regulate Employee Conduct? The Antecedents of Rule Following in Work Settings [J]. Academy of Management Journal, 2005, 48 (6): 1143-1158.

[123] 陈金龙，郑绍成. 安全生产管理概论 [M]. 北京：化学工业出版社，2017.

[124] GEREDE E. A Study of Challenges to the Success of the Safety Management System in Aircraft Maintenance Organizations in Turkey [J]. Safety Science, 2015, 73 (3): 106-116.

[125] KUMAR P, GUPTA S, AGARWAL M, et al. Categorization and Standardization of Accidental Risk-criticality Levels of Human Error to Develop Risk and Safety Management Policy [J]. Safety Science, 2016, 85 (6): 88-98.

[126] WANG L K, NIE B S, ZHANG J, et al. Study on Coalmine Macro, Meso and Micro Safety Management System [J]. Perspectives in Science, 2016, 7 (3): 266-271.

[127] 郭进利. 复杂网络和人类行为动力学演化模型 [M]. 北京：科

学出版社，2017.

[128] 郑小京. 经济与管理复杂自适应系统：个体行为、系统状态及演化 [M]. 北京：科学出版社，2014.

[129] 汪丁丁. 行为经济学讲义：演化论的视角 [M]. 上海：上海人民出版社，2011.

[130] MERRIAM W. Merriam-Webster Dictionary [M]. Merriam-Webster, Inc., 2016.

[131] 陈安，陈宁，倪慧荟，等. 现代应急管理理论与方法 [M]. 北京：科学出版社，2009.

[132] 郑智航. 比较法中功能主义进路的历史演进——一种学术史的考察 [J]. 比较法研究，2016 (3)：1 –14.

[133] WILLIAM J G A, DRIAN R W. The Medial Frontalcortex and the Rapid Processing of Monetary Gains and Losses [J]. Science, 2006, 295 (5563): 2279 –2282.

[134] 李永鑫，赵剑. 进化：组织行为学研究的新视角 [J]. 华东师范大学学报（教育科学版），2009，27 (1)：56 –62.

[135] 贺金波，罗伟建，徐清风，等. 人格差异性的进化心理学解释 [J]. 心理科学，2016，39 (1)：200 –206.

[136] 李庆安，曲晓光，黄璇. 行为主义心理学的中国创新：D 型条件作用假说 [J]. 心理技术与应用，2018，6 (1)：1 –22.

[137] 孟维杰. 文化视域下认知心理学范式演进探新 [J]. 心理科学，2015，38 (3)：757 –761.

[138] 钟暗华，许波. 进化心理学的回顾和展望 [J]. 心理研究，2016，9 (6)：41 –45.

[139] 钟建安，张光曦. 进化心理学的过去和现在 [J]. 心理科学进展，2015 (5)：694 –703.

[140] 张锦，郑全全. 计划行为理论的发展、完善与应用 [J]. 人类工效学，2012，18 (1)：77 –81.

[141] AJZEN I. The Theory of Planned Behavior [J]. Organizational Behavior and Human Decision Processes, 1991, 11: 179-211.

[142] 段文婷，江光荣. 计划行为理论述评 [J]. 心理科学进展，2017 (2): 315-320.

[143] 刘家国，周媛媛，石倩文. 组织公民行为负效应研究——整合广义交换、印象管理和进化心理学的分析 [J]. 管理评论，2017, 29 (4): 163-180.

[144] FRESE M, FAY D. Personal Initiative (PI): An Active Performance Concept for Work in the 21st Century [J]. Research in Organizational Behavior, 2001, 23 (2): 133-187.

[145] NING L, JIAN L, MICHAEL C J. The Role of Proactive Personality in Job Satisfaction and Organizational Citizenship Behavior: A Relational Perspective [J]. Journal of Applied Psychology, 2010, 95 (2): 395-404.

[146] SALIH Y, FIKRET S. An Empirical Investigation into the Impact of Personality on Individual Innovation Behaviour in the Workplace [J]. Procedia social and Behavioral Sciences, 2013, 81 (28): 540-551.

[147] SOPHAI V M, CHUNYAN P, NATALIA L, et al. Change-oriented Behavio: A Meta-analysis of Individual and Job Design Predictors [J]. Journal of Vocational Behavior, 2015, 88 (6): 104-120.

[148] 高伟明，曹庆仁. 心理资本、安全知识与安全行为——基于煤矿企业新生代员工的实证研究 [J]. 中国管理科学，2015, 23 (S1): 72-76.

[149] 殷文韬，傅贵，公建祥. 煤矿工人违章操作的“认知—行为”失效机理与管理措施 [J]. 中国安全科学学报，2015, 25 (10): 153-159.

[150] 黄俊婷. 矿工违章行为形成机制与演化机理研究 [D]. 沈阳：辽宁工程技术大学，2014.

[151] 逄键涛，温珂. 主动性人格对员工创新行为的影响与机制 [J]. 科研管理，2017, 38 (1): 12-20.

[152] 韩豫，梅强，刘素霞，等. 建筑工人习惯性不安全行为形成过

程及其影响因素 [J]. 中国安全科学学报, 2015, 25 (8): 29 -35.

[153] 谢俊, 严鸣. 积极应对还是逃避? 主动性人格对职场排斥与组织公民行为的影响机制 [J]. 心理学报, 2016, 48 (10): 1314 -1325.

[154] 傅贵. 关于安全管理、行为安全的含义理解 [A]. //中国职业安全健康协会行为安全专业委员会. 第三届行为安全与安全管理国际学术会议会议集 [C]. 中国职业安全健康协会行为安全专业委员会, 2015.

[155] BOWEN D E, LEDFOR F E, NATHAN B R. Hiring for the Organization, not the Job [J]. Academic Management Excutive, 1991, 5 (4): 35 -53.

[156] 郭靖. 个体—组织匹配测量在员工选拔中的应用展望 [J]. 中国临床心理学杂志, 2012, 20 (2): 271 -274.

[157] 杨社等. 管理学研究方法 [M]. 上海: 华东理工大学出版社, 2008.

[158] CHARMAZ K. 建构扎根理论 [M]. 边国英, 译. 重庆: 重庆大学出版社, 2009: 23 -68.

[159] 王建明, 贺爱忠. 消费者低碳消费行为的心理归因和政策干预路径: 一个基于扎根理论的探索性研究 [J]. 南开管理评论, 2011, 14 (4): 80 -89, 99.

[160] 魏光兴, 张舒. 基于同事压力与群体规范的团队合作 [J]. 系统管理学报, 2017, 26 (2): 311 -318.

[161] 程恋军, 仲维清. 群体规范对矿工不安全行为意向影响研究 [J]. 中国安全科学学报, 2015, 25 (6): 15 -21.

[162] 王伟, 雷雳, 王兴超. 大学生主动性人格对学业成绩的影响: 学业自我效能感和学习适应的中介作用 [J]. 心理发展与教育, 2016, 32 (5): 579 -586.

[163] István S. Evolution of Generous Cooperative Norms by Cultural Group Selection [J]. Journal of Theoretical Biology, 2008: 397 -407.

[164] 田水承, 李广利, 陈盈, 等. 矿工安全诚信与不安全行为影响

关系研究［J］. 中国安全科学学报，2014，24（11）：17－22.

［165］柳士顺，凌文辁，李锐. 群体规模与领导对群体组织公民行为的影响［J］. 心理科学，2013，36（6）：1441－1446.

［166］倪昌红，叶仁荪，黄顺春，等. 工作群体的组织支持感与群体离职：群体心理安全感与群体凝聚力的中介作用［J］. 管理评论，2013，25（5）：92－101.

［167］刘敬孝，杨晓莹，连铃丽. 国外群体凝聚力研究评介［J］. 外国经济与管理，2006（3）：45－51.

［168］DEREK C M，SIMON S K. The Effects of Job Comp Lexity and Autonom Yon Cohesiveness in Coll Ectivistic and in Dividualistic Work Groups：A Cross Cultu Ralanalysis［J］. Journal of Organizational Behavior，2003，24：979－1001.

［169］NOLAN J M. The Cognitive Ripple of Social Norms Communications［J］. Group Processes & Intergroup Relations，2011，14（5）：689－702.

［170］曹静. 管理人员工作压力源与工作倦怠的关系及其影响因素研究［D］. 上海：同济大学，2006.

［171］赵瑜，莫申江，施俊琦. 高压力工作情境下伦理型领导提升员工工作绩效和满意感的过程机制研究［J］. 管理世界，2015（8）：120－131.

［172］李芳薇，袁震宇，李永娟. 工作环境压力源对煤矿工人反生产行为和安全的影响［J］. 中国安全科学学报，2012，22（6）：20－26.

［173］DOMINIQUE J F，QUERVAIN F，VALERIE T，et al. The Neural Basis of Altruistic Punishment［J］. Science，2012，305（27）：1254－1258.

［174］舒晓兵. 管理人员工作压力源及其影响——国有企业与私营企业的比较［J］. 管理世界，2005（8）：105－113.

［175］李乃文，张丽，牛莉霞. 工作压力、安全注意力与不安全行为的影响机理模型［J］. 中国安全生产科学技术，2017，13（6）：14－19.

［176］王燕玲，梅强，刘素霞. 中小企业安全管理员胜任力结构及其

信度效度分析 [J]. 中国安全科学学报, 2016, 26 (7): 152 -156.

[177] KATH L M, MARKS K M, RANNEY J. Safety Climate Dimensions, Leader-member Exchange, and Organizational Support as Predictor of Upword Safety Communication in a Sample of Rail Industry Workers [J]. Safety Science, 2010, 48 (5): 643 -650.

[178] ISMAIL Z, DOOSTDAR S, HARUN Z. Factors Influencing the Implementation of a Safety Management System for Construction Sites [J]. Safety Science, 2012, 50 (3): 418 -423.

[179] 曹庆仁, 李凯, 李静林. 管理者行为对矿工不安全行为的影响关系研究 [J]. 管理科学, 2011, 24 (6): 69 -78.

[180] 关璐. 组织关怀与怜悯研究述评与展望 [J]. 外国经济与管理, 2013, 35 (7): 63 -72.

[181] ATKINS P W B, PARKER S K. Understanding Individual Compassion in Organizations: The Role of Appraisals and Psychological Flexibility [J]. Academy of Management Review, 2012, 37 (4): 524 -546.

[182] JENNIFER D N, FREDERICK P M, DAVID A H. Safety at Work: A Meta-analytic Investigation of the Link Between Job Demands, Job Resources, Burnout, Engagement and Safety Outcomes [J]. Journal of Applied Psychology, 2011, 96 (1): 71 -94.

[183] GRANT A M, ASHFORD S J. The Dynamics of Proactivity at Work [J]. Research in Organizational Behavior, 2008, 28 (28): 3 -34.

[184] GRANT A M. Giving Time, Time After Time: Work Design and Sustained Employee Participation in Corporate Volunteering [J]. Academy of Management Review, 2012, 37 (4): 589 -615.

[185] MCCABE K A, RIGDON M L, SMITH V L. Positive Reciprocity and Intentions in Trust Games [J]. Journal of Economic Behavior and Organization, 2003, 52 (2): 257 -275.

[186] CALDWELL C, DIXON R. Love, Forgiveness and Trust: Criti-

cal Values of the Modem Leader [J]. Journal of Business Ethics, 2010, 93 (1): 91-101.

[187] ZOHAR D. Safety Climate in Industrial Organizations: Theoretical and Applied Implications [J]. Journal of Applied Psychology, 1980, 65 (1): 96-102.

[188] 阮国祥. 建筑企业差错管理氛围对员工安全行为影响研究 [J]. 中国安全科学学报, 2017, 27 (1): 140-145.

[189] 叶新凤. 安全氛围对矿工安全行为的影响——整合心理资本与工作压力的视角 [D]. 北京: 中国矿业大学, 2014.

[190] 杨高升, 魏营. 施工安全氛围与施工行为安全性的关系分析 [J]. 工程管理学报, 2017, 31 (3): 124-129.

[191] 梅强, 张超, 李雯, 等. 安全文化、安全氛围与员工安全行为关系研究——基于高危行业中小企业的实证 [J]. 系统管理学报, 2017, 26 (2): 277-286.

[192] 刘文俊, 周志强, 李石新. 煤矿企业员工行为对安全生产的影响及安全文化构建 [J]. 中国安全科学学报, 2010, 20 (3): 125-130.

[193] NEAL A, GRIFFIN M A, HART P M. The Impact of Organizational Climate on Safety Climate and Individual Behavior [J]. Safety Science, 2000, 34 (1-3): 99-109.

[194] KRAIMER M L, SEIBERT S E, WAYNE S J, et al. Antecedents and Outcomes of Organizational Support for Development: the Critical Role of Career Opportunities [J]. Journal of Applied Psychology, 2011, 96 (3): 485-500.

[195] 刘素霞. 基于安全生产绩效提升的中小企业安全生产行为研究 [D]. 南京: 江苏大学, 2012.

[196] 杨高升, 李松晨, 姜双双. 建筑施工企业安全激励机制优化研究 [J]. 中国安全生产科学技术, 2014, 10 (6): 133-137.

[197] 吴建金, 耿修林, 傅贵. 基于中介效应法的安全氛围对员工安

全行为的影响研究［J］. 中国安全生产科学技术，2013（3）：65－69.

［198］赵丽霞，王保民，郭慧峰. 煤矿安全培训效果影响因素指标权重分析［J］. 煤矿安全，2016，47（3）：237－240.

［199］卞玉梅. 结构方程模型研究及其应用［D］. 大连：大连海事大学，2017.

［200］钟茂华，田向亮，刘畅，等. 基于结构方程模型的地铁乘客安全行为影响因素分析［J］. 中国安全生产科学技术，2018，14（1）：5－11.

［201］刘素霞，徐建飞，梅强，等. 产业集群企业安全生产行为演化与监管［J］. 工业工程与管理，2016，21（1）：52－59，66.

［202］张在旭，刘志阳，马莹莹. 政府监管下的企业安全生产行为研究——基于前景理论的演化博弈分析［J］. 数学的实践与认识，2018（4）：70－78.

［203］冯群，陈红. 基于动态博弈的煤矿安全管理制度有效性研究［J］. 中国安全科学学报，2013，23（2）：15－19.

［204］张国兴，高晚霞，管欣. 基于第三方监督的食品安全监管演化博弈模型［J］. 系统工程学报，2015，30（2）：153－164.

［205］邓祥明，林健. 网络化制造协同系统中盟员行为演化决策算法与仿真研究［J］. 制造业自动化，2009（10）：32－35.

［206］仵博，吴敏，曹卫华. 一种基于行为的 Multi-Agent 决策算法及其在 RoboCup 中的应用［J］. 机器人技术与应用，2002（2）：36－39.

［207］陈力田. 企业技术创新能力演进规律研究［D］. 杭州：浙江大学，2012.

［208］张军，盛昭瀚. 组织行为演化研究的计算实验方法［J］. 复杂系统与复杂性科学，2005（4）：29－36.

［209］殷辉. 基于演化博弈理论的产学研合作形成机制的研究［D］. 杭州：浙江大学，2014.

［210］徐敏燕. 资源型产业集群动态演化及可持续发展研究［D］. 杭

州：浙江大学，2012.

［211］周磊．群体性突发事件中群体行为演化机理研究［D］．合肥：中国科学技术大学，2014.

［212］李停军．矿工不安全行为演化规律与组合干预策略 SD 研究［D］．西安：西安科技大学，2013.

［213］张力，廖可兵．安全人机工程学［M］．北京：中国劳动社会保障出版社，2010.

［214］陈建，时勘．基于整合视角的员工建言行为研究评述［J］．管理评论，2017，29（9）：215－228.

［215］栗继祖．安全行为学［M］．北京：机械工业出版社，2009.

［216］MARK S S，ERNEST J M．Human Factors in Engineering and Design［M］．Mc Graw-Hill Education-Europe，1993.

［217］PARASURAMAN R，RIZZO M．Neuroergonomics：The Brain at Work［M］．New York City，Oxford University Press，Inc.，2007.

［218］PARASURAMAN R，CHRISTENSEN J，GRAFTON S．Neuroergonomics：The Brain in Action and at Work［J］．Neuroimage，2012，59（1）：1－3.

［219］SHIFFRIN R M，SCHNEIDER W．Controlled and Automatic Human Information Processing：II．Perceptual Learning，Automatic Attending and a General Theory［J］．Psychological Review，1977，84（2）：127－190.

［220］WICKENS C D，HOLLANDS J G，BANBURY S，et al. Engineering Psychology and Human Performance［M］．New Jersey：Pearson Education，Inc.，2013.

［221］WICKEDNS C D，LEE J D，LIU Y，et al．Introduction to Human Factors Engineering［M］．New Jersey：Pearson Education，Inc.，2004.

［222］XIAOSEN Q，YI L，BING X，et al．The Visual Mismatch Negativity（vMMN）：Toward the Optimal Paradigm［J］．International Journal of Psychophysiology，2014，93（3）：311－315.

[223] HAMMAR A, ARDAL G. Cognitive Functioning in Major Depression-a Summary [J]. Frontiers in Human Neuroscience, 2009, 3 (26): 26.

[224] YUEJIA L, JINGHAN W. Attentive Research and Cognitive Neuroscience [M]. Higher Education Press, 2004.

[225] ARTHUR S R, RHIANON A, EMILY R. The Penguin Dictionary of Psychology: Fourth Edition [M]. Penguin Press, Inc., 2009.

[226] SCHROGER E. On the Detection of Auditory Deviations: A pre-attentive Activation Model [J]. Psychophysiology, 1997, 34 (3): 245 -257.

[227] NAATANEN R, TERVANIEMI M, SUSSMAN E, et al. Primitive intelligence' in the auditory cortex [J]. Trends in Neurosciences, 2001, 24 (5): 283 -288.

[228] BELOPOLSKY A V, KRAMER A F, THEEUWES J. The Role of Awareness in Processing of Oculomotor Capture: Evidence from Event-related [J]. 2008, 20 (12): 2285 -2297.

[229] NAATANEN R, PAAVILANINEN P, RINNE T, et al. The Mismatch Negativity (MMN): Towards the Optimal Paradigm [J]. Clinical Neurophysiology, 2004, 115 (1): 140 -144.

[230] STEVEN J. Luck. An Introduction to the Event-Related Potential Technique [M]. Cambridge: The MIT Press, 2005.

[231] KUJALA T, TERVANIEMI M, SCHROGER E. The Mismatch Negativity in Cognitive and Clinical Neuroscience: Theoretical and Methodological Considerations [J]. Biological Psychology, 2007: 74 (1): 1 -19.

[232] NAATANEN R. Mismatch Negativity: Clinical Research and Possible Applications [J]. International Journal of Psychophysiology, 2003, 48 (2): 179 -188.

[233] NAATANEN R, KAHKONEN S. Central Auditory Dysfunction in Schizophrenia as Revealed by the Mismatch Negativity (MMN) and its Magnetic Equivalent MMNm: a Review [J]. International Journal of Neuropsychophar-

macology, 2009, 12 (1): 125 -135.

[234] TAKEI Y, KUMANO S, HATTORI S, et al. Preattentive Dysfunction in Major Depression: A Magnetoencephalography Study Using Auditory Mismatch Negativity [J]. Psychophysiology, 2009, 46 (1): 52 -61.

[235] ROGGIA S M, COLARES N T. Mismatch Negativity in Patients with (Central) Auditory Processing Disorders [J]. Brazilian Journal of Otorhinolaryngology, 2008, 74 (5): 705 -711.

[236] QIN P, DI H, YAN X, et al. Mismatch negativity to the patient's Own Name in Chronic Disorders of Consciousness [J]. Neuroscience Letters, 2008, 488 (1): 24 -28.

[237] JUNG J, MORLET D, MERCIER B, et al. Mismatch Negativity (MMN) in Multiple Sclerosis: An Event-related Potentials Study in 46 Patients [J]. Clinical Neurophysiology, 2006, 117 (1): 85 -93.

[238] XIAOSEN Q, YI L, BING X, et al. The Visual Mismatch Negativity (vMMN): Toward the Optimal Paradigm [J]. International Journal of Psychophysiolog, 2014, 93 (3): 311 -315.

[239] PAZO-ALVAREZ P, AMENEDO E, LORENZO-LOPEZ L, et al. Effects of Stimulus Location on Automatic Detection of Changes in Motion Direction in the Human Brain [J]. Neuroscience Letters, 2004, 371 (2 -3): 111 -116.

[240] CZIGER I. Visual Mismatch Negativity: Violation of Nonattended Environmental Regularities [J]. Journal of Psychophysiology, 2007, 21 (3 -4): 224 -230.

[241] PAZO-ALVAREZ P, CADAVEIRA F, AMENEDO E. MMN in the Visual Modality: A Review [J]. Biological Psychology, 2003, 63 (3): 199 -236.

[242] JACOBSEN T, SCHROGER E, HORENKAMP T, et al. Mismatch Negativity to Pitch Change: Varied Stimulus Proportions in Controlling Effects of

Neural Refractoriness on Human Auditory Event-related Brain Potentials [J]. Neuroscience Letters, 2003, 344 (2): 79 - 82.

[243] KENEMANS J L, JONG T G, VERBATEN M N. Detection of Visual Change: Mismatch or rareness? [J]. Neuroreport, 2003, 14 (9): 1239 - 1242.

[244] KIMURA M, KATAYAMA J, MUROHASHI H. Attention Switching Function of Memory-comparison-based Change Detection System in the Visual Modality [J]. International Journal of Psychophysiology, 2008, 67 (2): 101 - 113.

[245] CZIGLER I, WEISZ J, WINKLER I. Backward Masking and Visual Mismatch Negativity: Electrophysiological Evidence for Memory-based Detection of Deviant Stimuli [J]. Psychophysiology, 2007, 44 (4): 610 - 619.

[246] CZIGLER I, BALAZS L, WINKLER I. Memory-based Detection of Task-irrelevant Visual Changes [J]. Psychophysiology, 2002, 39 (6): 869 - 873.

[247] KIMURA M, SCHROEGER E, CZIGLER I, et al. Human Visual System Automatically Encodes Sequential Regularities of Discrete Events [J]. Journal of Cognitive Neuroscience, 2010, 22 (6): 1124 - 1139.

[248] MAEKAWA T, TOBIMATSU S, OGATA K, et al. Preattentive Visual Change Detection as Reflected by the Mismatch Negativity (MMN) -Evidence for a Memory-based Process [J]. Neuroscience Research, 2009, 65 (1): 107 - 112.

[249] CZIGLER I, WINKLER I, PATO L, et al. Visual Temporal Window of Integration as Revealed by the Visual Mismatch Negativity Event-related Potential to Stimulus Omissions [J]. Brain Research, 2006, 1104 (1): 129 - 140.

[250] KIMURA M, WIDMANN A, SCHROEGER E. Human Visual System Automatically Represents Large-scale Sequential Regularities [J]. Brain Research, 2010, 1317 (4): 165 - 179.

[251] TALES A, NEWTON P, TROSCIANKO T, et al. Mismatch Negativity in the Visual Modality [J]. Neuroreport, 1999, 10 (16): 3363 - 3367.

[252] KIMURA M, KATAYAMA J I, OHIRA H, et al. Visual Mismatch Negativity: New Evidence from the Equiprobable Paradigm. Psychophysiology, 2009 (46): 402 -409.

[253] CZIGLER I, WEISZ J, WINKLER I. ERPs and Deviance Detection: Visual Mismatch Negativity to Repeated Visual Stimuli [J]. Neuroscience Letters, 2006, 401 (1 -2): 178 -182.

[254] BATEMAN T S, CRANT J M. The Proactive Component of Organizational Behavior: A Measure Correlates [J]. Journal of Organizational Behavior, 1993, 14 (2): 103 -118.

[255] SEBERT S E, KRAIMER M L, CRANT J M. What Do Proactive People Do? A Longitudinal Model Linking Proactive Personality and Career Success [J]. Personnel Psychology, 2001, 54 (4): 845 -874.

[256] THOMPSON J A. Proactive Personality and Job Performance: A Social Capital perspective [J]. Journal of Applied Psychology, 2005, 90 (5): 1011 -1017.

[257] FULLER B, MARLER L E. Change Driven by Nature: A Metaanalytic Review of the Proactive Personality Literature [J]. Journal of Vocational Behavior, 2009, 75 (3): 329 -345.

[258] YANG J X, GONG Y P, HUO Y Y. Proactive Personality, Social Capital, Helping, and Turnover Intentions [J]. Journal of Managerial Psychology, 2011, 26 (8): 739 -760.

[259] KAREN A. Brown P. Geoffrey Willis, Gregory E. Prussia. Predicting Safe Employee Behavior in the Steel Industry: Development and Test of a Sociotechnical Model [J]. Journal of Operations Management, 2000 (18): 445 -465.

[260] SCHUPP H T, JUNGHOFER M, WEIKE A I, et al. The Selective Processing of Briefly Presented Affective Pictures: An ERP Analysis [J]. Psyehophysiology, 2009, 41 (3): 441 -449.

[261] MARTIN P, ROBBINS J, GOLDEN C. Variability in a Sample of Conventional Individuals with at Least 16 Years of Education [J]. Archives of Clinical Neuropsychology, 2012, 27 (6): 677 -678.

[262] LEVIN I P, GAETH J L, SCHREIBER J. A new look at Framing Effects: Distribution of Effect Sizes, Individual Differences, and Independence of Types of Effects [J]. Organ Behav Human Decis Process, 2002, 88: 441 -429.

[263] NICHOLSON N, SOANE E, Fenton-O'Creevy Metal. Domain Specific Risk Taking and Personality [J]. Journal of Risk Research, 2005, 8 (2): 157 -176.

[264] CAVANAGH J F , DAVID N , COHEN M X, et al. Individual Differences in Risky Decision - Making among Seniors Reflect Increased Reward Sensitivity [J]. Frontiers in Neuroscience, 2012, 6 (111): 111.

[265] BERNHARD W, RAINER M. Organizational Factors: Their Definition and Influence on Nuclear Safety (ORFA) [R]. Finland: Technical Research Centre of Finland, 1995.

[266] NEAL A, GRIFFIN M A. A Study of the Lagged Relationships among Safety Climate, Safety Motivation, Safety Behavior, and Accidents at the Individual and Group Levels [J]. Journal of Applied Psychology, 2006, 91 (4): 946 -953.

[267] DILLION M R, TINSLEY C H, Cronin M A. Why Near-Miss Events Can Decrease an Individual's Protective Response to Hurricanes [J]. Risk Analysis, 2011, 31 (3): 440 -449.

[268] JOHNSTONE S J, BARRY R J, CLARKE A R. Ten Years on: A Follow-up Review of ERP Research Inattention-deficit Hyperactivity Disorder [J].

Clinical Neurophysiology, 2013, 124 (4): 644 –657.

[269] GASRRIDO-VASQUEZ P, PELL M D, PAULNN S. An ERP Study of Vocal Emotion Processing in Asymmetric Parkinson's Disease [J]. Social Cognitive and Affective Neuroscience, 2013, 8 (8): 917 –927.

[270] 杨彬. 主动性人格研究综述 [J]. 经营管理者, 2013 (5): 150.

[271] 刘密, 龙立荣, 祖伟. 主动性人格的研究现状与展望 [J]. 心理科学进展, 2007, 15 (2): 333 –337.

[272] 蒋琳峰, 袁登华. 个人主动性的研究现状与展望 [J]. 心理科学进展, 2009, 17 (1): 165 –171.

[273] 温瑶, 甘怡群. 主动性人格与工作绩效: 个体—组织匹配的调节作用 [J]. 应用心理学, 2008, 14 (2): 118 –128.

[274] 黎青. 主动性人格及其对职业倦怠和工作绩效的影响 [D]. 西安: 陕西师范大学, 2009.

[275] 胡万利, 胡培, 许昆鹏, 等. 主动性人格能促进创业者产生创业意愿么? ——基于创业机会识别的中介效应 [J]. 世界科技研究与发展, 2011, 33 (4): 708 –713.

[276] 邝磊, 郑雯雯, 林崇德, 等. 大学生的经济信心与职业决策自我效能的关系——归因和主动性人格的调节作用 [J]. 心理学报, 2011, 43 (9): 1063 –1074.

[277] 张振刚, 李云健, 余传鹏. 员工的主动性人格与创新行为关系研究 [J]. 科学学与科学技术管理, 2014, 35 (7): 171 –180.

[278] 张浩军. 论胡塞尔的 "被动性" 概念 [J]. 世界哲学, 2010 (1): 205 –214.

[279] 谢晓非, 徐联仓. 风险性质的探讨——项联想测验 [J]. 心理科学, 1995, 18 (6): 331 –333.

[280] 刘涵慧, 周宏雨, 车宏生. 人格特征对不同类型框架下决策的影响 [J]. 心理科学, 2010, 33 (4): 823 –826.

[281] 王青春，阴国恩，张善霞，等. 青少年决策中的风险选择框架效应 [J]. 心理与行为研究，2011 (9)：268－272.

[282] 宋之杰，李晶晶. 人格对风险决策框架效应的影响 [J]. 物流工程与管理，2014，36 (7)：125－132.

[283] 杨敏. 个体安全研究：回顾与展望——现代性的迷局与社会学理论的更新 [J]. 创新，2009 (11)：5－11.

[284] 吴建金，耿修林，傅贵. 基于中介效应法的安全氛围对员工安全行为的影响研究 [J]. 中国安全生产科学技术，2013，9 (3)：80－86.

[285] 张跃兵，张超，王志亮. 安全行为特征的研究及其应用 [J]. 中国安全科学学报，2013，23 (7)：3－7.

[286] 黄志华，李明泓，周昌乐. 事件诱发电位信号分类的时空特征提取方法 [J]. 生物化学与生物物理进展，2011，38 (9)：866－871.

[287] 杨长华，刘耀中. 风险决策偏好的 ERPs 研究 [J]. 西北师大学报，2012，49 (2)：128－134.

[288] FRESE M，FAY D. Personal Initiative (PI)：An Active Performance Concept for Work in the 21st Century [J]. Reaserch In Organization，2001 (23)：133－187.

[289] MAHONEY K T，BUBOLTZ W，LEVIN I P，et al. Individual Differences in a Within-subjects Risky-choice Framing Study [J]. Personality and Individual Differences，2011 (51)：248－257.

[290] 刘永芳，毕玉芳，王怀勇. 情绪和任务框架对自我和预期他人决策时风险偏好的影响 [J]. 心理学报，2010，42 (3)：317－324.

[291] CHERNIAWSKY A S，HOLROYD C B. High Temporal Discounters Overvalue Immediate Rewards Rather Than Undervalue Future Rewards：An Eventrelated Brain Potential Study [J]. Cognitive，Affective，Behavioral Neuroscience，2013，13 (1)：36－45.

[292] SAM A，YASUDA A，OHRA H，et al. Effects of Value an Dreward Magmtude on Feedback Negativity and P300 [J]. Neuroreport，2005

(4): 407-411.

[293] HAJCAK G, HOLROYD C B, MOSER J S, et al. Brain Potentials Associated with Expected and Unexpected Good and Bad Outcomes [J]. Psychophysiology, 2005, 42: 161-170.

[294] TVERSKY A, KAHNEMAN D. The Framing of Decisions and the Psychology of Choice [J]. Science (New York, N. Y.), 1981, 211 (4481): 453-458.

[295] 张颖，冯廷勇. 青少年风险决策的发展认知神经机制 [J]. 心理科学发展，2014 (7): 1139-1148.

[296] 金晶. 安全标志信号词风险信息处理实验研究 [D]. 杭州：浙江大学，2011.

[297] 李鹏，李红. 反馈负波及其理论解释 [J]. 心理科学进展，2008 (8): 705.

[298] 杨帆. 基于被动型个体特征的企业约束型安全管理研究 [D]. 哈尔滨：哈尔滨工程大学，2013.

[299] HASHEMI S M K, NADI H K, HOSSEINI S M, et al. Agricultural Personnels Proactive Behavior: Effects of Self efficacy Perceptions and Perceived Organizational Support [J]. International Business and Management, 2012, 4 (1): 83-91.

[300] 张新梅，陈国华. 以人为本的现代工业安全管理 [J]. 中国安全科学学报，2004 (10): 59-64.

后　记

历经四年时光，本书呈现于各位读者面前。本书旨在探讨人的心理特征与管理之间的关系，尤其是涉及人民生命财产的生产安全管理。安全生产工作要适应新时代要求，就要适应人民群众对安全生产的新需求，推进新时代安全生产事业再创新辉煌，让人民群众生活得更安全、更幸福、更美好！从面对工作场所安全事故，个体行为因素的引入，到加入差异化个体认知特征的提出，多渠道解决安全生产问题的研究在广度上得以延伸。而安全行为管理机制强调综合考虑个体、群体、组织因素，涉及管理工程和认知心理两个领域，将个体认知和安全行为与管理问题结合分析，将区别于传统安全管理分析思路。探讨传统与现代安全管理模式应用中关注的惩罚、奖赏等关键问题，是在深度上对现有研究的补充。个体安全行为的管理能否得到有序的、有效的调整与整个人民生产、生活和经济发展息息相关，若调整得当则有助于实现针对化管理、减少或规避生产事故、引导员工主动参与安全建设、推动良性的个体安全行为演化及安全管理模式跃迁。同时，丰富了个体认知特征与安全行为的关系，拓展了安全管理路径，为相关安全管理方案出台提供理论参考。

本书所涉及的内容属于安全管理学、神经管理学领域的新方向，亟待研究的内容过于广泛，本人仅是管中窥豹，愿与众多感兴趣的研究者共同探讨。本书不足之处，期待各位专家提出宝贵意见。

本书的撰写特别感谢我的导师史丽萍、徐建中的指导，感谢刘强、吴俊、腾云、贾亚男、马晓春的帮助，感谢我的父母、朋友的鼎力支持，感谢经济科学出版社凌健老师认真细致的编辑加工。本书受到黑龙江省省属高校基本科研业务项目“个体高主动型特征对企业安全管理的作用机理”（编号：2020 - KYYWF - 0942）的资助。

李静媛
2021 年 4 月